高等学校信息工程类专业系列教材

现代音响与调音技术

（第四版）

主　编　王兴亮

副主编　周宝宁　张忙偶　黄　锴

西安电子科技大学出版社

内 容 简 介

　　本书共 8 章，内容包括音响技术基础知识、传声器与扬声器、音频功率放大器、调音台、音频信号处理设备、数字网络音频扩声系统、扩声系统设计和扩声系统的调音技巧等。本书围绕专业音响与调音技术展开论述，以信号的流程为主线，系统性较强，注重理论与实践相结合，具有一定的可操作性。

　　本书条理清晰，通俗易懂，内容新颖，应用面较宽。通过本书的学习，读者可获得音响与调音技术的基本知识和技能，为从事音响与调音方面的工作打下牢固基础。

　　本书可作为高等学校本科信息类及声像技术等专业的教材，也可作为音响工程技术人员、音响师及音响发烧友的参考书。

图书在版编目(CIP)数据

现代音响与调音技术/王兴亮主编. — 4 版. —西安：西安
电子科技大学出版社，2022.5(2023.11 重印)
ISBN 978 - 7 - 5606 - 6475 - 0

Ⅰ．①现… Ⅱ．①王… Ⅲ．①音频设备－调音 Ⅳ．①TN912.271

中国版本图书馆 CIP 数据核字(2022)第 070359 号

策　　划　马乐惠
责任编辑　赵婧丽
出版发行　西安电子科技大学出版社(西安市太白南路 2 号)
电　　话　(029)88202421　88201467　　邮　　编　710071
网　　址　www. xduph. com　　　电子邮箱　xdupfxb001@163.com
经　　销　新华书店
印刷单位　陕西日报印务有限公司
版　　次　2022 年 5 月第 4 版　2023 年 11 月第 2 次印刷
开　　本　787 毫米×1092 毫米　1/16　印张　16
字　　数　371 千字
印　　数　2001～6000 册
定　　价　38.00 元
ISBN 978 - 7 - 5606 - 6475 - 0/TN

XDUP　6777004 - 2

＊＊＊如有印装问题可调换＊＊＊

第 四 版 前 言

应广大老师和学生以及读者的要求，本次修订增加了数字音响的基本知识，包括数字音响原理、典型的原声信号数字化方法、数字音响音频格式和数字功率放大器等方面的内容。全书的参考教学时数仍为 40 学时左右。

王兴亮教授担任本书主编，周宝宁、张忙偶和黄锴担任副主编，参加编写的人员有洪琪、达新宇、田秀劳、李成斌、任啸天、侯灿靖、刘敏、刘莎、牟京燕等。感谢所有参编老师为本书付出的辛劳，同时感谢西安电子科技大学出版社的老师为本书出版付出的心血。

本书可作为高等学校本科信息类及声像技术等专业的教材，也可作为音响工程技术人员、音响师及音响发烧友的参考书，还可以作为音响调音人员参加职业技能大赛与技术鉴定的辅助材料。

由于编者水平所限，书中难免存在疏漏，欢迎广大读者提出宝贵意见和建议。
Email：935363445@qq.com。

编　者

2022 年 3 月于西安

第 一 版 前 言

音响与调音技术已成为当今社会一项较为热门的实用技术。它的应用面较广，各行各业几乎都要用到。然而，与这种较为实用且覆盖面较广的技术相应的参考书还比较少，本书正是为满足这一要求而编写的。

全书共有 9 章内容，计划课时 60 学时。

第 1 章音响技术基础，也是全书的基础，主要内容涉及到声学基础知识及相关的声学参量，介绍了声场的概念、音响系统的分类和组成，还叙述了音响系统的电声性能指标，最后介绍了立体声基础知识。

第 2 章传声器，首先介绍了动圈式传声器和电容式传声器的基本结构和原理，同时还介绍了传声器的主要技术指标，如灵敏度、源阻抗、频率范围、信噪比等，最后介绍了有线传声器和无线传声器以及它们之间的区别。

第 3 章调音台，这是音响系统的核心。本章着重讨论了调音台的功能、技术指标及工作原理，并通过实例介绍了调音台的使用方法。

第 4 章音频功率放大器，介绍了多种形式的音频功率放大器的基本原理及性能指标，并介绍了音频功率放大器的电源电路及保护电路。

第 5 章扬声器及扬声器系统，主要介绍了扬声器及扬声器系统的定义、分类和技术指标，并对扬声器的电—力—声类比分析法做了介绍，最后介绍了音箱的设计原理及扬声器单元的选择方法。

第 6 章音频信号处理设备，主要讨论了图示均衡器、压缩/限幅器、数字延时器、多效果处理器、电子分频器和听觉激励器等扩声系统中常用的信号处理设备的原理及作用，并通过这些设备的典型实例，介绍了它们的使用方法。

第 7 章声源设备，介绍了三大类声源设备，即电唱机、录音机和激光唱机，并逐一叙述各类设备中具体的设备类型和使用情况。

第 8 章扩声系统设计，着重讨论了厅堂扩声系统的功率要求和经验取值、设备选择及互连等扩声系统设计方面的基本知识，并通过实例介绍了音乐厅、剧院、歌舞厅、Disco 厅和背景音乐等扩声系统的一般性设计，包括不同系统的音箱布局。

第 9 章扩声系统调音，主要讨论了有关扩声系统调音的一些基本知识，特别要求音响操作人员要了解各种乐器和人声的频率及音色等特征。

本书的特点是按照音响系统信号流程编写，条理性强，层次分明，通俗易懂，应用面广，注重理论联系实际，具有一定的可操作性。建议在实施教学的过程中，尽量使用实物进行直观教学，并安排适量的实验课，这种理论教学与实践性教学相结合的方式，一定会收到良好的教学效果。

王兴亮担任本书主编，洪琪担任副主编，责任编委王喜成。王兴亮、达新宇编写了第1、2、5章，洪琪编写了第3、6、8、9章，栾华东编写了第4、7章，全书由王兴亮、洪琪统稿。西安环球音响公司经理、高级音响师张晓鹏提供了部分资料，并提出了宝贵意见；空军工程大学副教授葛玉鹊也翻阅了部分内容，并提出了一些合理的建议，在此一并表示感谢。

由于编者的水平有限，书中还存在着不妥之处，希望读者在使用的过程中予以指正，编者深表谢意。

编　者

2000 年 3 月 20 日

于空军工程大学(西安)

目　　录

第 1 章　音响技术基础知识

　　本章首先介绍了声波特性及室内声学，对声学基本概念与术语加以解释，对室内声学有关参量的计算也作了论述，并给出有关参量的计算公式；其次介绍了音响系统的分类和组成，并对音响系统中各个单元的特点、功能及作用作了介绍；最后介绍了立体声基础知识，论述了立体声的特点、产生的原理等。本章重点及难点是电声性能指标，因为它牵涉面较宽，定量分析较多，需要熟练掌握。通过对本章的学习，读者将会对音响技术有一个整体的认识。本章所介绍的内容是学习后续各个章节的必备知识。

1.1　声　学　基　础

1.1.1　声波的基本特性

1. 声波和声音

　　声波是机械振动或气流扰动引起周围弹性介质发生波动的现象。声波也称为弹性波。

　　声波的定义有两种：一是弹性媒质中传播的压力、应力、质点位移、质点速度等的变化或几种变化的综合；二是声源产生振动时，迫使其周围的空气质点往复移动，使空气中产生附加的交变压力，这一压力波称为声波。产生声波的物体称为声源。传播声波的物体称为媒质。声波所波及的空间范围称为声场。

　　扬声器发声时，会引起周围空气的振动而产生声波，其传播方向与空气质点振动方向相同。因此，可以说声波是一种纵波。

　　声音是声源振动引起的声波传播到听觉器官所产生的感受。所以说，声音是由声源振动、声波传播和听觉感受这三个环节所形成的。

2. 声速、波长和频率

　　声波可以在空气、液体及固体等媒质中传播，但不能在真空中传播。

　　声波在媒质中每秒钟传播的距离称为声速，用符号 c 表示，单位为 m/s。声速与媒质的密度、弹性等因素有关，而与声波的频率、强度无关。当温度改变时，由于媒质特性的变化，声速也发生变化。

　　在温度为 15 ℃时，声波在空气、水和钢中的声速分别为 340 m/s、1450 m/s 和 5100 m/s。温度升高时，声速略有增加。

　　声波在一个周期 T 内传播的距离称为波长，用符号 λ 表示，单位为 m。声波每秒钟周期性振动的次数称为频率，用符号 f 表示，单位为 Hz，周期 T 和频率 f 互为倒数。

声速、波长和频率之间的关系为

$$c = \frac{\lambda}{T} = \lambda f \qquad (1-1)$$

由于在同一媒质中,声速是固定不变的,因此,声波的频率越高,其波长越短,反之,则波长越长。

1.1.2 声音的特性参数

研究声音的目的是为了研究音响技术,研究音响技术是为了满足人们的听觉要求。而听觉不但取决于声音的特性,而且也与人的心理因素有关。由于人与人之间存在诸方面的差异,因此对声音这一客观现象的判断和感觉也有所不同,如对听觉的频率范围、对不同频率的感受程度以及对响度的反应等均有差异。所以,对声音进行定性分析是复杂的,而对声音进行精确的定量分析更是相当困难的。因此,我们有必要讨论与音响技术有关的声学参量。

1. 频率与倍频程

频率的概念在前面已做了论述,这里不再赘述。频率与声音的对应关系是:频率低,相应的音调就低,声音就越低沉;频率高,相应的音调就高,声音就越尖锐。人耳可以听到的声音,即可闻声的频率范围通常是 20 Hz~20 kHz,这一范围的频率称为声频或音频。频率低于 20 Hz 的称次声,高于 20 kHz 的称超声,次声和超声都是人耳听不到的,但有的动物却可以听到,这两种声频通常对人体有害。

倍频程是用来比较两个声频大小的,两个不同频率的声音作比较时,起决定意义的是两个频率的比值,而不是它们的差值。

倍频程定义为两个声音的频率或音调之比的对数,其公式为

$$n = \mathrm{lb}\,\frac{f_2}{f_1} \qquad (1-2)$$

式中:f_1——基准频率;

f_2——欲求其倍频程数的信号频率;

n——倍频程数。n 可正可负,也可以是分数或整数。例如,$n=1$、1/3,则分别称为"倍频程"和"1/3 倍频程"。在音乐中,5 与 $\dot{5}$ 之间或者 $\dot{5}$ 与 5 之间,频率正好相差一倍,我们称这两个频率间相差 1 个倍频程,即"八度音程";而 5 与 $\ddot{5}$ 之间频率相差两个倍频程。

两个频率相差 1 个倍频程,意味着其频率之比为 2^1(即两倍的关系);两个频率相差 2 个倍频程,意味着其频率之比为 2^2(即四倍的关系)……依次类推,相差 n 个倍频程,意味着两个频率之比为 2^n。按倍频程数均匀划分频率区间,相当于对频率按对数关系加以标度。

2. 声阻抗与特性阻抗

媒质在波振面某个面积上的声阻抗是这个面积上的声压与通过这个面积的体积速度的复数比值。其单位是声欧,它的倒数称为声导纳。声阻抗的实部称为声阻,虚部称为声抗。

媒质中某点的声压和质点速度的复数比值称为声阻抗率,其单位是(Pa·s)/m(帕秒每米),它的实部是声阻率,虚部是声抗率。

声场中声阻抗 Z_a 定义为表面上的平均有效声压 p 与经过有效体积的速度 U 之比，即

$$Z_a = \frac{p}{U} \tag{1-3}$$

声阻抗的单位是 $(N \cdot s)/m^3$（牛秒每立方米），即 MKS 制声欧姆。由于 U 的含义不明确，人们通常用质点速度 v 来代替 U，因此定义声场中某位置的声压与该位置的质点速度之比为该位置的声阻抗率 Z_s，即

$$Z_s = \frac{p}{v} \tag{1-4}$$

在理想介质中，声阻抗也是有损耗的，不过它不是把电量转化成热量，而是把能量从一处向另一处转移，即传播损耗。

平面波在传播过程中的声抗率可用下式计算

$$Z_s = \rho_0 \cdot c \tag{1-5}$$

式中：c——声速；

ρ_0——介质密度。

平面自由行波在媒质中某点的有效声压与通过该点的有效质点速度的比值称为特性阻抗。媒质的特性阻抗等于媒质密度与声速的乘积。

平面声波的声阻抗率，在数值上恰好等于介质的特性阻抗，即平面波阻抗处处与介质的特性阻抗相匹配。

3. 声压与声压级

声波的强度可用声压、声压级来定量描述。

大气静止时存在着一个压力，称为大气压强，简称气压。当有声波存时，局部空间产生压缩或膨胀，在压缩的地方压力增加，在膨胀的地方压力减小。于是就在原来的静态气压上附加了一个压力的起伏变化。这个由声波引起的交变压强称为声压。

声压的大小表示声波的强弱。声场中某一瞬时的声压值，称为瞬时声压。在一定时间内最大的瞬时声压值称为峰值声压，声压随时间按谐振规律变化。峰值声压也就是声压的幅值。在一定时间间隔内，瞬时声压对时间取均方根所得的值，称为有效声压。

声压的国际单位是 Pa（帕），$1\ Pa = 1\ N/m^2$，1 个大气压为 $10^5\ Pa$。声压与大气压相比是极其微弱的，有时也用 μbar（微巴）作单位，$1\ \mu bar = 0.1\ Pa = 0.1\ N/m^2$。正常人能听到的最弱声音约为 $2 \times 10^{-5}\ Pa$，称其为基准声压，用符号 p_r 表示。

声振动的能量范围很大，最弱的参考声压与人耳感到疼痛的声压之间相差 100 万倍。为了把大范围声压压缩到容易处理的声压范围，就用"级"的概念来衡量声音的相对强度。实际上，人耳对声音主观感受的响度并不正比于声压的绝对值，而大体上正比于声压的对数值。声压级指的是有效声压和基准声压比值的常用对数的 20 倍，单位为 dB，用 L_p 表示，即

$$L_p = 20\ \lg \frac{p_e}{p_r} \quad (dB) \tag{1-6}$$

式中：p_e——有效声压；

p_r——基准声压。

4. 声强与声强级

各类声音除了音调的不同外，还有响度的差别。对于一定频率的声音，其响度主要由声音的强弱来决定。

在自由平面波或球面波中，设有效声压为 p，传播速度为 c，介质密度为 ρ_0，则在传播方向上的声强为

$$I = \frac{p^2}{\rho_0 c} \tag{1-7}$$

声强的单位是 W/cm^2，可闻声音的最小声强为 $10^{-6}\ W/cm^2$，称为听阈声强；震得耳朵发痛的声音，其声强约为 $10^{-4}\ W/cm^2$，称为痛阈声强。

声强级指的是对声强与基准声强的比值取常用对数后再乘以 10 所得的值，单位为 dB，用 L_I 表示，即

$$L_I = 10\ \lg \frac{I}{I_r}\quad (dB) \tag{1-8}$$

式中：I_r——基准声强，常采用的 I_r 的值为 $10^{-12}\ W/cm^2$。在自由行波中，声强与声压关系固定，可以由声压求声强级。但在一般情况下，两者的关系很复杂，无法由声压求声强级。

5. 声功率与声功率级

声源辐射声波时对外做功。声功率是指声源在单位时间内垂直通过指定面积的声能量。声功率是在整个可听声的频率范围内所辐射的功率，或者是在某个有限频率范围所辐射的功率（通常称为频带声功率）。声功率可表示为

$$W = U^2 R_A \tag{1-9}$$

式中：W——声功率（W）；

U——流体的体积速度（m^3/s）；

R_A——声源的辐射声阻（$Pa \cdot s/m^3$）。

声功率级指的是对待测声功率与基准声功率的比值取常用对数后再乘 10 所得的值，单位 dB，用 L_W 表示，即

$$L_W = 10\ \lg \frac{W}{W_0} \tag{1-10}$$

式中：W——待测声功率；

W_0——基准声功率。$W_0 = 10^{-12}\ W$。

6. 频谱与谱级

声源发出的声音并不是单一频率的，而是同时含有许多复杂的频率。频谱是把时间函数的分量按幅值或相位表示为频率函数的分布图形。根据声音的不同，它的声谱可能是线谱、连续谱或二者之和，即混合谱。实际的声音是由许多不同频率、不同强度的纯音组合而成的。

对一个声源发出的声音的频率成分和强度所做的分析，叫做频谱分析。若用横坐标表示频率，纵坐标表示声压级，把频率与强度的对应关系用图形表示出来，就叫做频谱图，简称频谱。一曲悦耳动听的音乐与噪声的频谱图是完全不同的。

谱级也称密度级，指的是对信号在某一频率的谱密度与基准谱密度的比值取常用对数后再乘以 10 所得的值。单位为 dB，用 L_{pr} 表示，即

$$L_{pr} = 10 \lg \left[\frac{\dfrac{p^2}{\Delta f}}{\dfrac{p_r^2}{\Delta f_0}} \right] = L_p - 10 \lg \frac{\Delta f}{\Delta f_0} \qquad (1-11)$$

式中：p——通过滤波系统的有效声压；

$\quad\quad p_r$——基准声压；

$\quad\quad \Delta f$——滤波器的有效带宽；

$\quad\quad \Delta f_0$——基准带宽。

式（1-11）是声压谱级的表示式，用类似方法也可以表示其他参量的谱级。

7. 音质

声音的质量由多种因素决定，其中音调、音色、音量及音品是决定音响效果的四大要素。音调由声波的频率所决定，音量由声波的振幅所决定，音色由声波的频谱所决定，而音品则由声波的波形包络所决定。所有这些都是反映声音信号特征的物理量，是可以通过客观技术测量的。

1）音调（Pitch）

音调表示声音频率的高低，主要与声源每秒钟振动的次数有关，是人耳对声调高低的主观评价尺度。音调的客观评价尺度是声波的频率。音调低，表示振动频率低，声音显得深沉；音调高，表示振动频率高，声音就显得尖锐。例如 C 调的音符 6 相当于 440 Hz，而音符 $\dot{6}$ 相当于 880 Hz，音符 $\ddot{6}$ 相当于 1760 Hz。

2）音色（Timbre）

音色是指声音的色彩和特点。不同的人和不同的乐器都会发出各具特色的声音，可以说它与声源振动的频谱有关。如果说，音调是单一频率的象征，那么音色则是由多种频率所组成的复合频率的表现。图 1-1 所示为钢琴弹奏某一音阶时的声谱。由图可见，这个声音的基频是 440 Hz，除基频外，至少包含有其他 15 种不同频率的振动。

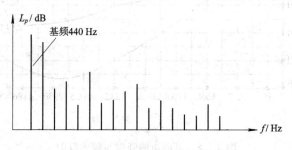

图 1-1　钢琴的频谱

声谱中的基频成分形成了声音的基音，音调由基频的高低所决定；声谱中的其他成分是泛音，泛音和基音成倍数关系，音色是由泛音的结构所确定的。

3）音量（Intensity）

音量是指声音的强度或响度，标志声音的强弱程度。它主要与声源振动幅度的大小有关，太弱了听不见，太强了会使人受不了。人耳所能听到的声强约为 0～12 dB，寂静的室内噪声约为 30 dB，在白天室内噪声可达 45 dB。

从电气性能考虑，声音开得太大会引起失真，有些电器采用了甲乙类或乙类推挽放大器的输出电路，其音量的大小还与功耗有关。

4）音品

乐音即音乐中使用的声音，其谐波组成和波形的包络，包括乐音起始和结束的瞬态，确定了乐音的特征，称为音品，也有人把音品与音色统称为音色。任何声音都有一个成长和衰变的过程，这个过程决定声音的音品。声音的成长和衰变过程不同，听音者的感觉也不相同。

实际上，音品不同时其声谱也有差异，主要表现在谱线的强弱分布不同，所以可以认为音品和音色都是由声谱结构确定的，也有的把两者合称为音品，作为表征声音特色的一个要素。

1.1.3 听觉特性

1. 听觉的感受性

人类听觉感受的动态范围很宽，能感受到的最小声压级为 0 dB，能耐受的最大声压级可达 140 dB；人耳能听到的纯音最低为 20 Hz，最高可达 20 kHz；人耳对声长的解析力更是惊人。声音要达到一定声级才能听到，最小可听声级称为绝对阈限，是听觉绝对感受性的表征量。正常人的听觉范围如图 1-2 所示。

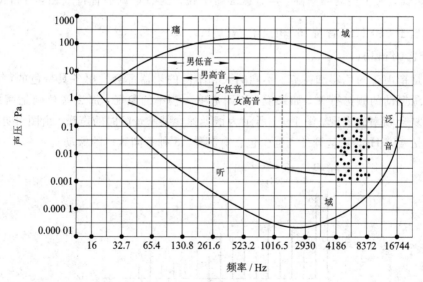

图 1-2　可闻声的强度与频率范围

人耳对不同参量的两个声音的最小听觉差称为差别阈限 DL，它是听觉差别感受性的表征量。差别阈限可以是绝对值，也可以是相对值。例如一个声音的强度 I 为 1000 dB，强度增加或减少 50 dB 即可被觉察出来，$\Delta I = 50$ dB 就是绝对差，而 $\Delta I/I = 50/1000 = 0.05$ 就是相对差。$\Delta I/I$ 称为韦伯分数。

听觉的感受性体现在以下几个方面：

(1) 对音频高、中、低各频段平衡性的控制。整体平衡性不是指频率响应曲线的平直，而是指高、中、低各频段适当的量感分配。低频基础要好一些，它为整个音乐奠定一种稳固状态。合理的高、中、低频量感分配就是整体平衡性。整体平衡的器材发出的声音会耐听，也就是具有人们所说的音乐性。

（2）密度与重量感。它反映声音的厚实和饱满度，使声音听起来更具真实感。

（3）透明感。它反映的是声音的耐听而不刺耳的程度。

（4）层次感。它反映的是声场中声音空间层次的清晰程度。

（5）定位感。根据声音的来向确定音响感觉。

（6）速度感与暂（瞬）态反应。它是指器材各项反应的快慢。

（7）想象力与形体感。它反映声音的立体感。

（8）对比性。音效具有可比性。

（9）空间感。它反映声场空间的大小。

2. 响度与响度级

响度表示人耳对声音大小、强弱的主观感受。响度主要依赖于引起听觉的声压，但也与声音的频率和波形有关系。响度的单位是"宋"（sone）。国际上规定，频率为1000 Hz、声压级为 40 dB 时的响度为 1 宋。1 宋＝1000 毫宋，1 毫宋约相当于人耳刚能听到的声音响度。

大量统计表明，一般人耳对声压变化的感觉是，声压级每增加 10 dB，响度增加 1 倍，所以响度与声压级有如下关系

$$N = 2^{0.1(L_p - 40)} \tag{1-12}$$

式中：N——响度（宋）；

L_p——声压级（dB）。

声音响度级是声音强弱的主观量，即是人凭自己的听觉主观地判断声音强弱的量，是人耳判断各种频率纯音的响度级的指标之一。声音响度级定义为等响的 1000 Hz 纯音的声压级，单位是方（phon）。响度级为 40 方时，响度为 1 宋，响度级每增加 10 方，响度增加 1 倍。

表 1-1 列出了用式（1-12）计算出的部分响度与声压级的关系。

表 1-1　部分响度与声压级的关系

响度/宋	1	2	4	8	16	32	64	128	256
声压级/dB	40	50	60	70	80	90	100	110	120
响度级/方	40	50	60	70	80	90	100	110	120

3. 听觉灵敏度

听觉灵敏度是指人耳对声音的声压、频率及方位的微小变化的判断能力。

当声压发生变化时，人们听到的响度会有变化。例如声压级在 50 dB 以上时，人耳能分辨出的最小声压级差约为 1 dB；而声压级小于 40 dB 时，要变化 1～3 dB 才能被觉察出来。

当频率发生变化时，人们听到的音调会有变化。例如频率为 1000 Hz、声压级为 40 dB 的声音，变化 3 Hz 就能被察觉出来；当频率超过 1000 Hz、声压级超过 40 dB 时，人耳能察觉到的相对频率变化范围（$\Delta f / f$）约为 0.003。另外听觉灵敏度还与年龄有关，这一点因人而异。

研究结果表明：对于纯音，人耳能分辨出 280 个声压层次和 1400 个频率层次；对于复音，人耳只能分辨出 7 种不同的响度层次和 7 种不同的音调，共 49 种响度和音调的组合。

4. 听觉的掩蔽效应

掩蔽效应是指同一环境中的其他声音会降低聆听者对某一声音的听力，或者说一个声音的听阈因为另一个较强声音的存在而上升。当一个复合声音信号作用到人耳时，如果其中有响度较高的频率分量，则人耳不易觉察到那些响度较低的频率分量，这种生理现象称为"掩蔽效应"。一个声音对另一个声音的掩蔽值，被规定为由于掩蔽声的存在，被掩蔽声的听阈必须提高的分贝数，提高后的听阈称为掩蔽阈。

实验证明：对于纯音，一般低音容易掩蔽高音，而高音较难掩蔽低音。当两个信号的频率比较接近的时候，有差拍现象存在，这时听到的不再是这两种频率的信号，而是被低频调制的单频声音。调制频率等于原来两种频率的差。当信号很弱时，完全听不出差拍现象，信号较强时，差拍现象就出现了。

当掩蔽声消除后，掩蔽效应并不是立即消除的，听阈的复原即回落到原来没有掩蔽声时的值需要一段时间。我们把这个现象称为听觉暂时损失，其量值可代表听觉疲劳程度。掩蔽声刺激的时间越长，强度越强，疲劳程度也就越厉害。

在背景和噪声中，双耳识别信号的灵敏度一般比单耳强，也就是说对双耳听阈的掩蔽作用小于对单耳听阈的掩蔽作用。尤其当掩蔽声和信号从不同方向传到人耳时，对双耳听阈的掩蔽作用就更小一些。

掩蔽效应有利有弊，如一些降噪系统就是利用掩蔽效应的原理设计的；信噪比的概念及其指标要求也是根据掩蔽效应提出来的。在数字音源中，可利用掩蔽效应进行压缩编码。

5. 听觉的延时效应

实验表明，当几个内容相同的声音相继到达听者处时，听者不一定能分辨出是几个先后来到的声音，就是说，人的听觉对延时声的分辨能力是有限的，这种现象即是人类听觉的延迟效应，也称"哈斯(Hass)效应"。

大量测量统计发现，若有两个声音，后到者不比先到者的声压级高，不管后到者(延时声)是从哪个方向传来的，当延时声滞后时间不超过 17 ms 时，人们就不会发现是两个声音；当两个声音的方向相近时，延时 30 ms 的延时声也不一定能被发现；当延时 35～50 ms 时，延时声的存在才会被感觉到；当延时声超过 50 ms 时，人们会感到延时声像回声一样起干扰作用。

延时效应在扩声工程和室内声学以及立体声技术中必然要遇到并被充分利用。

人类听觉特性也存在非线性问题，人的听觉对电声系统的非线性畸变的察觉能力也是有限的；听觉特性还有听觉定位问题，人耳的一个重要特性是能够判断声源的方向和远近，人耳对声源方位的辨别能力在水平方向上比竖直方向上要强。

强声暴露对听觉是有害的，这种伤害可分为三种。第一种是声创伤，指在一次或数次极强声波暴露中造成人耳器官组织的损害。声创伤总要造成一定程度的永久性听力损失，严重的会导致全聋。第二种是暂时性听阈提高，即产生听觉疲劳。暂时性听阈提高值随声级增加和暴露时间增长而增大。第三种是永久性听阈提高。如果长年累月处在强噪声环境中，听觉疲劳就难以消除且日趋严重，会造成永久性听阈提高即听力损失。ISO 1999 规定听力损失 25 dB(在 500、1000 和 2000 Hz 三个频率上永久性听阈提高的算术平均值)作为听力损伤的判断标准。通常,人长期处于 90 dB(A)以上的噪声环境中就会引起听力损伤,而且随着声级的增加,听力损失也会迅速增大。

1.2　声源、声场及室内声学

1.2.1　声源

振动物体借助于弹性媒质传播压力、应力,产生质点的位移和速度,作用于人耳形成声音。物体的振动利用声波向周围扩散,这便是音响传播的最简单的过程。产生声能的物体称为声源,也是辐射声能的振动体。

1. 声源的形式和类别

声源的基本形式有两种:

(1)机械声源。它可以利用机械振动产生声音,有简单声源和偶声源两种。

(2)空气振动声源。它由空气柱辐射产生声音,有单极子、偶极子、三极子和四极子四种类型。

根据声音发生、应用的不同,音响声源大体可分为三类:

(1)环境音响。在自然环境中由自然现象本身发出的,或由生存在自然环境中受自然作用的动植物发出的,以及与人类活动有关的、由人类文明带来的、自然环境产生的音响,都可以认为是环境音响而在影视艺术及广播艺术中出现。这样一来,环境音响包括的内容是非常广泛的,诸如江河山川、都市情景、机械、盛大庆典、战斗场面等声场的音响均属于环境音响。

(2)动作音响。它包括现实生活中一切由人为动作产生的音响,它更直接地参加到剧情的艺术创作中去,赋予了影视和广播艺术丰富的表现力。动作音响包括:各种各样的人在各种不同环境中的脚步声、日常生活中的动作音响、工作劳动中的各种动作音响、武打格斗及体育竞技等发出的音响等。

(3)非现实音响。它是现实生活中不存在的音响,或是人耳本来听不到的音响。在科学幻想影片和荒诞片及同类电视剧、广播剧中,为了向观众和听众交待时空关系,表述各种物体的运动,增强观众或听众的心理感受,有时出现非现实音响。非现实音响的特点是:源于现实,由主观编造而依据物理运动规律,借鉴人的听觉经验,运用夸张手法,具有很强的可懂性,能使人产生心理共鸣。它的内容包括:科幻题材中史前怪兽的叫喊、外星人的说话、UFO 的行驶、激光枪战、时空隧道等非现实音响;还有荒诞题材中的卡通语言、精灵物语、心脏跳动、精神颤抖、灵魂出壳、腾云驾雾、排山倒海等非现实音响。非现实音响具有可拟范围广、可塑性强、表现手法丰富、无固定模式的特点。

2. 乐器声源的机理

任何能发出声音的器具和乐器都可分为两个部分,即振动和共鸣。对于乐器而言,按振动方式的不同,可分为弦乐器、管乐器和打击乐器等。乐器产生振动后的衰减可分为强衰减和弱衰减,其变化是错综复杂的,但总的趋势都是衰减,应该说这是声源的第一特征。

衰减与频率有直接关系。振动体在相当宽的频率范围内引起振动,称为强衰减;振动体在某一窄频段中形成振动峰,并很快在与此频率无关的前后频段中衰减下来,称为弱衰减。

乐器的发声体和共鸣体均具有强、弱衰减特性。如果发声体是强衰减,共鸣体就是弱衰减;反之亦然。发声体为强衰减的由共鸣体决定音调;发声体为弱衰减的由自身结构条件决定音调。比如,管乐器发声体为强衰减,振动了所有频段,那么音调就由共鸣体决定;弦乐器的发声体是弱衰减,仅在某一个频段引起振动,那么音调由发声体本身的弦长来决定。

任何声源的振动过程从时间上来考察可分为始振、稳态和衰减三个阶段。始振阶段对于听觉最重要,人耳通过对始振的分析可以判定是何种乐器发出的声音。始振是指由静止到振动;当然稳态可以是一段很长的时间;衰减是由振动到静止的变化过程。颤音实际上是振幅或频率的变化。

对乐器的衰减,人耳很难察觉,需要进行测量,但对泛音的衰减,人耳会出现"暗"的感觉,这是高频泛音明显减弱造成的。在衰减中,高频泛音变化大,低频泛音变化小。

"和声效应"指的是将不同音量、不同音色的声音合成为一个具有特定音色,不突出其中某个声音的整体的、和谐的合声。

音乐动态表明强、弱声音差异,下限用 ppp 表示,上限用 fff 表示。音乐演奏中的大动态范围可达 66~70 dB,为了进行声传输,通常要把动态压缩到 40 dB 左右。如图 1 - 3 所示为音乐动态等级。

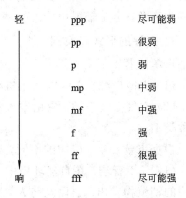

图 1 - 3　音乐动态等级

3. 电子音乐声源

电子音乐是新发展的一种重要声源,电子音乐差不多都是通过电子乐器的演奏产生的。电子音乐绝大部分不是电子乐器的现场演奏,而是通过对现场演奏的音乐进行处理和制作得到的。近几年来,电子音乐越来越多地通过 MIDI 技术来实现。

MIDI 音乐使得不同类型、不同产地、不同牌号的电子乐器和其他音乐设备(包括电脑)之间,能够互相交换信息,其内容包括:

作曲家的信息——音调、节奏、音色等;

演奏家的信息——力度强弱、演奏方法等;

指挥家的信息——统一的节拍变化、声部平衡等;

录音师的信息——声像、音量控制、音响效果控制等。

所有这些信息,只有在电子音乐系统中才能得到最充分、最完美的控制。

1.2.2　声场

声源产生的声波通过媒质向周围自由场辐射时,声源的周围均称为声场,也叫音场。声场有近场和远场之分。

1. 近场

近场也称菲涅尔区,指的是声源附近区域,是声波传播速度和声压不同相的声场。在该区内某点的声压是声源上各面传送到该点声压的叠加,在此范围内,声波不能看成平行声线,否则就会出现干涉现象,称之为菲涅尔衍射,形成菲涅尔区。

设声场的最大直径为 d,波长为 λ,则近场的区域半径为

$$r \leqslant \frac{d^2}{\lambda} \tag{1-13}$$

2. 远场

远场也称费朗和费区,表示在均匀面各向同性媒体中远离声源的区域,其间瞬时声压和质点速度同相。在远场中声波与声源之间呈球面状,声源在某点所产生的声压与该点至声源中心距离成反比,并且是声源上各面到达该点声压的叠加,它们是按照平行线传播的,远场区的范围可计算为

$$r > \frac{d^2}{\lambda} \tag{1-14}$$

声场表现为工作环境的形状、前后位置、高度、宽度、深度等项目。要把这些项目很具体地表现出来,声源的位置、聆听者、聆听空间三者的相互关系必须要达到一个很微妙、很恰当的融合才可。

3. 声场的定位与质感

定位是与声场相关的一个概念,是指在声场中表示出某些乐器的确切位置。实际应用中声场也可以理解为是乐队、演奏家或歌唱者的位置排列。如果在欣赏过程中觉得厅堂音和空间感足够,就说明该声场的设计是合理的。

伴随着声场会出现低音。声场主要依靠设计,低音应该属于创作。目前可以重播 20 Hz 的放大器很多,但可以重播 20 Hz 的扬声器却很少。事实上要用音箱重播 20 Hz 的频率很困难,甚至几乎是不可能的,只能通过设计声场来发挥低音效果。通常要求低音厚而非薄,低音厚说明谐波足够,低音薄说明谐波欠量。

良好的定位是指除了可闻之外,还可以感觉到乐器好像"挂"在半空中,具有非常强烈的真实感。如果要了解定位,那么应先了解乐器重播出的质感。质感就是人对声音效果的一种切身体验。

有了对声场、低音、定位和质感的认识,进一步则是对真实感的探索。真实感是指高度的忠实感,它的具体内涵应该是声场深宽、定位准确、质感鲜明。

1.2.3　室内声学

1. 室内声学特性

声波在室内传播过程中,当遇到的界面和障碍的尺寸与声波的波长相比足够大时,声波将按照几何光学反射定律反射。界面不同,反射的结果就不相同,我们希望声场越均匀越好。

当一声源在闭室发声时,声波将向四周辐射,遇到墙面和顶、地板时被吸收一部分,另一部分将反射回来,反射回来的声波遇到墙面等将再被吸收,再次反射,如此下去,在室内形成一个很复杂的声场。由声源直接传播到听者(或传声器)的声音,称为直达声;由界面反射而后到达听者(或传声器)的声音,称为反射声;还有一些经多次反射分布很密、方向不明确、能量更少一些的反射声,专业上称为混响声。在远场,混响声的声强对于该

接收点(人耳或传声器)的声音强度起决定作用,而且其衰减的快慢对音质有重要影响。直达声影响声音的亲切感,直达声不够,声音就缺乏亲切感;反射声影响声音的清晰度;混响声主要影响声音的丰满度。厅堂中声音之所以好听,是三者配比适当的结果。

影响声音立体高传真重播效果的因素还应考虑隔音、吸音、声场及环境四个方面。隔音的目的是为了防止外来噪声干扰音响效果;室内的墙壁、天花板、地板等材料对声波的反射、吸收的多少均影响原音的重现;理想的室内声场分布应该是均匀的,房间尺寸比例合适是产生均匀声场的必要条件,但并非唯一条件。

音响工作要求室内的声压级按照不同类型的扩声达到一定的值。音乐扩音应达到80~85 dB 的平均声压级;语言扩音为 70~75 dB;背景音乐则为 60~70 dB,不均匀度应控制在±4 dB 之内。另外,要求电扩声系统具备足够的声增益,室内声场均匀扩散;其次反射声应得到充分、合理的利用,扬声器的辐射特性和摆放位置要合理选定,同时要避免出现回声、颤动回声、声聚焦、声影区以及房间声染色等。

2. 室内声学的主要指标

室内声学的主要指标有四项。

1) 混响时间

混响时间是衡量房间混响程度的量。声学工程中,某频率的混响时间是室内声音达到稳定状态,声源停止发声后,残余声音在房间内反复反射,经吸声材料吸收,平均声能密度自原始值衰减到百分之一,即衰减 60 dB 所需的时间,记为 T_{60}。通常,在声场均匀分布的封闭室内的混响时间可用著名的赛宾(W. C. Sabine)公式进行工程估算,即

$$T_{60} = \frac{0.161V}{S \cdot \bar{\alpha}} \tag{1-15}$$

式中:T_{60}——闭室的混响时间(s);

$\quad\quad S$——室内表面总面积(m^2),包括地面、墙面和天花板;

$\quad\quad \bar{\alpha}$——墙壁、天花板、地板等房间内表面的平均吸声系数(无量纲);

$\quad\quad V$——闭室的容积。

混响时间是评价声学房间最重要的指标,必须合理选取。其值过短,声音会发干;其值过长,声音会拖尾。混响时间与声源无关,但与频率有关。符号 $T_{60}(f)$ 指某频率下的混响时间。高档声学房间应给出 T_{60} 的频率特性。不同音源要求 T_{60} 有不同的频率特性。如语言信号,要求高端可适当提高,而低端则不宜过高,否则嗡嗡声明显;音乐信号的混响时间在频率的高、低端都可以比中频段的长。这样,低端可增加声音丰满度,高端可增加声音明亮度。

评价一个房间混响效果是否合理,还要考察房间的声扩散度。扩散好的房间,声音衰减平滑,室内各处感觉均匀;扩散不好的房间,室内各处感觉不同。

现给出几种不同场所在频率为 1000 Hz 时的 T_{60} 值:

多声道录音室	0.3~0.4 s
试听室(听音评价房间)	0.4~0.5 s
企事业单位礼堂(兼语音、音乐)	0.8~1 s
一般家庭	0.4~0.6 s

2）本底噪声

本底噪声是指室内不放声源时的噪声声压级，考虑人类听觉特性，采用 A 计权法，记为 dB(A)。本底噪声可用声压级直接表示。

下面介绍几种不同场所的本底噪声：

演播室	$\leqslant 25$ dB(A)
影剧院	$\leqslant 25$ dB(A)
会议室	$\leqslant 25$ dB(A)
居民区(环保部门规定)白天	$\leqslant 55$ dB(A)
夜间	$\leqslant 45$ dB(A)

如果本底噪声较高，可采用隔声、隔振等办法降噪或在室内铺一定吸声材料进行吸声。

3）声染色

声染色是指信号传输过程中，由于某种原因使声源中的某一频率得到过分的加强或减弱，破坏了房间内音响效果的均匀性。一般 $10\sim30$ m^2 房间中容易出现驻波的频率为 $80\sim300$ Hz。驻波能改变声源原有特性，如同白色的布染上了颜色。改善的方法是通过调整装修使房间的长、宽、高之比为无理数。另外，室内物品摆设要避免对称性。

4）房间常数、混响半径

房间常数反映房间吸声特性，符号为 R，其表达式为

$$R = \frac{S\bar{\alpha}}{1-\bar{\alpha}} \qquad (1-16)$$

式中的 $\bar{\alpha}$ 及 S 与式(1-15)中的意义相同。

混响半径指直达声声能密度等于反射声声能密度处与声源等效中心点的距离。直达声成分高的话，声音听起来就亲切。

这两项指标主要用于比较正规的录音室。

3. 室内声场的估算

室内声场在工程设计中往往采用估算值，作为设计与系统调试的参考依据。其估算基于混响声场完全均匀，声源指向性已知且为理想的前提。这两项基本条件满足得越好，估算结果也就越接近实际情况。

室内声场估算的基本思路是，室内任一点声压级由直达声和混响声在该点的声压级构成，两者叠加便得到了该点的实际声压级。

根据扬声器自由场灵敏度、距扬声器的距离以及扬声器的输入电功率便可算出直达声的声压级，即

$$\frac{SP_{\text{L}}}{D} = S - 20\lg D + 10\lg P \qquad (1-17)$$

式中：SP_{L}/D——直达声声压级(dB)；

　　　S——自由场内扬声器灵敏度(dBmW)；

　　　D——距扬声器的距离(m)；

　　　P——输入扬声器的电功率(W)。

根据临界距离、扬声器的自由场灵敏度以及输入扬声器的电功率又可以算出室内混响声的声压级，即

$$\frac{SP_L}{R} = S - 20 \lg \frac{D}{C} + 10 \lg P \tag{1-18}$$

式中：SP_L/R——混响声声压级(dB)；

  D/C——临界距离(m)；

  S、P 与式(1-17)中的意义相同。

混响声场的声压级是依据临界距离处直达声与混响声声压级相等这一前提推出来的，也就是说算出临界距离处的直达声声压级，就可知道该点的混响声声压级。考虑到室内混响声场是均匀分布的，因此室内各处的混响声声压级都等于临界距离处的混响声声压级。

室内任一点的声压级是 SP_L/D 与 SP_L/R 的合成，据此便可以算出各点的声压级分布；反之，也可以根据室内声压级的要求算出扬声器所需的电功率。

4. 室内声场的创造

为了获得理想的声场效果，必须从声源、声间声学特性等多方面考虑。

随着音响技术的发展，音响专家已把精力转移到声场创作方面，在多声道系统中创造出逼真的临场效果。日本雅马哈公司的 AV 中心采用了高科技产品，使用大规模数字声场处理器 DSP(Digital Sound Field Precessor)，将音乐厅中捕捉到的初期反射和残响等数据分析处理后，送入 DSP，重放时便能重现音乐厅中的声场。

AV 接收放大器一般有五个以上的声道输出。以五声道为例，分为左声道(L)、右声道(R)、中央声道(C)以及两个后置环绕声道(S)，不同声道各尽其职，相得益彰。中央声道能提高语言的表现力、逼真感，环绕声道则更多创造空间效果。正是通过 AV 中心对不同声道的控制调整，才创造出多种逼真的音响效果。

由于声学房间的设计涉及建筑声学、语言声学、音乐声学等诸多方面，而且声学又是一门实验性科学，所以设计值还需经过反复试验、实践，才能得到需要的效果。

在工程上，对房间的大小要求可估算为

$$V_{\min} \geqslant 4\lambda_{\max}^3 \tag{1-19}$$

式中：$V_{\min}$——房间最小容积；

  $\lambda_{\max}$——下限频率对应的波长。

为避免声染色，矩形房间长、宽、高三边之比可为黄金分割比，即满足 $1.618:1:0.618$ 的比例关系，或根式比例法，即 $\sqrt{2}:\sqrt[3]{2}:1$。也可以选用其他比例，但三边之比应取无理数，绝不可取整数。

声学房间声场的优劣还需从噪声控制方面入手，本底噪声应控制在 35 dB 之内。要满足对本底噪声的要求，应对墙体、吊顶与地板、空调管道及门窗实行隔声处理。

考虑到多声道录音的要求，一般都将录音室混响时间定为 0.5 s。根据混响时间可估算出房间总吸声量，然后选择合适的吸声材料进行铺设，经过反复试验后方可最后确定方案。例如 10 m×6 m×3 m 的普通房间改为声学房间的吸声材料选定方案为：房顶选择矿棉装饰吸声板(离顶 10 cm)；地面选择化纤地毯；四周墙选择从地面起铺 80 cm 高的木墙裙(后空 10 cm)，其上采用穿孔石膏吸音板与矿板交叉铺成一定图案；隔声窗选择三层玻

璃，周边密封。最后，还要进一步验证，对不满意的地方进行改进。

1.3　音响系统的分类和组成

1.3.1　音响系统的分类

音响是将自然界及人类社会中的声音、人工合成的声音信息以及存储在存储介质上的声音信息，通过一系列电声能量转换设备（话筒和音箱）和音频电子设备，把各种声音或含有声音信息的音频电信号还原为声音，并调整成为其服务对象所需要的声音效果的工具。

从广义的概念来说，凡是把若干音响设备按一定规律连接，组成一个控制系统，能完成某一个特定的功能和目的，都可以称之为音响系统。

音响系统的分类方法很多，这里主要按音响的任务及目的的不同来分，可划分为扩声系统和录音系统两大类。

1. 扩声系统

扩声系统的任务是对传声器、电唱机、调谐器或录音机等信号源送来的语言或音乐等音频信号进行放大、控制及美化加工，最终送到扬声器或耳机，还原成声音信号，供人们聆听。

根据使用场合的不同，扩声系统又可分为室外扩声系统和室内扩声系统。室外扩声系统的技术指标要求不高，可用于车站、码头、广场、运动场和露天剧场；室内扩声系统的种类繁多，可分为以下几种：

（1）厅堂扩声系统。它包括礼堂、剧场、电影院、音乐厅、会议厅、歌舞厅等装设的大功率以及家庭用的小功率音响系统。

（2）公共广播系统。如酒店通过内部音响系统，将音乐节目送到每间客房或走廊，工矿企业、机关、学校和农村常见的有线广播系统也属于此类。

（3）背景音乐系统。它装设于餐厅、商场、银行和酒店的公共场所，采用许多分散的扬声器，播放声音较轻的音乐，目的是创造适当的环境气氛。其结构与公共广播系统近似。

（4）同声传译系统。同声传译系统也称为即时传译系统，用于国际会议等场合，能把发言者的讲话通过若干名译员即时口译成几种其他国家的语言，由与会者用耳机选听。

2. 录音系统

录音系统的任务是把从传声器、电唱机、调谐器或另一台录音机等信号源送来的音频信号进行放大、控制及加工美化，最后送到磁带录音机的录音头上，进行磁带（磁性）录音；或送到唱片刻纹机的刻纹头上，进行唱片（机械）录音；或送到电影录音设备的光电系统上，进行电影（光学）录音。录音系统的最终目的是把音频信号记录下来，待到需要时再通过其他重放设备还原成为音频信号。录音系统按照对音频信号记录方法的不同，可分为三种，即磁性录音、机械录音和光学录音。

如果按照音响系统的使用场合划分，音响系统可分为家用音响系统和专业音响系统两类。家用音响系统主要用于家庭，也称为家用组合音响；专业音响系统主要用于剧场、礼堂、电影院、歌舞厅以及电台、电视台等场合，专业音响的电声指标比家用音响的电声指标要高。

1.3.2　家用音响系统的组成

典型的家用音响系统组成框图如图 1-4 所示，主要由节目源设备、放大器（主机）和音箱三大部分组成。

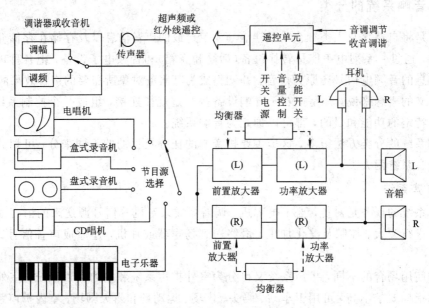

图 1-4　家用音响系统组成框图

1. 节目源设备

节目源的种类很多，包括传声器、调谐器、电唱机、录音座、CD 唱机、电子乐器等。

音箱和放大器是组合音响必不可少的部件，而节目源则可按照需要选择使用。所有的节目源，无论是磁性录音、机械录音还是光学录音，也无论是现场讲话还是现场演奏，都要将非电能转换为电能，即变换为电信号输出，并送给前置放大器，最后传给音箱，以声能形式释放于空间。

2. 放大器（主机）

放大器又称扩音机，它是音响的核心部分，无论是调谐器输出的信号，还是录音座、CD 或电唱盘输出的信号，都必须经过放大器放大以后，才能推动音箱放出声音。

放大器包括前置放大器和功率放大器两部分。前置放大器除了要对调谐器、录音座、电唱盘和 CD 等各种信号源的输出进行适配放大外，更重要的是还需对重放的音色、音量以及立体声状态进行各种调整与控制；功率放大器的主要任务是给音箱和耳机提供足够的声频功率。

3. 音箱

音箱（包括耳机）是音响的终端放音设备，其任务是将声频电压信号转换为声能，以供人们聆听。

音箱是获得高保真放音效果的关键部分。组合音响与普通的收音机或多用组合机的区别就在于其音箱是独立组成的,与主机是分离放置的。无论节目源多么理想,放大器多么优良,如果最后没有高质量的音箱,也就不能获得高质量的放音效果。

除上述三大组成部分以外,较高档的家用音响系统还配有遥控单元和均衡器。遥控单元主要控制音响装置中的音量、开关机、功能转换、收音选台、音调调节等;均衡器(或图示均衡器)通常加在前置放大器和功率放大器之间,进行频率均衡和音色美化。

1.3.3　专业音响系统的组成

典型的专业音响系统由声源、调音台、信号处理设备、功率放大器及音箱等部分组成,如图 1-5 所示。

1. 调音台和声源设备

声源设备包括话筒、唱机、盒(盘)式录音机、激光唱机(CD 机)、调谐器和卡拉 OK 机等,用于提供多种多样的音频信号。调音台是音响系统里的指挥中心,它能够接收多路不同阻抗、不同电平的声源信号,并进行信号处理,还能进行混合后重新分配和编组,并有为下一级提供音频信号的多个输出端子。调音台还具有监听、信号显示及对讲功能。有些调音台上还装有混响效果处理器。歌声经过混响处理后,会使音色变得浑厚,增加丰满度和空间感。采用欧美型的混响效果处理器对声音信号进行混响处理后,可以模拟欧洲音乐厅、Disco 舞厅、爵士音乐、摇滚音乐、体育馆、影剧院等多种场合和风格的音响效果。

2. 信号处理部分

音响信号处理设备又叫做声频信号处理装置,包括均衡器、压缩/扩张器、延时器、降噪器、听觉激励器等,这些设备的目的和作用一是对信号进行修饰以求得音色美化,达到更为优美动听或取得某些特殊效果;二是为了改进传输信道本身的质量,以求改善信噪比和减少失真等。

3. 音响系统的输出部分——功率放大器和音箱

功率放大器是专业音响系统中的一个重要单元。来自调音台的音频信号经过压缩器、均衡器、激励器的处理后,被送到功率放大器,功率放大器将音频信号进行放大以推动音箱,把声音送入声场。专业音响的功率放大器主要由前置放大、预激励、激励、功率放大以及保护系统、显示系统和电源等部分组成。

音箱是专业音响中很重要的一个组成部分,也是最有个性的单元之一,因为不同结构的音箱都有自己不同的风格、不同的特性,产生不同的声音效果。音箱一般由扬声器、分频器和箱体三部分组成。影响音箱声音质量的首要单元是扬声器,分频器对音箱的频率特性起重要作用。

专业音响系统与家用音响系统相比,具有以下几大特点:

(1) 专业音响的功放和音箱的功率大,一般在几百瓦以上,常见有 150 W、250 W、300 W、500 W 等。一个大、中型专业音响系统还要用到多台功放和多只大口径(12~18 英寸[①])扬声器,总功率达到千瓦以上;而家用音响一般只需几十瓦,最大的为一二百瓦,低音扬声器口径通常为 6~60 英寸。

---

① 　1 英寸=2.54 cm

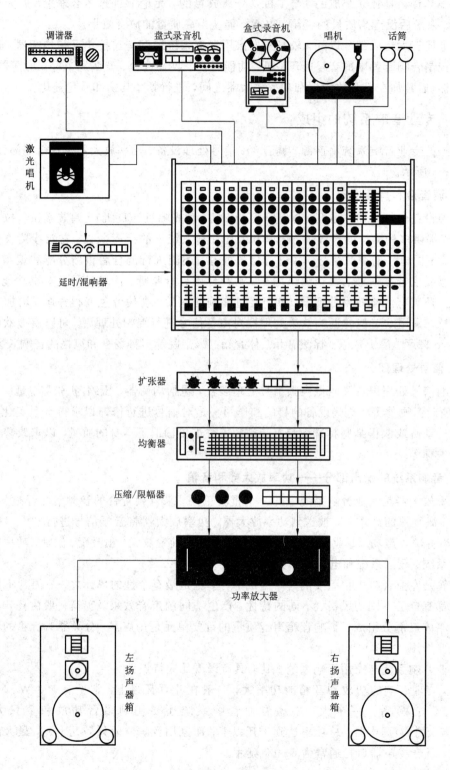

图 1-5 典型的专业音响系统组成

（2）家用音响的主要用途是欣赏节目，一般以放大器为中心，配以几种信号源和一对音箱，为了改善音质，再加上均衡器和混响器等，整个组合比较简单；专业音响常用于各种演出场合，需要多路话筒和多种信号源输入，故一般都是以调音台为中心组成的，这是两种音响系统的重要区别。为了取得更良好的放音效果和达到各种特殊要求，专业音响还需配置房间均衡器、压缩器、扩展器、激励器等多种处理设备，使整个系统比家用音响系统复杂得多。

（3）专业音响主要工作于面积大、人员多且嘈杂的环境，要求有较高的声压级，低音要有震撼力，中、高音要有冲击力和穿透力；家用音响主要用于在面积小、听众少、环境安静的场合进行各种节目的欣赏，注重重放音乐的层次感、亲切感，强调对音乐的"解析力"以及声像定位准确、瞬态响应良好等。

总之，专业音响和家用音响的主要区别是使用的环境、对象和目的不同，因而设计的侧重点也不同，而并非是低档和高档的关系。

1.3.4　数字音响简介

音响技术是研究声音信号的转换、记录、传送和重放的专门综合性技术。数字音响技术是指在音响技术的基础上，对原声信号（合乐、声乐等）进行一系列数字化处理后，再恢复成高质量的模拟声音信号的技术。数字音响技术已深入到日常生活的各个方面，从家庭影院、汽车音响到个人音乐播放器，无不体现出数字音响技术的优越性。

1. 数字音响原理

数字音响技术首先应该是原声信号的数字化，其次才是音响设备的数字化。原声信号的数字化是将音频模拟信号转换成音频数字信号，进行传送或存储，然后将这些音频数码信息还原成音频模拟信号，其间实行了两次转换，即模/数转换（A/D 转换）和数/模转换（D/A 转换）。目前，数/模转换一般由数字功率放大器完成。音响设备的数字化指的是为适应数字音频信号的传送或存储，对设备整体电路进行调整或改进，使之能够传递、存储或处理数字音频信号。

2. 典型的原声信号数字化方法

原声信号的数字化一般从信号的波形、参数等方面入手，可以分为波形编码、参数编码和混合编码等。

波形编码力图使还原出的语音波形与原语音信号波形一致，这种数字化的方法适应能力强，编码后的语音质量好，但所需的编码速率高。其典型代表有脉冲编码调制（Pulse Code Modulation，PCM）、自适应差分脉冲编码调制（Adaptive Difference Pulse Code Modulation，ADPCM）、连续可变斜率增量（Continuously Variable Slope Delta，CVSD）编码调制等。其中，CVSD 编码由于抗突发错误能力较强，在移动通信、军事通信和卫星通信等领域得到了广泛的应用。

参数编码的编码对象是原声信号的特征参数，通过对这些参数的提取及编码来保持原声语意，其特点是编码速率较低，合成语音质量较差，如线性预测编码（Linear Prediction Code，LPC）、多脉冲激励线性预测编码（Multi Pulse Excited Linear Prediction Code，MPELPC）等。

混合编码的编码对象包括了原声信号的波形和参数，针对参数编码语音质量差的缺点，混合编码采用合成-分析的方法，能够在中低速率上获得高质量的语音编码，节省传输信道容量及存储量。其典型代表有激励线性预测编码（Code Excited Linear Prediction，CELP）、短时延码激励线性预测编码（Low-Delay Code Excited Linear Prediction，LD-CELP）、矢量和激励线性预测编码（Vector Sum Code Excited Linear Prediction，VSCELP）等。

针对不同的编码方式，欧洲广播联盟和 3GPP 国际化标准组织等陆续推出了 EAAC＋、AMR－WB＋和 G.729.1 等编码标准，用来规范编码方法，该编码标准极大地促进了语音信号的数字化进程。

3. 数字音响音频格式

上述编码方式得到的数字音频信号一般都比较大，要降低对磁盘空间的占用，可采用降低采样指标或者进行压缩的方法。

1）WAV 格式

WAV 压缩是基于 PCM 编码的压缩方案。它能在相同采样率和采样条件下达到最好的音质，在 Windows 平台下，所有音频软件都能够提供对它的支持，因此，WAV 格式被大量用于音频编辑、非线性编辑等领域。同时，它也作为一种中介的格式，常常使用在其他编码的相互转换之中。

2）MP3 格式

MP3 格式产生于 20 世纪 80 年代的德国。所谓的 MP3，指的是 MPEG 标准中的音频部分，即 MPEG 的音频层。MP3 格式具有不错的压缩比，使用 LAME 编码的中高码率，听感上已经非常接近源 WAV 文件，但其在较低码率下表现不好。总的来说，这种压缩格式音质好，压缩比比较高，被大量软件和硬件支持，应用非常广泛，是当今主流的压缩编码方案之一。

3）OGG 格式

OGG 有着出色的算法，可以用更小的存储空间和码率获得更好的音质，尤其在中低码率下表现突出。128 kb/s 的 OGG 比 192 kb/s 甚至更高码率的 MP3 还要出色，但其高频表现一般。OGG 具有流媒体的基本特征，但现在还没有媒体服务软件支持，因此基于 OGG 的数字广播还无法实现，其市场表现无法和 MP3 相提并论。可以说，OGG 是一种非常有潜力的压缩编码方案。

4）MP3PRO 格式

作为 MP3 的改良版本，MP3PRO 表现出了相当不错的音质，它采用 SBR 插入技术，在 64 kb/s 码率下表现极为突出，高音丰满，但其低频表现不佳。这种格式主要适用于低要求下的音乐欣赏。

5）WMA 格式

WMA 是 Windows Media Audio 编码后的文件格式，由微软开发，其研发的目标市场就是网络音频。在 64 kb/s 的码率情况下，WMA 可以接近 CD 的音质。WMA 支持防复制功能，可以限制播放时间和播放次数，甚至播放的机器等。WMA 也支持流技术，可以一边读一边播放，因此 WMA 可以很轻松地实现在线广播。由于目前版本的 Windows 中加入了对 WMA 的支持,且 WMA 有着优秀的技术特征,因此这种格式被越来越多的人所接受。

6) APE 格式

APE 是 Monkey's Audio 提供的一种无损压缩格式,可以提供 50%~70%的压缩比。其压缩音质非常好,在现有不少无损压缩方案中,APE 是一种有着突出性能的格式,它具有令人满意的压缩比以及飞快的压缩速度,适用于高品质的音乐欣赏及收藏。

7) ACC 格式

AAC(Advanced Audio Coding,高级音频编码技术)是杜比实验室为音乐社区提供的技术。AAC 最大能容纳 48 通道的音轨,采样率达 96 kHz,并且在 320 kb/s 的数据速率下能为 5.1 声道音乐节目提供相当于 ITU-R 广播的品质。和 MP3 比起来,它的音质比较好,能够节省大约 30%的存储空间与带宽。它是遵循 MPEG-2 的规格所开发的技术。

此外,还有 MPC、VQF 和 FLAC 等压缩格式,因其影响力和使用情况不如上述格式典型,这里暂不作举例。

4. 数字功率放大器

数字功率放大器直接对数字语音数据进行功率放大,而不需要进行模拟转换,通常也称作 D 类功放。它具有两大优点:效率高;模拟信号转换为数字信号输入,能够与数字音源播放机对接。D 类功放的效率为 80%~90%,且功耗较小,但是它的保真度较差。为了解决这个问题,美国 Tripath Technology 公司研发了一种保真度好、效率高的音频功率放大器,即 T 类功率放大器(T 类功放)。其核心是数码功率放大器(Digital Power Processing,DPP)处理技术。T 类功放的动态范围更宽,响率响应平坦,群延迟小。DDP 的出现把数字时代的功率放大器推到一个新的高度。目前的绝大部分数字功率放大器为 D 类功放或 T 类功放。

伴随着数字信号处理技术、通信技术和计算机技术等信息技术的发展,音频信号的编码、压缩和解码等技术日趋先进和高效,超大规模集成电路、高性能运算芯片和大容量存储介质等电子技术的应用也将音响设备的数字化推向一个新的高度。在这些技术的支持下,数字音响技术的发展进入了一个全新的阶段,并表现出高音质、高码速、高集成、低功耗等特点。可以说,数字音响技术的发展空间很大,发展前景光明,值得深入研究和探讨。

5. 数字音响的基本组成

为了将连续的模拟信号变换成离散的数字信号,在数字音响中普遍采用的是脉冲编码调制方式,即 PCM(Pulse Code Modulation)技术。以 PCM 为基本技术的数字音响设备的原理方框图如图 1-6 所示。

音频信号经过低通滤波器带限滤波后,由取样、量化、编码三个环节完成 PCM 调制,实现 A/D 变换。所形成的数字信号再经纠错编码和调制后,录制在记录媒介上。数字音响的记录媒介有激光唱片和盒式磁带等。上面就是录音过程。放音过程是,从记录媒介上取出数字信号,该数字信号经过解调、纠错等数字信号处理后,恢复为 PCM 数字信号,由 D/A 变换器和低通滤波器还原成模拟音频信号。当然,完成放音过程必须有很好的同步。

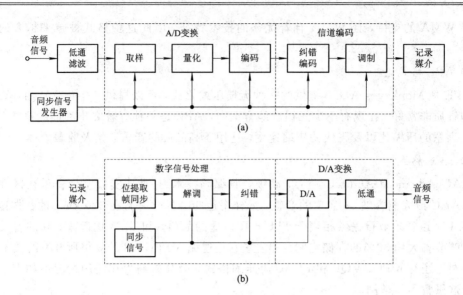

图 1-6 数字音响设备的原理方框图
（a）录音过程；（b）放音过程

6. 数字音响的特点

1）信噪比高

数字音响的记录形式是二进制码，重放时只需判断"0"或"1"，因此，记录媒介的噪声对重放信号的信噪比几乎没有影响。而模拟音响记录的形式是连续的声音信号，在录放过程中会受到诸如磁带噪声等的影响，而使音质变差。尽管在模拟音响中采取了降噪措施，但无法从根本上加以消除。

2）失真度低

在模拟音响录放过程中，磁头的非线性会引入失真，为此需采取交流偏磁录音等措施，但失真仍然存在。而在数字音响中，磁头只工作在磁饱和和无磁两种状态，表示"1"和"0"，对磁头没有线性要求。

3）重复性好

数字音响设备经多次复制和重放，声音质量不会劣化。传统的模拟盒式磁带录音，每复录一次，磁带所录的噪声都要增加，致使每次复录信噪比约降低 3 dB，子带不如母带，孙带不如子带，音质逐次劣化。而在数字音响中，即使母带有些划伤或磁粉脱落，子带也会通过强有力的纠错编码系统加以补偿，而不会使复录的音质劣化。

4）抖晃率小

数字音响重放系统由于时基校正电路的作用，旋转系统、驱动系统的不稳定不会引起抖晃，因而不像模拟记录那样，需要精密的机械系统。

5）适应性强

数字音响所记录的是二进制码，各种处理都可用二进制数值运算来进行，可不改变硬件，仅用软件进行操作，便于微机控制，故适应性强。

6）便于集成

数字化系统可由超大规模集成电路形成，由此带来的优点是整机调试方便，性能稳定，可靠性高，便于大批量生产，降低成本。

数字音响设备必将以它卓越的性能取代模拟音响设备，未来音响与调音技术的发展必将是数字化、智能化、精巧化。

1.4　音响系统的电声性能指标

国际电工委员会制订的 IEC－581 标准及我国根据该标准制定的 GB/T 14277－93 国家标准，规定了高保真音响设备和系统性能的最低电声性能要求及音频组合设备通用的技术条件。这些电声性能包括有效频率范围、谐波失真、信噪比、互调失真、系统的输出功率、瞬态响应等等。下面介绍几种主要的性能指标。

1.4.1　有效频率范围

有效频率范围习惯上称为频率特性或频率响应，是指各种放声设备能重放的声音信号的频率范围，以及在此范围内允许的振幅偏差程度（允差或容差）。显然，频率范围越宽，振幅容差越小，则频率特性越好。IEC－581 标准规定，频率范围应在 40 Hz～12.5 kHz 之间，振幅容差应低于 5 dB。各种音响设备频率范围和振幅容差不尽相同。

规定有效频率范围，是为了保证语言和音乐信号通过该设备时不会产生可以觉察的频率失真和相位失真。常见乐器与男女声的频率范围如图 1－7 所示。图中实线表示各种乐器的基频频率范围，虚线表示音响设备要完美地表现该乐器的音色所需要的起码的频率范围。图中各种等级扩音机的频率范围表明，只有一级扩音机能高保真地重放语言、音乐信号，二、三级扩音机能高保真地重放男女声。各频段声音对听觉的影响如图 1－8 所示。只有音响设备的频率范围足够宽，通频带内振幅响应平坦程度在容差范围之内，重放的音乐才会使人感到低音丰满深沉、中低音雄浑有力、中高音明亮悦耳、高音色彩丰富，整个音乐层次清楚。

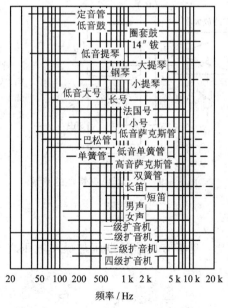

图 1－7　常见乐器与男女声的频率范围

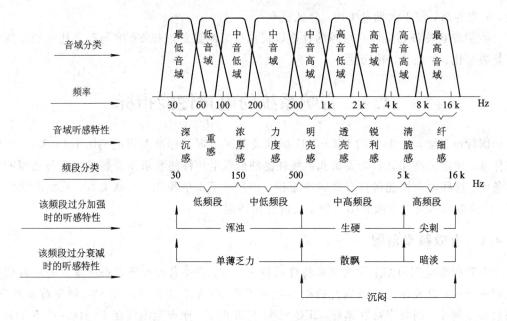

图 1-8　各频段声音对听觉的影响

频率特性的测量方法如图 1-9 所示。图中是以放大器为待测设备的。待测设备的标准声频信号的幅度不变，频率从 20 Hz 扫至 20 kHz，待测放大器的输出端有一个固定负载 R_0，20 Hz～20 kHz 的声频信号经过待测放大器后，放大器的输出端就会在 R_0 上形成电压。如果以 1 kHz 对应的输出电压 E_{1k} 为参考电压，其他各个频率点对应的输出电压为 E_n，则频率特性指标可用下式求出：

$$L(\mathrm{dB}) = 20\ \lg \frac{E_{1k}}{E_n} \tag{1-20}$$

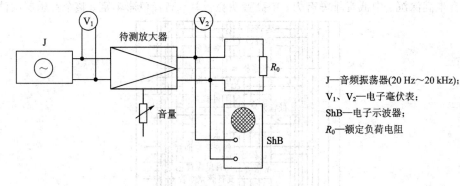

J—音频振荡器(20 Hz～20 kHz)；
V_1、V_2—电子毫伏表；
ShB—电子示波器；
R_0—额定负荷电阻

图 1-9　放大器频率特性的测量

1.4.2　信噪比

信噪比又称信号噪声比，是指有用信号电压与噪声电压之比，记为 S/N，通常用 dB 表示：

$$\frac{S}{N} = 20\ \lg \frac{u_S}{u_N} \quad (\mathrm{dB}) \tag{1-21}$$

式中：u_S——有用信号电压；

u_N——无用噪声电压。

信噪比越大，表明混在信号里的噪声越小，重放的声音越干净，音质越好。

信噪比可用去调制法或滤基波法来测量。首先测量输出为额定功率时的信号(S)、失真(D)和噪声(N)电压之和($S+D+N$)，然后去掉或滤除有用信号电压，用带通滤波器取出失真和噪声电压($D+N$)，计算($S+D+N$)与($D+N$)的比值并取对数即获得信噪比分贝值。

1.4.3 谐波失真

由于各音响设备中的放大器存在着一定的非线性，导致音频信号通过放大器时产生新的各次谐波成分，由此而造成的失真称为谐波失真。谐波失真使声音失去原有的音色，严重时使声音变得刺耳难听。该项指标可用新增谐波成分总和的有效值与原有信号的有效值的百分比来表示，因而又称为总谐波失真。电压谐波失真系数可采用国际规定的测试方法分别测量基波和各谐波分量，按下式进行计算：

$$\gamma = \frac{\sqrt{u_2^2 + u_3^2 + \cdots}}{\sqrt{u_1^2 + u_2^2 + u_3^2 + \cdots}} \times 100\% \qquad (1-22)$$

式中：u_1——输出电压中的基波分量；

u_2、u_3——输出电压中的二次、三次谐波分量；

γ——电压谐波失真系数。γ 值越小，说明保真度越好。

谐波失真可用谐波失真测量仪来完成，它由三部分组成(如图 1-10 所示)：一是输入放大器，增益可调；二是窄带带阻滤波器，其频率和相位可调；三是显示部分。测试时，先将开关 S 扳在 1 挡，调节 R，使以％为刻度的电子毫伏表指针达到 100％点。然后将 S 置于 2 挡，反复调节基频滤除网络的电容与相位电位器，使基频 u_1 得到较彻底的滤除，此时可在电子毫伏表上得到最小灵敏度的读数。由于测量前已把开关 S 在 1 挡测得的值 $\sqrt{u_1^2 + u_2^2 + u_3^2 + \cdots}$ 定为 100％，所以，开关 S 在 2 挡得到的值 $\sqrt{u_2^2 + u_3^2 + \cdots}$ 在％刻度上所占百分数就是谐波失真 γ 值。

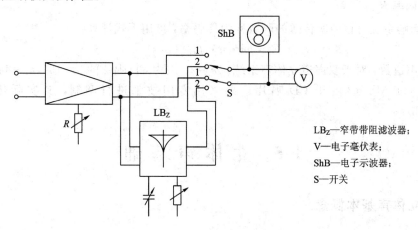

LB$_Z$—窄带带阻滤波器；
V—电子毫伏表；
ShB—电子示波器；
S—开关

图 1-10 谐波失真测试仪方框图

1.4.4 互调失真

互调失真也是非线性失真的一种。声音信号都是由多频率信号复合而成的，这种信号通过非线性放大器时，各个频率信号之间便会互相调制，产生出新的频率分量，形成所谓的互调失真，使人感觉声音刺耳、失去层次。互调失真的定义为全频带内非线性信号的均方根的和与某一高次基频振幅的比值取百分比，即

$$互调失真 = \frac{全频带内非线性信号的均方根的和}{某一高次基频的振幅} \times 100\% \qquad (1-23)$$

互调失真是用两个信号 f_1 和 f_2 进行测量的。测量时，需将低频信号 f_1 与高频信号 f_2 混合，再送到待测设备。f_1 与 f_2 的振幅比取 $4:1$，f_1 通常选用比待测设备通频带下限频率高 1 个倍频程的频率，f_2 则选比待测设备通频带上限频率低 $1\sim2$ 个倍频程的频率，f_2 与 f_1 一般应满足 $f_2 > 8f_1$ 的要求。

1.4.5 数字音响的几个主要性能指标

数字音响设备的主要性能指标包括有效频率范围、动态范围、信噪比、失真度、声道分离度、传码率等。这里仅介绍几个主要的性能指标。

1. 有效频率范围的上限频率 f_m

数字设备的取样频率一般均大于等于两倍的音频信号上限频率，因此，只要知道设备的取样频率 f_s，音频信号上限频率 f_m 就可求出，即 $f_m \leqslant f_s/2$。例如，CD 唱片的取样频率 $f_s = 44.1 \text{ kHz}$，所以，$f_m \leqslant f_s/2 = 22.05 \text{ kHz}$，这就是有效频率范围的上限频率。

2. 信噪比和动态范围

理论分析表明，由量化噪声决定的信噪比可用下式计算：

$$\frac{S}{N} = 6n + 1.75 \quad (\text{dB}) \qquad (1-24)$$

式中 n 为量化位数，在 CD 唱片中，$n = 16$，所以 $S/N \approx 96(\text{dB})$。在线性量化情况下，上式也就是数字音响设备的动态范围。

3. 传码率 R

数字音响系统每秒钟所传送的码数称为传码率，可用下式计算：

$$R = m \cdot n \cdot f_s \quad (\text{b/s})$$

式中 m 为声道数，对于双声道立体声系统，$m = 2$。因为 CD 唱片的 $n = 16$，$f_s = 44.1 \text{ kHz}$，故 $R = 1.411 \text{ Mb/s}$。由于 CD 唱片还要采用专门技术进行调制，其实际传码率为 4.3218 Mb/s。

1.5 立 体 声 基 础

1.5.1 立体声基本概念

1. 立体声的定义

实际上，日常生活中我们听到的自然界的声音就是立体声。但是，在音响技术中所讲

的立体声并不是自然声，而是通过录音、传输和重放系统所获得的声音。要使聆听者获得声音的空间分布印象，并产生临场感、立体感，就需经过一些特殊处理，产生立体声。有人给出这样的定义：立体声是一个应用两个或两个以上的声音通道，使聆听者所感到的声源相对空间位置能接近实际声源的相对空间位置的声音传输系统。

在音乐厅中，聆听者听到的立体声由三部分声音组成，即直达声、反射声和混响声。直达声能够帮助人们确定声源的方位；反射声给人空间感，可以感觉到音乐厅的空间大小；混响给人包围感，可以感到声音在三维空间环绕。反射声和混响声共同作用，综合形成现场环境音响气氛，即产生所谓的临场感。优良的立体声应能再现这些要素。

2. 立体声的特点

与单声道重放声相比，立体声具有一些显著的特点。

1）具有明显的方位感和分布感

单声道放音时，声音是从一个"点"发出的，即使声源是一个乐队的演奏，聆听者仍会明确地感到声音是从扬声器一个点发出的。而用多声道重放立体声时，聆听者会明显感到声源分布在一个宽广的范围，主观上能想象出乐队中每个乐器所在的位置，产生了对声源所在位置的一种幻象，简称声像。幻觉中的声像重现了实际声源的相对空间位置，具有明显的方位感和分布感。

2）具有较高的清晰度

用单声道放音时，由于辨别不出各声音的方位，各个不同声源的声音混在一起，受掩蔽效应的影响，使听音清晰度较低。而用立体声系统放音，聆听者明显感到各个不同声源来自不同的方位，各声源之间的掩蔽效应减弱很多，因而具有较高的清晰度。

3）具有较小的背景噪声

用单声道放音时，由于背景噪声与有用声音都从同一点发出，所以背景噪声的影响大。而用立体声放音时，重放的噪声声像被分散开了，背景噪声对有用声音的影响减小，使立体声的背景噪声显得比较小。

4）具有较好的空间感、包围感和临场感

立体声系统放音对原声场音响环境的复原程度是单声道放音所望尘莫及的。这是因为立体声系统能比单声道系统更好地传输近次反射声和混响声。音乐厅里的混响声是无方向性的，它包围在听众四周；而近次反射声虽然有方向性，但由于哈斯效应的缘故，听众也感觉不到反射声的方向，即对听众来说也是无方向性的。单声道系统中，重放的近次反射声、混响声都变成一个方向传来的声音；而在立体声系统中，能够再现近次反射声和混响声，使聆听者感受到原声场的音响环境，具有较好的空间感、包围感和临场感。

1.5.2　立体声原理

1. 声源平面定位

根据双耳效应理论，可以从时间差、相位差、声级差及音色差四个方面来揭示人类听觉在平面范围内判断声音方位的机理。

1）时间差

设声源在聆听者听觉平面的右前方较远处发声，用声线表示声波的传播方向，如图

1－11 所示。从右前方传来的声音，到达右耳的
路径短，到达左耳的路径长，声音到达两侧耳壳
处的时间差可近似为

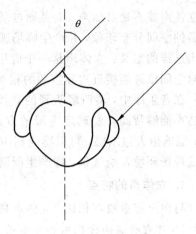

$$\Delta t \approx \frac{l}{c} \sin\theta \qquad (1-25)$$

式中：l——两耳距离；

θ——声源与人头部中心线的夹角，称为平面
入射角；

c——声速。设 $l=20$ cm，$c=340$ m/s，则

$$\Delta t \approx 0.62 \sin\theta \quad \text{(ms)}$$

上述分析表明，时间差与平面入射角有关，
据此可确定声源的平面方位。实验表明，双耳能
辨别的最小平面偏角约为 $3°$，相当于 0.03 ms 的时间差。

图 1－11　双耳效应

2）相位差

由于传到两耳的声音存在时间差，因而也会产生相位差。对于频率为 f 的纯音，相位
差与时间差有如下关系

$$\Delta\varphi = 2\pi f \cdot \Delta t \qquad (1-26)$$

将 $c=\lambda f$ 及 $\Delta t \approx \frac{l}{c}\sin\theta$ 代入上式，可得

$$\Delta\varphi = \frac{2\pi l}{\lambda}\sin\theta \qquad (1-27)$$

低频声音的波长较长，由于其波长远大于头颅直径 l，因而形成的相位差远小于 2π，
所以人耳根据相位差可判断出低频声源的平面方位。高频声音的波长较短，形成的相位差
甚至会超过 2π，无法确定是超前还是滞后，所以人耳不能根据相位差判断出高频声源的平
面方位。

3）声级差

两耳虽然相距不远，但是，由于头颅的阻隔作用，使得从某方向传来的声音需要绕过
头部才能到达离声源较远的一只耳朵中去。在传播过程中，其声压级会有一定程度的衰
减，使两侧耳壳处产生声级差。

两耳间的声级差与声音频率有关。对于高频声音，由于其波长小于头颅尺寸，便会被
人头遮挡，形成反射及吸收，致使与声源同侧的耳朵所获得的声音强于另一侧耳朵，产生
较大声级差。对于低频声音，由于其波长大于头颅尺寸，便会绕射而过，使两耳感受到的
声级差减小。所以，人耳根据声级差可以辨别高频声音的平面方位，而不容易辨别低频声
音的平面方位。

4）音色差

当声源不是单一频率的纯音，而是一个复音时，情况要复杂些。如一个乐器发出的声
音，可以分解为一个基频声和许多谐频声。根据绕射规律，由于人头部对谐频声的遮蔽作
用使基频声和各高次谐频声在左右耳际的声压级不同，因而两侧耳朵听到的音色将有差
别，形成音色差。

　　实验证明，声级差、时间差和相位差对听觉定位影响较大。对于不同频段的声音，它们的作用不同。在平面定位方面，低频段声音的定位主要决定于相位差，高频段声音的定位主要决定于声级差，而时间差对瞬态声的定位贡献较大。

2. 声源距离定位

　　人耳对声源距离的定位，在室外主要依靠声音的强弱来判断，在室内则主要依靠直达声与反射声、混响声在时间上、强度上的差异等因素来判断。

　　声源在房间中发声时，直达声、反射声、混响声依次传到耳际。一个房间大小形状固定后，反射声强度是固定的，混响声强度也是固定的，但直达声强度是随声源距离而变化的。当声源距人较近时，直达声较强，直达声与反射声比值较大，清晰度较高。而当声源距人较远时，直达声减弱，直达声与反射声比值变小，清晰度降低。所以在室内人耳能够根据直达声与反射声的强度比、清晰度来判断声源的远近。

3. 声源高度定位

　　声源的高度位置由声波在垂直面上的入射角（仰角）和直线距离两个坐标量来确定。直线距离的定位机理与前面所阐述的相同，而仰角定位是理论上尚未圆满解决的问题。

　　耳壳效应假设认为，人的耳壳有助于判断声音入射仰角，也有助于判断平面入射角，由此解释了人用耳也能判断声音方位的原因。由于耳壳的特殊形状，声波自不同方向入射，撞击到耳壳的不同部位上，反射至耳道口的声程不同，使各声波之间存在时间差，进而形成各反射波与直达波之间在不同频率上的同相位相加和反相位相减的叠加过程，形成一种和声源方向有关的梳状频谱特性。实验证明，耳壳对声源的定位作用主要与这种梳状频谱特性有关，人脑的听觉中心能够据此判断声源方位。目前，国外对耳壳效应的定位机理仍在继续研究中，初步证实这种效应主要对 4 kHz 以上的声波有效。

　　此外，人类对声音的空间印象，除了听觉的生理作用外，还涉及心理作用因素，存在所谓心理声学效应问题。例如，见物听音或启发诱导听音都会提高人对声源的定位能力。

4. 双扬声器声像定位

　　图 1 - 12 是双扬声器声像定位实验框图。在该实验装置中，每个声道都有改变信号强度和延时时间的环节，以便获得声道信号强度差 Δp 或时间差 Δt。图中，I 表示声像所在位置，θ 表示声像方位角，α 表示聆听角，B 表示两只扬声器之间的距离（基线长度），s 表示声像 I 偏离扬声器基线中点的距离，y 表示聆听者至扬声器基线的垂直距离。

　　通过上述实验装置所得到的实验结论是：在

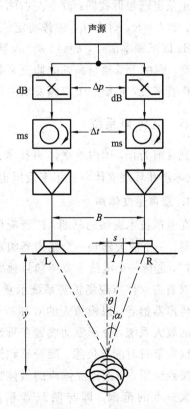

图 1 - 12　双扬声器声像定位实验框图

双声道信号间引进强度差或时间差，可以人为地改变单个声像在扬声器基线上的位置。实验还证实：两只扬声器辐射的两个信号之间必须有相关联系，才能融合成统一的声像。当两声道信号完全相关时，聆听者感觉到的是点状声像；当两信号不完全相关时，形成的是统一的较宽的声像；如果放送的两个信号互不相关，无论强度差或时间差为何值，聆听者均感到两只扬声器发出各自的声音。

5. 声像分布

声像分布与其所对应的原发声场各点声源空间分布的一致性，标志着立体系统的准确性。这种准确性是立体声节目制作直至重放过程中系统综合性能较高的体现。当聆听者位于双扬声器中心线时，感觉到的声像分布与声源声级差、频率范围、相位差及时间差有关，但主要与前两项关系较大。

声像分布与声级差及频率范围的关系，在数学上可用著名的正弦定理来描述，即

$$\sin\theta = k\frac{L-R}{L+R}\sin\alpha \qquad\qquad (1-28)$$

式中：θ——声像方位角；

α——聆听角；

L、R——左、右两声道的信号强度；

k——修正系数。当信号频率 $f \leqslant 700$ Hz 时，$k=1$；当 $f > 700$ Hz 时，$k=1.4$。

正弦定理告诉我们：改变左右两只扬声器的发声强度，声像定位将在两只扬声器之间改变。如 $L=R$，则 $\theta=0$，声像将定位在两只扬声器中间。若 $L \gg R$，则 $\sin\theta = k\sin\alpha$，对于 700 Hz 以下频率信号，$k=1$，$\theta=\alpha$，声像位于左扬声器的位置上。如果左右扬声器发声强度不变，则由于低频与高频的修正系数不同，其声像位置也不同。这对于实际的多频率成分的声音来说，将使一个声源发出的低频和高频分量具有不同的声像定位。

1.5.3　立体声系统

到目前为止，国内外立体声技术最成熟、应用最广泛的仍然是双声道立体声，此外，3D 立体声和环绕立体声近年来发展也很迅速。下面对这三种立体声作一简介。

1. 双声道立体声

在电声技术发展的早期，广泛应用的是单声道技术，这种单声道的音响系统是由一个传声器，一个放大器和一个扬声器组成的单一声音信号通道，见图 1-13(a)。"声道"也称"通道"，是指一个电信号或声信号独立的专有路径。图 1-13(b)是由左(L)、右(R)通道组成的双通道立体声现场扩音系统示意图，从图中可见，两个通道分别使用两只适当拉开距离的传声器拾音，以模拟人的双耳拾音效果，每一个传声器拾得的声音信号各自通过一个独立的放大系统，分别驱动放置在听音者前方左、右两侧的扬声器放音，从而获得类似在现场欣赏节目时的方位感、展开感和深度感。

实践证明，双通道立体声的最佳听音位置是与两只音箱成等边三角形的中央顶点，或者扩大一点的范围，即与两只音箱所成的等腰三角形的顶点附近区域，而开角约在 30°~50° 之间，如图 1-14 所示。

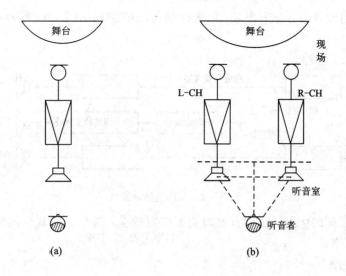

图 1 - 13　单声和双通道立体声

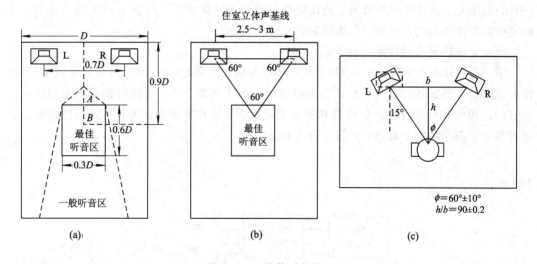

图 1 - 14　最佳听音位置

2．3D 立体声

随着声频技术的发展，人们发现 200 Hz 以下接近次声这一段的低音信号对音响效果有着重要的影响，习惯上把 200 Hz 以下的一段频率称为"重低音"或"超低音"（Super bass）。超低音以其超乎寻常的音域层次和雄浑深厚的力度，给人以耳目一新之感。

理论和实践证明：200 Hz 以下的低音信号基本上不具有方向性，所以超低音通道不必像高、中音那样用左、右两套放大器和音箱播放，而只需用单通道放大器和单只音箱播放，随意移动音箱的角度或位置也不会对听音效果产生太大的影响。具有超低音功能的三维（简称 3D）立体声系统就是基于这一原理组成的。图 1 - 15 是一个 3D 立体声系统的方框图，由图可见输入信号中 200 Hz 以上的中、高音声频仍然采用左、右两个通道的立体声功放和左、右两只音箱播放，以保证节目中的立体声信息能使人耳准确进行声像定位，确保良好的立体声效果。与此同时，在左、右声道中各分出一路信号，送至低通滤波器，把

200 Hz 以下的超低音信号分离出来,再进行混合,送往中央通道放大器和中央超低音扬声器进行放音。

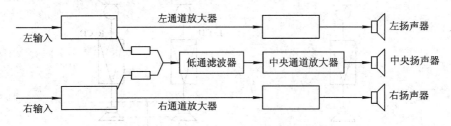

图 1 - 15　3D立体声系统

3D立体声系统的优点就是能有效地克服中空效应,同时也能减少低频噪声和提高功放级功率的利用率。

3. 环绕立体声

所谓环绕声或环绕声系统,是在音频信号的传送过程中使听众产生一种被声音所环绕(包围)的感觉。这种环绕声效果,是在重放的声场中,保持了原有信号声源的方向性,从而使听众产生声音的包围感、临场感和真实感。

环绕立体声可通过以下三种方式获得:

第一种,分离四通道(4—4—4)系统,亦称为四方声系统,即在软件(录音带或唱片)制作时就直接采用四通道录音,在录音带或唱片上录下四条声轨。重放时则必须用四轨录音机或四通道电唱机配合四台扩音机和四个音箱放音。这种方式中,从节目源到传输通道直到重放设备都采用四个通道,如图 1 - 16 所示。

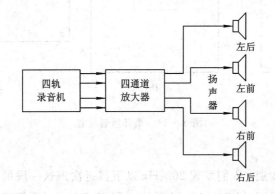

图 1 - 16　4—4—4 环绕声系统

第二种,编码式的四通道(4—2—4)系统。4—2—4 指的是节目源制作是四个通道,然后经过编码器使之压缩为两通道,重放时再通过解码器恢复为原来的四个通道,如图1 - 17 所示。

第三种,杜比环绕声电影系统。它使用特定的编码技术将左、中、右和环绕声四个声道经过编码转换成两个声道,制作成电影的光学声带。

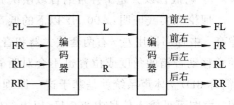

图 1 - 17　4—2—4 环绕声系统

当放映采用杜比编码系统录音的立体声电影时，只需配备一台 CP－55 解码系统，就能把影片中录下的两通道信号还原成四个通道：右通道 R、左通道 L、中央通道 C 和环绕声通道 S，另外还有一个重低音通道 B。用上述五个信号分别推动五台扩音机和音箱，放置于电影院银幕背面的左、中、右位置和观众席处，即可获得与电影画面相配合，使人有亲临其境的逼真环绕立体声效果，如图1－18 所示。

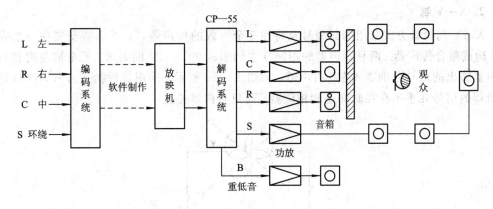

图 1－18　杜比环绕声电影系统

1.5.4　双声道立体声拾音

拾音是指用传声器拾取声音，并将声音转换为电信号。双声道立体声采用两个传声器拾音，产生左右两个声道信号，供给双扬声器放声。根据两个传声器放置方式不同，构成了 A—B 制、X—Y 制、M—S 制和仿真头制等拾音方式。

1. A—B 制

A—B 制拾音方式是将两只型号及性能完全相同的传声器并排放置于声源的前方，左右两只传声器拾音后分别将信号送至左右两个声道。两只传声器间距视声源的宽度而定，通常为几十厘米至几米。传声器可选用全指向性或单指向性的。

A—B 制拾音方式如图 1－19 所示。由图可知，当声源不在正前方时，声源到达两只传声器的路程是不同的。因此，两只传声器拾得的信号既有声级差，又有时间差，还有相位差。而且，当时间差一定时，相位差随声源频率不同而不同。如果将左右信号合起来作单声道重放时，就会发生相位干涉现象。有的频率成分同相相加而增强，有的频率成分反相相减而削弱，使音色产生变化。

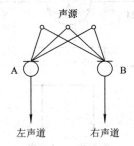

图 1－19　A—B 制拾音方式

在 A—B 制拾音方式中，如果两只传声器相距较远，会导致重放时所形成的声像强度较弱，且向左右靠拢，使中间声像变得稀疏，像是一个空洞，从而破坏了声音的立体感。对于中间空洞现象造成的声像畸变，可以用增加中间传声器的方法来校正，将中间传声器所拾得的信号分别加到左右声道中去。也可以在重放时增加一只中置扬声器，其信号由左右声道中的信号相加而获得。

2．X—Y 制

X—Y 制拾音方式采用两只型号及特性完全一致的传声器，上下靠紧安装在一个壳体内，构成重合传声器。两只传声器的指向性主轴形成 90°～120° 的夹角。把主轴左边和右边传声器输出的信号分别送入左、右声道，如图 1-20 所示。采用这种拾音方式，两只传声器拾得的信号几乎不存在时间差和相位差，而只有声级差。

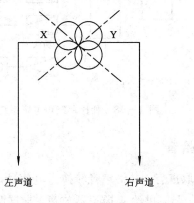

左声道   右声道

图 1-20 X—Y 制拾音方式

3．M—S 制

M—S 制拾音方式是将一只传声器 M 的指向性主轴对着拾音范围的中线，而将另一只传声器 S 的指向性主轴向着两边，两只传声器的指向性主轴夹角为 90°。通常，M 传声器采用全指向性或心形传声器，而 S 传声器则必须采用双指向性传声器。

采用这种拾音方式时，M 传声器拾得的是整个声场的信号，而 S 传声器拾得的是声场两侧的信号。M 信号相当于左右信号之和，即 $M=L+R$；而 S 信号相当于左右信号之差，即 $S=L-R$。所以 M 和 S 两只传声器所拾得的信号必须进行和差变换才能成为左右声道的信号，如图 1-21 所示。

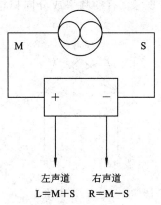

左声道   右声道
$L=M+S$ $R=M-S$

图 1-21 M—S 制拾音方式

M—S制拾音方式也将两只传声器上下靠紧安装在一个壳体内,构成重合传声器。因而,其拾得的信号也只有声级差,由于 M 传声器拾得的是全声场的信号,L+R=M 可供给单声道系统放声,因而有较好的兼容性。

4. 仿真头制

仿真头制拾音方式是将两只传声器放置在用塑料或木材仿照人头形状做成的模拟人头的两耳部位,这两只传声器输出的信号分别为左右声道的信号。仿真头左右传声器所拾得的声音信号与人耳左右鼓膜所听到的声音信号非常相似,也有声级差、时间差和相位差等。如果用立体声耳机收听,真实感很强,立体声效果很好。但是,不能用双扬声器来放声,否则会引起附加的时间差和声级差,立体声效果很差。

1.5.5　对立体声系统各环节的特殊要求

与单声道相比,由于立体声采用了多声道系统,而且这里的多声道信号还包含了声像方向的信息,因此引出了对立体声系统各环节的一系列特殊要求。

1. 移相问题

移相问题是指一个声道内的相移频率特性以及声道间相频特性差的问题。多声道立体声系统同样存在着上述两个问题。但在实际的设备中,要减小声道间的相位差,往往要从改善每个声道各自的相频特性着手。为此,需要根据各环节对声像方向等因素的影响程度以及改善指标的难易程度,规定出各种立体声设备的相频标准。作为电声系统中一头一尾的传声器和扬声器,有一些要靠力学或声学的谐振系统"凑"出平直的幅频响应,这样的电声器件因谐振系统的参与,其相频特性可能是很复杂的,要实现相频特性的配对(减小相移差)则更困难,这些在实际工作中应该特别注意。

2. 串声问题

左、右声道间信号的互串(互相感应)会改变两声道间的强度差,因而会使重放声像方向角发生畸变,为此应尽量降低这种互串并制定出相应的标准。声道间的互串途径可能是多方面的,例如电、磁、力学、光学等因素,各种途径的互串也有各自的频响特点,如全频带互串、低频互串、高频互串、谐振特性互串等等,因此,应根据各种互串各自的特点,采取不同的隔离措施,提高音响质量。

3. 演播室特性

实践证明,原来对单声道效果较好的演播室一般也是适用于立体声的,演播室包括广播电台的播(录)音室、电视台的演播室、电影制片厂的录音棚等。实际上,立体声技术就是在这些原来供单声道使用的演播室里发展起来的。不过立体声的发展对演播室也提出了一些新的要求。

采用"主传声器方式"拾声时,演播室不但要给出很好的整体声效果,而且要便于声像的产生与方向的导演,为此,立体声所使用的演播室可能需要比单声道的更大一些,以便各声部之间有可能拉开较大的间距;墙面与天花板产生的明显前期反射声中有些可能要破坏声像方位,应该尽量避免,必要时需要增设吸声屏风消除或阻挡有碍声像方位的声反射。对于把室内分成寂静区(短混响)与活跃区(长混响)的演播室,当声源在两区交界处附近时,声像往往容易发生"飘动",一般需要采取一些辅助的吸声措施。

　　采用"多声道方式"拾音，演播室应该是比较"干"的，不过在这种情况下，立体声提出来的新问题并不太多。这是因为各声部的声像方向主要靠调声控制台的方向电位器来分配，声像的层次靠人工延时与混响来导演。演播室只需提供一定隔离度的多声道信号，而立体声对声道间的隔离度要求并不高，一般左、右二声道间有 14 dB 的信号强度差就足以产生"全右"或"全左"声像了，这个要求比录音时"改错补录"的要求要低不少。

本 章 小 结

　　全书围绕音响与调音技术展开全面的讨论。作为全书的基础，本章对后续课程所要用到的基础知识作了引导性讲解。主要内容涉及声学基础知识及相关的声学参量，这些参量在音响技术方面有着重要的地位，读者必须熟知。室内声学及声场也是音响技术的一个重要方面，因为要获得理想的音响效果，必须对室内声学和声场分布有一个清晰的认识。音响系统的分类和组成部分主要对专业音响和家庭音响的组成和功能作了比较，重点应放在熟悉专业音响知识上。电声性能指标主要叙述音响系统常用的指标体系及各个参数的测试方法，掌握这些参数，对以后接触实际设备有很大的好处。立体声技术是音响系统和调音系统的基础，掌握好立体声技术对于获得更加完美的音响效果是至关重要的。

思 考 与 练 习

　　1.1　声音是怎样产生的？声音与声波有何联系？有何区别？

　　1.2　声波有哪些传播特性？与音响技术有何内在联系？

　　1.3　可闻声的频率范围和强度范围各为多少？

　　1.4　什么是掩蔽效应？试举出一个日常生活中的例子。

　　1.5　什么是混响？混响时间如何确定？混合时间的长与短对音响效果有什么影响？

　　1.6　响度级是怎样定义的？人类听觉的响度级范围大致是多少？

　　1.7　谐波失真与互调失真的物理意义是什么？

　　1.8　专业音响系统与家用音响系统有何区别？

　　1.9　什么是立体声？立体声有哪些成分？立体声有何特点？

　　1.10　人耳对声源的平面定位、距离定位、高度定位各依据哪些因素？

　　1.11　双扬声器声像定位实际的结论是什么？它对立体声拾音和放声有何指导意义？

　　1.12　试用正弦定理说明，当左声道信号强于右声道信号时，声像将偏向何方？应如何避免歌唱演员头脚移位的声像现象？

　　1.13　双声道立体声有哪些拾音方式？各有什么特点？

　　1.14　有效频率范围、信噪比、谐波失真的含义是什么？如何测量和计算？IES－581 标准规定这些指标的最低要求有何意义？

　　1.15　普通谈话声、交响乐演奏声（相距 5 m）、喷气飞机起飞声（相距 5 m）的有效声压分别约为 2×10^{-2}、0.3、200 Pa，试计算它们相对应的声压级各为多少？

第 2 章 传声器与扬声器

传声器是音响系统最前端的一种电声器件。本章传声器部分主要讲述传声器的分类与原理结构、传声器的技术指标，重点介绍有线传声器和无线传声器的特点与性能指标，最后介绍传声器的选择与使用情况。

扬声器是音响系统的末级单元，它是音响系统中的一个重要部分，其作用是把电信号转换为声音信号。如果扬声器(系统)不能自然、准确地将电信号还原为声信号，那么前级的各个部分都无济于事。本章扬声器部分讨论扬声器的基本概念，各类扬声器的构成、特点及类比分析方法，最后介绍扬声器单元的选择方法。

2.1 传 声 器

传声器(Microphone)简写为 MIC，又称话筒或"麦克风"。它是音响系统中使用最为广泛的电声器件之一，它的作用是将话音信号转换成电信号，再送往调音台或放大器，最后从扬声器中播放出来。也就是说，传声器在音响系统中是用来拾取声音的，它是整个音响系统的第一个环节，其性能质量的好坏，对整个音响系统的影响很大。

2.1.1 传声器的分类

传声器的种类很多，可从能量来源、指向性、换能原理以及受声场作用力的大小等方面对其进行分类。

1. 按能量的来源分

传声器按能量的来源可分为有源类传声器和无源类传声器两类。有源类传声器用外加直流电源作为其能量来源，使传声器振膜的电学参量在声场作用下发生变化，从而将声能转化为电能。如碳粒式、半导体式及射频式传声器均属于有源传声器。

无源类传声器可直接把振膜的振动能量转变为电能，而不消耗其他能量。如电磁式、电动式、压电式、电容式传声器都属于这种类型。电容式传声器是在直流极化电压方式下工作的，它只提供电位而不消耗电能，所以是无源的；驻极体电容传声器是用驻极体材料来代替极化电压的，故不必加极化电压就可以工作。

2. 按换能原理分

传声器本身就是一种换能器件，通常是将声能转换为电能的。但是，这种换能器件若内部结构不同，那么它们的换能方式也不同。大部分传声器是按电磁感应定律工作的，其输出电压正比于振膜的振速。而电容、压电传声器是通过改变传声器内部电路参数工作的,输出电压正比于振膜的位移。碳粒传声器是利用碳粒的欧姆接触电阻的阻值正比于振膜的位移而工作的。

3. 按声场作用力分

声场作用力是指具体某点声压和振膜面积的乘积。这里的声压是标量,无方向性,与频率无关。传声器按声场作用力分为两种形式,即压强式和压差式。压强式传声器是对空间声场某点的声压起响应的,而压差式传声器是对空间两点或多点之间的声压差起响应的。声压差是声压梯度的函数,声压梯度是有方向性的,是矢量且与频率有关,所以压差式传声器是具有方向性的。

4. 按指向性分

指向性分类方法比较直观且容易理解。当声波波长接近扬声器的结构尺寸时,都会发生衍射,产生相位损失、障板效应等,因而不可避免地要在高频区产生方向性。具体方向性有单向、双向、全向、8字形、无指向和可变指向等6种。

2.1.2 传声器的原理结构

现举两个具有代表性的传声器做一说明。

1. 动圈式传声器

动圈式传声器属于无源类传声器,其结构如图2-1所示。从图中可以看出,动圈式传声器由永久磁铁、线圈和振膜等部分组成。当振膜受到声波的压力后,它带动线圈在磁场中作切割磁力线的振动,线圈两端就会输出一个随声波变化的声频感应电压。

动圈式传声器具有结构牢固可靠、性能稳定、无需外加直流电压、使用简便等优点,可广泛应用于家庭和歌舞厅等场所,既适合于人声演唱,亦适合于大多数的乐器扩音或录音使用。

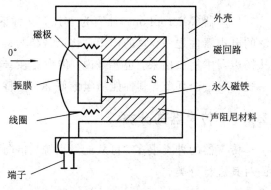

图2-1 动圈式传声器的结构

2. 电容式传声器

电容式传声器的原理结构如图2-2所示。从原理结构图可以看出,它由一个薄极板(振膜,从几微米到十几微米)和一个厚极板(底极)组成。两极板之间的距离很近,一般约为$20\sim60~\mu m$,因此两极板间形成一个以空气为介质的电容,其静电容量可达$50\sim200~pF$。当声波激励薄金属片时,该薄片产生振动从而改变了两极板之间的距离,使其电容量发生相应的变化。将这个电容的变化量取出来变成电信号,这个电信号便对应着声波信号了。要把电容变化量变成电信号有多种方法,在电容式传声器中通常有两种:一种是直流极化式;另一种是驻极体式。直流极化式基于电场原理,通过电场的作用将机械振动变成电信号,这种形式的换能器称为静电换能器。在专业音响场合中,多使用外加直流极化电压(40~200 V)的高档电容传声器。

采用经过事先极化的驻极体代替上述极化电压的电容传声器称为驻极体电容传声器，简称驻极体传声器。驻极体传声器的优点是省去了极化电压的装置，电路也简化了，所以体积小巧，价格相对低廉，常用在家用录音机中和普通歌舞厅乐队的扩音中，效果优良。缺点是极化电压保持时间有一定限度。对于使用者来说，应避免在高温和高湿环境下存储和使用电容传声器，这样可延长其使用寿命。

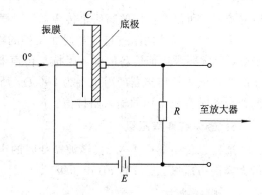

图 2 - 2 电容式传声器的结构

2.1.3 传声器的技术指标

传声器的技术指标是指它的电声性能和质量指标，主要包括以下几个方面。

1. 灵敏度

灵敏度用于表示传声器的声-电转换效率，其定义为：在自由声场中，当向传声器施加一个声压为 1 μbar 的声信号时，传声器的开路输出电压(mV)即为该传声器的灵敏度。换句话说，在一个标准声压的作用下，传声器的开路输出电压越高，传声器就越灵敏，反之，传声器就不灵敏。传声器灵敏度高，就可获得较高的信号噪声比，但应注意不要使调音台或录音机输入端过荷，否则就会造成失真。

电动式传声器的灵敏度约为 $0.15 \sim 0.4$ mV/μbar，而电容式传声器由于有前置放大级，所以灵敏度要比电动式传声器高 10 倍左右，典型的数值是 2 mV/μbar。

2. 频率范围(带宽)

频率范围是指传声器正常工作的频带宽度，通常以带宽的下限和上限频率来表示。

一只好的传声器应具有较宽的频率范围，最好包含人的整个音频范围，有时为了增加拾音的明亮度和清晰度，还可在某一频率范围内，使其输出有所增强。频率范围可通过频响曲线来反映，电容传声器的频响特性较动圈式要宽阔且平直。

3. 信号噪声比(S/N)

信号噪声比指的是传声器有电信号输出时的信号电压与传声器内在噪声电压的比，通常用 dB 表示。例如，电动传声器的灵敏度为 0.1 mV/μbar，当在 1 m 距离讲话时，到达振膜的声压约为 1 μbar，此时，传声器输出电信号为 0.1 mV。而传声器的内在噪声电压约为 0.5 μV，则信噪比为

$$\frac{S}{N} = 20 \lg \frac{0.1 \times 10^3}{0.5} = 42 \text{ (dB)}$$

一般优质电容式传声器的 S/N 值为 $55 \sim 57$ dB。

4. 源阻抗及推荐的负荷阻抗

源阻抗简称阻抗，指传声器的交流内阻，以 Ω 为单位，通常用 1 kHz 信号测得。低阻抗传声器，源阻抗为 200 Ω 左右；中阻抗传声器，源阻抗一般在 500 Ω 到 5 kΩ 之间；高阻抗传声器，源阻抗则在 25 kΩ 到 150 kΩ 之间。由于中阻抗及高阻抗传声器的导线容易感

应交流声,所以专业用的高质量传声器,一律采用低阻抗方式。

为了使传声器的阻抗特性和后面设备的输入阻抗对整个系统的频率响应不会产生任何影响,通常要求后面设备的输入阻抗是传声器阻抗的 6～11 倍,称为推荐的负荷阻抗。由于高质量低阻抗传声器的阻抗多为 200 Ω,所以推荐的负荷阻抗多为 1 kΩ。这是专业用的调音台和录音机常用的输入阻抗值。

5. 最大容许声压级

通常以传声器产生 0.5% 谐波畸变时的声压级作为最大容许声压级。高质量传声器的最大容许声压级已达 135 dB 声压级。

6. 隔振能力

隔振能力包括传声器与其支架间的隔振能力,以及传声器外壳内芯件与壳体间的隔振能力。

7. 瞬态响应

瞬态响应就是传声器对脉冲型声波的跟踪能力。由于方波信号是一种典型的瞬态信号,所以常常用一个矩形波信号来激励传声器,然后用示波器来观测传声器输出信号的波形,从而判断它的瞬态跟踪能力。通常,电容传声器的瞬态响应要优于动圈传声器。

8. 指向特性

传声器的指向特性,又称传声器的方向性,是表征传声器对不同入射方向的声信号检拾的灵敏度,是传声器十分重要的电声指标。

1) 压强式传声器——无方向指向特性

压强式传声器的振膜是裸露在声场中的,振膜后面是密封的,声波无法入射。所以,这种传声器具有无方向指向特性,或者说它具有球形指向特性,如图 2-3 所示。

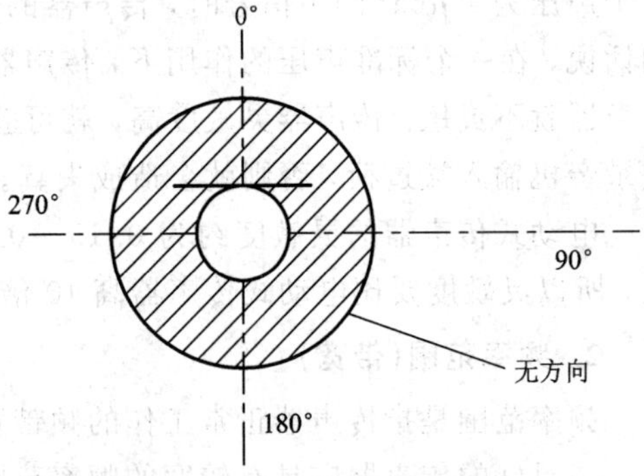

2) 压差式传声器——8 字形指向特性

压差式传声器的振膜后面不密闭,因此振膜的振动取决于前面和后面的瞬时声压差,即对声压梯度产生响应。很显然,从前面 0°和后面 180°入射的声波,都可以产生很大的声压梯度,所以接收能力最强,具有较高的灵敏度。从侧面 90°和 270°入射的声波,到达振膜前后两面的强度相等,因而声压梯度为零,传声器没有输出,灵敏度为零。因此,压差式传声器具有 8 字形(或双向)指向特性,如图 2-4 所示。

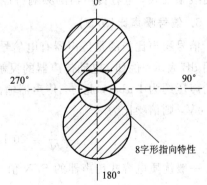

图 2-3 无方向指向特性

图 2-4 8 字形指向特性

3) 多种指向特性图形的组合

将一个无方向图形与一个 8 字形图形叠加起来,就能得到一个心形图形,如图 2-5 所示。这是因为在 0°方向上,无方向图形与 8 字形图形相叠加,得到了两倍的灵敏度;在

180°方向上两者大小相等，方向相反，结果相互抵消；在 90°和 270°方向上，因 8 字形图形灵敏度为零，因而，叠加的结果是保持无方向图形的灵敏度，它是 0°入射灵敏度的一半。

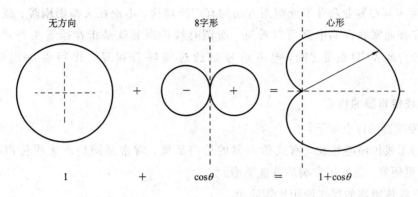

图 2-5　心形特性的合成

心形指向特性是一种单方向指向特性，介于无方向和 8 字形指向特性之间，适合于手持式人声演唱和乐器演奏用传声器。

现在，我们可以以无方向、8 字形和心形指向特性为基本图形，通过适当的组合，就可以得到许多个合成指向特性图形了。图 2-6 给出了 5 种主要的合成指向特性图形，可供选择传声器时参考。

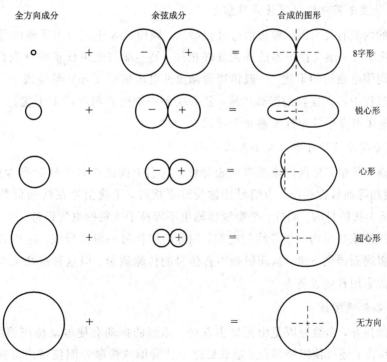

图 2-6　多种指向特性图形的组合

实践证明，各种传声器的指向特性都会随频率而变化。当频率升高到 3~4 kHz 以上时，指向特性有变尖锐的趋势。另外还应指出，传声器前后方向上灵敏度的比值，对优质传声器来说，在声频的全频带内应保持基本相同。但这一点对有些传声器来说就不容易做到。

2.1.4　有线传声器

有线传声器在专业和非专业应用方面均有广泛用途，不论在大型影剧院、豪华娱乐场所，还是在普通家庭音响中都可以看见。所谓有线传声器就是指在拾音头与录音机、放大器、调音台或 VCD 机等之间，电声信号是通过能够看得见、摸得着的电缆连通起来的。

1. 有线传声器的特点

有线传声器的特点如下：

（1）与无线传声器相比，有线传声器的价格低廉，常常是同档次无线传声器价格的1/4，甚至更便宜，是家用音响的首选类型。

（2）有线传声器的操作使用比较简单。

（3）信号失落现象少，甚至没有。信号失落现象指当传声器头与信号到达的接收机（放大器、调音台）的相对位置改变时，出现的信号音质变差，甚至无法接收的现象。

（4）在信号传输中，有线传声器常采用平衡传输，这可有效减小其他电声设备的干扰。

（5）有线传声器常受到电缆线长度的影响，其活动距离会受到限制。

2. 有线传声器使用中应注意的问题

1）必须使用专用电缆馈送传声器信号

传声器的内阻有几百欧，输出信号又很微弱，因而必须使用专用屏蔽电缆作信号传输线，并使屏蔽层的一端与传声器的外壳良好相接，另一端与电声设备的外壳良好相接，这样才能减小周围电磁场的干扰。一般传声器输出的电压信号在 mV 数量级上，如此微弱的信号在传输过程中若无良好的屏蔽措施，就会受到周围电磁场的严重干扰。另外，即使屏蔽良好，传输线也应尽量短且要避开干扰源。

2）使用平衡线传输可有效减小外来干扰

所谓平衡线传输，是指传输线有两根导线，它们上面的声音信号对参考点（机壳—大地）正好数值相等而极性相反。当信号传输受到干扰时，干扰信号在终端负载上可以互相抵消，达到抗干扰的目的。同样，平衡线传输也不容易干扰别的电气设备。

不平衡线传输是采用一根芯线的电缆，用屏蔽层作另一根信号线。这样的传输方式有可能通过单根线而传到下级，从而影响声音信号的传输质量。但这种接法成本低，常用于话筒线较短的家用音响设备上。

3）传声器必须防振

传声器的损坏，多数原因是由振动引起的。强烈的振动会使电动传声器的磁铁退磁，从而降低灵敏度；还可使磁路移位，造成磁路卡住音圈或振散音圈使传声器完全损坏；还可使电容传声器两极间距突然变小，极化电压就有可能击穿膜片。在日常试声的过程中，不可用力吹气或用手敲击传声器，这样很容易使传声器损坏。

4）注意传声器的极性

用几只传声器拾音时，必须使各传声器的极性相同（即相位相同），以免各传声器的信号在电路中相互抵消。

5）注意近区效应

有指向的传声器都有近区效应。所谓近区效应，是指近距离使用这种话筒时，对低频有提升作用，从而增加声音的亲切感，但其副作用是清晰度会降低。

2.1.5　无线传声器

无线传声器用超高频或特高频载波在近距离范围内将传声器输出的电信号经调制后再通过发射机以电磁波形式传向接收机，接收机再将高频信号还原成声音信号。例如，表演者带上手持式或佩带式微型驻极体电容传声器和一台小型 VHF(或 UHF)发射机，发射机将传声器输出的电信号通过调制器调制到高频或特高频载波上，设在录音室或音乐厅舞台一角的接收机接收该信号并进行解调，使其还原为声频信号，最后送到录音机或放大器上。

1. 无线传声器的特点

1）优点

无线传声器的优点如下：

(1) 无线传声器不使用传送电缆，因而录音设施变得简单、方便。

(2) 特别适用于移动声源，如演讲、舞台表演、现场指挥等拾音场合。

(3) 在同期录音的情况下，要求图像和声音同时出现，如拍电视、电影，无线传声器就可很好地解决这个问题，只要把佩带式传声器和小型发射机隐藏好即可。

(4) 利用无线传声器拾音，可减少混响声的拾音，因此清晰度很高。

近年来，驻极体电容传声器的技术指标已经很高，体积很小，加上集成电路的发展和应用，发射机也可以做得很小，无线传声器的应用就更加广泛了。

2）缺点

无线传声器的缺点如下：

(1) 无线传声器属于射频传输，因而保密性差，抗干扰能力差，同时也对其他电子设备产生干扰。

(2) 有信号失落现象，即当传声器与接收机的相对位置改变时，有时会出现信号跌落、音质变劣，甚至无法接收信号的现象。

(3) 无线传声器在传输信号时因需要发射机和接收机，故技术实现上相对有线传输较复杂，成本较高。

2. 典型无线传声器的技术指标

表 2-1 列出了两种专业级无线传声器的部分技术指标；表 2-2 列出了一种国产民用无线传声器的部分技术指标。

在这些技术指标中，频响范围、调制方式、载频特性、射频功率、声频输入电平、有效使用距离是其主要指标。当然，前面讨论的传声器指标是有线和无线传声器最基本的指标。

表 2－1　两种专业级无线传声器的部分技术指标

技 术 指 标	SK—1007—1 型	SK—1007 型
载频	140～174 MHz 间的任一频率	26～45 MHz 间的任一频率
稳频度(10～40 ℃)	±2.5 kHz	±15 kHz
射频输出功率	100 mW	100 mW
辐射功率	约 20 mW	约 10 mW
调制	FM	FM
额定频偏	8 kHz	40 kHz
最大频偏	<15 kHz	75 kHz
噪声调制	≤20 Hz	≤100 Hz
声频输入电平	8 kHz 频偏时，为 0.5 mV	40 kHz 频偏时，为 0.5 mV
频率响应	±3 dB(50 Hz～10 kHz)	±2 dB(30 Hz～20 kHz)
预均衡	50 μs	50 μs
电平压限特性	在 8 kHz 频偏以上，声频电平增加 30 dB 将压至 1 dB，谐波畸变<2%，电平再高将削波	在 40 kHz 频偏以上，声频电平增加 30 dB 将压至 1 dB，谐波畸变<1%，电平再高将削波
电源	9 V DC	9 V DC
有效使用距离	约 500 m	约 300 m
尺寸	23.5 mm×87 mm×136.5 mm	23.5 mm×87 mm×136.5 mm
重量	400 g	400 g
压限器起限时间	2 ms	2 ms
压限器恢复时间(随电平而变)	30 ms～10 s	30 ms～10 s

表 2－2　KSM808 无线传声器的部分技术指标

音频换能器	全向性驻极体传声器
音频频响范围	80 Hz～10 kHz
工 作 频 段	FM 88～108 MHz
最大调制频偏	±75 kHz
有效使用距离	100 米以上(开阔处)，几百米内
电 源	1.5 V 电池

3. 无线传声器的组合使用

无线传声器由射频振荡器、射频放大器、声频放大器、话筒和电源等几部分组成。专业用的无线传声器结构更为复杂，例如，SK—1007 型无线传声器的发射机用晶体稳频，有四级射频级和八级声频级，并具有稳压电源。声频放大器是一个限压放大器，可使发射机与接收机都不产生过载。为了克服信号失落现象，往往还需使用多副无线传声器和多组分集接收的方法来保证信号的传输质量。

现以思雅牌 T 系列无线传声器为例，介绍专业传声器的一般组合方法。

T 系列无线传声器有三种形式的组合，适用于三种不同的场合和功能。

（1）电吉他手用的无线传声器：包括一台夹于吉他手腰带或背带上的 T_1 型无线发射机，一条连接发射机"线路输入"插孔与电吉他"线路输出"插孔的电缆和一台 T_3 或 T_4 型无线接收机。

（2）歌手用的无线传声器：包括一支 T_2 型手持式话筒兼发射机和一台 T_3 或 T_4 型接收机。

（3）演出者用的无线传声器：包括一台夹于腰带的 T_1 型发射机，一个领带夹话筒和一台 T_3 或 T_4 型接收机。

上述三种组合中的发射机均使用 9 V 小型层叠电池作电源。

T_3 和 T_4 型两种接收机的工作频率范围相同，均为 169.445～216.000 MHz；其有效工作距离也基本相同，约为 100 m。不同之处在于，T_3 型采用仅有一根天线的单接收电路，而 T_4 型采用具有两根接收天线的所谓"分集接收"电路。因此，T_4 型的工作稳定性和可靠性要比 T_3 的好，当然价格也高一些。

2.1.6　传声器的选择和使用

1. 正确选择型号

选择传声器时，应考虑以下各种因素：使用场合、目的、要达到的音响效果、声源情况，以及对传声器的特殊要求等。

对于动圈式或电容式传声器，为了适配不同声源的特点，生产厂家设计了多种不同的型号，并推荐每种型号分别适配人声（独唱或合唱）、弦乐器、管乐器、打击乐器和电声乐器等不同声源，选用时应当注意合理搭配以达到最佳效果。如人声和管乐器（小号、萨克斯管、长号等）的传声器要求较为柔和，且能避免气流的冲击；而低音鼓、低音吉他则要求低频响应和瞬态响应好；至于镲、钹等打击乐器则要求高频响应和瞬态响应好。在一些具有规模的音乐活动中，还可将传声器组合使用，以达到预期效果。

选择传声器还有一个方向性问题。用于电声乐器和手持演唱的传声器，绝大多数都具有心形或超心形方向性图案。这是因为其方向性较强，可最大程度避免拾取来自听众或其他方向传来的杂音，并可减少声反馈引起的啸叫。人声使用的领夹式传声器和部分乐器传声器则是选用无方向特性，以便提高拾取人声的能力和全面拾取现场演奏的效果。

2. 传声器输入和线路输入

所谓线路输入，指的是有的声源（如电吉他、电贝司和键盘（电子琴和合成器））本身具有线路输出（LINE OUT）插孔，它可以通过屏蔽线直接接入调音台的线路输入（LINE IN）插孔上，以达到拾音的目的；所谓传声器输入，指的是直接用传声器拾音，并通过传声器线接入调音台的话筒输入（MIC IN）插孔。

在实际应用中，两种输入方式可独立使用，也可混合使用。但传声器输入方式用得较多，如对一只电吉他，可同时采用线路和传声器两种拾音方式，即占用调音台的两路，适当调节两者的比例可以获得更为优美动听的效果。

3. 平衡输入与不平衡输入

在声频系统中，存在着平衡与不平衡两种传输形式。平衡输入要求与前级放大器连接的传声器的两根芯线都不接地。这两根芯线与高质量的声频变压器输入相连，声频变压器的输出再与前级放大器相连。对电容式传声器来说，也必须装置同等级的输出变压器。其优点是抗外界干扰能力强，故专业级设备通常采用平衡输入方式。不平衡输入指的是传声器与前置放大器之间的两根电线中，一根必须接地。家用传声器多采用这种形式。有些新型调音台还采用对地浮筑的差动式输入电路，这样既省去了变压器，也能保持输入端对地平衡，是今后发展的主要方向。

当然，在使用传声器的过程中，还应注意两个问题：一是正确摆放传声器的位置；二是提防伪劣传声器。传声器与乐器或演唱者之间的距离及摆放位置，对拾音效果有很大的影响。常用传声器的支撑方式有手持式、台式支架、头戴式和领夹式等多种。流行歌曲演唱者大多数喜欢手持式传声器，并将话筒紧靠在演唱者的嘴边，以充分利用动圈传声器的"近讲效应"，获得温暖、亲切的通俗唱法效果。传声器与演唱者嘴部的角度也很重要，一般取 45°左右比较合适，如果角度达到或接近 90°，则有可能拾取到气流，冲击传声器而引起"扑扑"声。台式传声器支架通常只用于语言拾音；立式支架固定传声器更适合于美声和民族演唱风格；近年来流行的头戴式传声器更适合于边舞边唱的通俗唱法；领夹式传声器主要适用于语言扩音，如会议发言、教师讲课、新闻广播、话剧演出等，而不适用于歌唱。

对各种不同乐器拾音时，传声器各有不同的最佳摆放位置，使用时要注意。对大鼓的拾音方法很讲究，通常是把传声器插入大鼓背面的鼓皮的孔中，以便近距离拾取鼓声。有的还用布袋或人造革袋把传声器包住，以衰减过强的声压，避免过载失真，并获得一种较有弹性的鼓声。

传声器的种类繁多，价格差异也很大，从几元到上万元不等。令人难以把握的是，仅靠观察传声器的外形、包装等去判断一只传声器的质量和档次是极不可靠的。传声器商品中的以次充好、假冒伪劣商品随处可见。因此，要想购得一只理想可靠的传声器，一是要选择正规厂家、正规销售点；二是请专业人士指导；三是有条件的地方，最好搞一些正规的测试，以选取效果最佳的传声器。

2.2 扬 声 器

2.2.1 扬声器的分类

扬声器俗称喇叭，是一种把电能转换为声音的换能器件，它是人们较为熟悉的器件之一。在人们的日常生活中，扬声器发挥着较为重要的作用，如在电影院、歌舞厅等场合，还有收音机、电视机、录放机等电器中都离不开扬声器（系统）。为了区分不同种类的扬声器，首先对它们进行分类。

1. 按换能方式分

扬声器按其换能方式的不同可分为电动式扬声器、电磁式扬声器、压电式扬声器、离子式扬声器、气流调制式扬声器及电容式（静电式）扬声器等。

2. 按结构形式分

扬声器按其结构形式的不同可分为单纸盆扬声器、复合纸盆扬声器、号筒扬声器、复合号筒扬声器、同轴扬声器等。

3. 按振膜形式分

扬声器按其振膜形式的不同可分为锥形扬声器(振膜为圆锥形或椭圆锥形)、平板形扬声器、带形扬声器、球顶形扬声器、平膜形扬声器(指音圈和振膜一体并形成平膜)等。

4. 按工作频段分

扬声器按其工作频段的不同可分为低频、中频、高频和全频段扬声器。

5. 按用途分

扬声器按其使用的场合不同可分为高保真用扬声器、扩音用扬声器、监听用扬声器、乐器用扬声器、彩电用扬声器、汽车用扬声器、建筑厂房吸顶用扬声器以及防水、防火、防爆等用的扬声器。

6. 按外形分

扬声器的外形各异,常见的有圆形、椭圆形、薄形、球形扬声器等。

7. 按振膜材料分

用不同振膜材料构成的扬声器有纸盆式扬声器、碳纤维扬声器、PP 盆扬声器、钛膜扬声器、玻纤扬声器等。

还可以按扬声器的辐射方式及磁路性质的不同进行分类。

2.2.2　扬声器的结构、工作原理及技术要求

1. 扬声器的结构

现以电动式扬声器为例加以说明。电动式扬声器包括普通纸盆扬声器、橡皮边(或尼龙、泡沫边)纸盆扬声器、号筒式扬声器、球顶形扬声器及双纸盆扬声器等。

电动式扬声器的结构原理大致是相同的,现以纸盆扬声器为研究对象。纸盆扬声器的纸盆就是振膜,但并非一定是纸质做成。传统的振膜是用纸浆做成纸质的扬声器。近年来常用各种合成纤维作纸盆,其中有聚丙烯、碳纤维、玻璃丝等。纸盆扬声器的结构如图 2-7 所示。

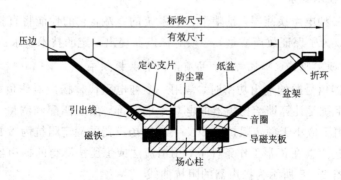

图 2-7　纸盆扬声器的结构

电动式扬声器的结构由三部分组成:磁路系统、振动系统和支撑辅助件。

(1) 磁路系统。扬声器的性能与磁路系统有密切关系,设计合理的磁路可得到较高效率的能量转换,在环形磁隙中应有足够大的均匀的磁通密度,这些与导磁材料的选择、磁铁的质量和磁路形式的选择等有关。磁路系统包括永磁体、极靴和工作气隙。永磁体在气

隙中提供的磁能被音圈利用。

（2）振动系统。扬声器的振动系统包括策动元件音圈、辐射元件振膜和保证音圈在磁隙中处于正确位置的定心支片。这些是纸盆扬声器的关键零部件。

（3）支撑及辅助件。它包括盆架、压边、防尘罩、引出线等，是扬声器必不可少的辅助件。

2. 扬声器的工作原理

扬声器的音圈与纸盆连成一体，音圈处于磁场中，当其内部通过音频电流 i 时，其受到的力为

$$F = Bli \qquad (2-1)$$

式中：B——磁隙中的磁感应密度（Wb/m²）；

i——流经音圈的电流（A）；

l——音圈导线的长度（m）；

F——磁场对音圈的作用力（N）。

通电音圈在磁场中受到力的作用而运动时，就会切割磁隙中的磁力线，从而在音圈内产生感应电动势，其感应电动势的大小为

$$e = Blv \qquad (2-2)$$

式中：v——音圈的振动速度（m/s）；

e——音圈中的感应电动势（V）。

电动式换能器的力效应和电效应总是同时存在、相伴而生的。电效应的存在，将对扬声器的电阻抗特性产生极大的影响。

纸盆扬声器工作的过程就是在这种电效应和力效应的作用下而完成电能到声能的转换的，即当音圈中输入由放大器输出的电流时，在线圈和磁铁之间产生磁场，根据音圈中流过的电流大小的不同，音圈带动扬声器的振膜在磁场中做振幅不同的垂直磁场方向的运动，这样就会使扬声器发出声音。

3. 扬声器的技术要求

扬声器作为一种电声换能器，是整个音响系统的终端，它的性能将直接影响整个音响系统的放声质量。为了保证放声质量，必须对扬声器提出一定的技术要求。

1）扬声器的额定阻抗、阻抗曲线、品质因数和共振频率

在额定扬声器信号源的输出功率时，常用一个纯电阻代替扬声器作负载，此电阻称为额定阻抗。额定阻抗是计算馈给扬声器的电功率的基准，用于匹配和测量。在额定频率范围内，阻抗的模值不应小于额定阻抗的 80%。一般扬声器的额定阻抗为 $8\ \Omega$。

阻抗曲线是扬声器在正常工作条件下，用恒流法或恒压法测得的扬声器阻抗模值随频率变化的曲线，图 2-8 所示为扬声器的阻抗曲线。

扬声器的额定阻抗由制造厂家给出，也可以从给定的阻抗曲线上读出。对于纸盆扬声器，其额定阻抗是扬声器共振频率以上第一个阻抗最小值，用 Z_c 表示。

当加在振动系统上的干扰力的频率恰好等于（或近似等于）系统的固有频率 f_0 时，系统振动最强烈，振幅最大，我们把这种振动状态称为共振，此时的频率称为共振频率。共振频率对应着阻抗最大值，一般应避开共振频率工作。

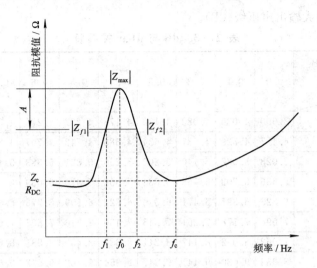

图 2 - 8　扬声器阻抗曲线

当扬声器工作频率远小于 f_0 时，扬声器的阻抗接近于直流电阻 R_{DC}。R_{DC} 略低于 Z_C，当不知额定阻抗 Z_C 时，通常可用万用表测出其直流电阻值，乘以 1.1 左右的系数，再调整成国标系列 4、8、16、32 等数值，即可得到扬声器的额定阻抗(非标准的额定阻抗值除外)。

当 $f_0 < f < f_C$ 时，阻抗呈容性，即阻抗随频率的升高而降低。当工作频率达到 f_C 时，电路发生串联谐振(电压谐振)，此时阻抗取极小值，在工程上称为反共振。

当 $f > f_C$ 时，阻抗又成为频率的增函数，呈感性，不过曲线上升速度变缓。

扬声器的输入电功率用额定阻抗 Z_C 计算，为

$$P = \frac{U^2}{Z_C} \tag{2-3}$$

由阻抗曲线可近似计算出扬声器的品质因数 Q_0，即

$$Q_0 = \frac{f_0}{B} = \frac{f_0}{f_2 - f_1} = \frac{|Z_{max}|}{R_{DC}} \tag{2-4}$$

式中：f_0——谐振频率；

$|Z_{max}|$——谐振情况时的最大阻抗值；

B——以 f_0 作中心的带宽($f_2 - f_1$，$|Z_{max}|/\sqrt{2}$ 处)；

R_{DC} 音圈的直流电阻。

2) 扬声器的特性灵敏度、特性灵敏度级、最大输出声压级

特性灵敏度表示将扬声器放在消声室的隔板上，在其输入端加上额定功率为 1 W 的粉红噪声信号的情况下，在辐射方向上距离该扬声器 1 m 处所测得的声压值，通常用 μbar 作单位。所谓特性灵敏度级，是指以 dB 为单位表示的特性灵敏度。dB 与 μbar 的对应关系如表 2 - 3 所示。

最大输出声压级是指当扬声器工作在最大功率时，在与特性灵敏度同样的测试条件下所产生的声压级，即

$$SPL_{max} = S_k + 10 \lg W_{max} \tag{2-5}$$

式中：S_k——扬声器的特性灵敏度级(dB)；

W_{max}——最大输入功率(W)；

SPL$_{max}$——最大输出声压级(dB)。

表 2 - 3　dB 与 μbar 关系表

dB μbar dB	0.0	0.1	0.2	0.3	0.4	0.5	0.6	0.7	0.8	0.9
86	3.990	4.036	4.083	4.130	4.178	4.227	4.276	4.325	4.385	4.426
87	4.477	4.529	4.581	4.634	4.688	4.742	4.797	4.853	4.909	4.966
88	5.023	5.082	5.140	5.200	5.260	5.321	5.383	5.445	5.508	5.572
89	5.636	5.702	5.768	5.834	5.902	5.970	6.039	6.109	6.180	6.252
90	6.323	6.397	6.471	6.546	6.622	6.699	6.776	6.855	6.934	7.015
91	7.096	7.178	7.261	7.345	7.430	7.516	7.603	7.691	7.780	7.870
92	7.962	8.052	8.147	8.241	8.337	8.433	8.531	8.630	8.730	8.831
93	8.933	9.030	9.141	9.247	9.354	9.462	9.572	9.683	9.795	9.908
94	10.02	10.14	10.26	10.38	10.5	10.62	10.74	10.86	10.99	11.12
95	11.25	11.38	11.51	11.64	11.78	11.91	12.05	12.19	12.33	12.47
96	12.62	12.76	12.91	13.06	13.21	13.37	13.52	13.68	13.84	14.00
97	14.16	14.32	14.49	14.66	14.83	15.00	15.17	15.35	15.52	15.70
98	15.89	16.07	16.26	16.44	16.63	16.83	17.02	17.22	17.42	17.62
99	17.82	18.03	18.24	18.45	18.66	18.88	19.1	19.32	19.54	19.77
100	20.00	20.23	20.46	20.70	20.94	21.18	21.43	21.68	21.93	22.18
101	22.44	22.70	22.96	23.23	23.50	23.77	24.04	24.32	24.6	24.89
102	25.18	25.47	25.76	26.06	26.36	26.67	26.98	27.29	27.61	27.93

3）额定频率范围和有效频率范围

额定频率范围是指制造厂家按国家、国际产品标准对扬声器所限定的频率范围；而有效频率范围是在声压-频率响应曲线的最高声压级区域取一个倍频程的宽度，求该宽度内的平均声压级，然后从这个声压级算起，下降 10 dB 画一条水平线，这个水平线与频响曲线的交点对应的频率，称为有效频率范围的上下限，而包含上下限在内的频率范围称为扬声器的有效频率范围。

4）额定噪声功率、最大噪声功率

额定噪声功率是指在扬声器的额定频率范围内，用规定的噪声信号测试后所确定的功率值。最大噪声功率是指在额定频率范围内馈给扬声器以规定的模拟节目信号时，不产生热和机械损坏的最大功率。最大噪声功率通常是额定噪声功率的 2～3 倍。

扬声器有时也用长期最大功率、短期最大功率和额定最大正弦功率等指标来衡量。

5）效率

扬声器的效率是指在某一频带内所辐射的声功率与该频带内馈给扬声器的电功率的比值。设 P_A 表示辐射的声功率，P_E 表示馈给扬声器的电功率，则效率可表示为

$$\eta = \frac{P_A}{P_E} \times 100\% \qquad\qquad (2-6)$$

效率的含义表示有多少电功率转换成了声功率。电动式扬声器的效率一般很低，仅有

百分之几,而号筒式扬声器的效率较高,可达百分之十几。

7)非线性失真

扬声器的非线性失真是指在放声过程中,出现了输入信号中没有的频率成分。非线性失真包括谐波失真、互调失真和分谐波失真等。

(1)谐波失真。当扬声器输入某一频率的正弦信号时,在它的输出信号中,除了输入信号的基波成分外,又出现了二次、三次谐波成分,这种现象称为谐波失真。

(2)互调失真。当扬声器同时重放使音圈做大振幅振动的低频信号 f_L 和使音圈做小振幅振动的高频信号 f_H 时,重放声中除了有 f_L、f_H 及其谐波成分外,还会有频率为 $f_H \pm nf_L$ 的新的频率成分,$n=1,2,3,\cdots$,这种失真称为互调失真。

(3)分谐波失真。当加给扬声器强纯音时,由于振膜的非线性,会在中低声频段中产生频率为信号频率 1/2 或 1/3 的模糊声音,这种现象称为分谐波失真。

对扬声器来说,非线性失真越小,其性能就越好。

7)瞬态失真

瞬态失真是指由于扬声器的振动系统跟不上快速变化的电信号而引起的输出波形与输入波形之间的差别。它与频响曲线上的峰谷有关,在振膜的谐振点处瞬态失真较为严重。

如果给扬声器加上一个矩形信号后,输出的声信号为一个规整的矩形波,即信号的前、后沿都陡直,则说明扬声器的瞬态响应好,失真少。实际上,由于扬声器的结构、振膜材料特性等因素影响,信号的前、后沿不可能完全陡直。一般情况下,前沿是逐渐上升的,后沿是逐渐衰减拖尾的,这就表明扬声器的瞬态失真大,不能逼真地重放急剧变化的信号。

为了改善扬声器的瞬态失真,通常把扬声器的频响扩展至超声频段,以改善前沿特性,而拖尾时间的缩短则主要靠控制扬声器的阻尼来实现。

8)指向性

指向性是表征扬声器在不同方向上辐射声波的能力,通常与频率有关。在低频情况下,信号波长较长,扬声器辐射面的有效长度比辐射的声波波长小得多,此时扬声器可看做一个点源,其辐射的声波是无指向性的;随着信号频率的增高,声波波长越来越短。当波长与辐射面的有效长度可以比拟时,由于声波的绕射特性和干涉特性,扬声器辐射的声波将出现明显的指向性。

表示扬声器辐射方向性有两种方法:一是指向性频率响应曲线,即在偏离参考轴指定范围内的不同角度上所测得的一组频响曲线,如图 2 - 9 所示;二是指向性图,即指扬声器辐射声波(不同频率)的声压级随辐射方向变化的曲线,如图 2 - 10 所示。

9)纯音

纯音是一个主观指标,它反映扬声器工作中纯音信号的质量。纯音合格是指在额定频率范围内,馈给扬声器额定功率的某一频率的正弦信号,扬声器应无机械杂声、碰圈声、垃圾声、调制声等。

使用寿命和可靠性也是衡量扬声器的技术指标。扬声器能够连续工作的时间越长,说明其使用寿命越好,长时间工作而不出现故障则表明其可靠性好。

总之,扬声器的技术指标很多,对其技术要求也很细,在使用扬声器的过程中,要根据具体情况选择不同技术指标的扬声器,以达到良好的效果。

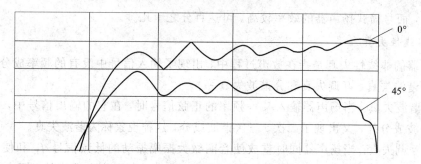

图 2-9　扬声器的指向性频率响应曲线

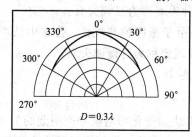

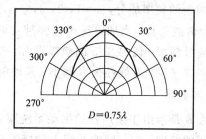

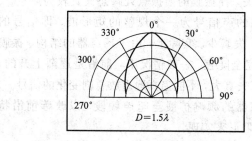

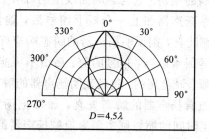

图 2-10　扬声器的指向性图

2.2.3　扬声器系统的分类

　　扬声器系统就是扬声器箱，也称音箱，它是选用高、低音或高、中、低音扬声器装在专门设计的箱体内，并用分频网络把输入信号分频以后分别送给相应的扬声器的一种扬声器系统。这是因为单个扬声器由于受结构和材料的限制，要想不失真地重放整个音频范围内的音乐信号几乎是不可能的。为了使扬声器能在较宽的频带内工作，就要用较复杂的结构来替代单个扬声器，即将不同类型、不同频率范围的扬声器组合起来，使其中每一个扬声器只负担一个较窄频带的重放，形成多频带扬声器系统。扬声器系统一般由扬声器单元、分频器及衰减器、箱体三部分组成。

　　扬声器系统按分频方式常分为：单分频音箱、二分频音箱、三分频音箱、四分频音箱、多分频音箱和超低音音箱。

　　按用途分为：书架式、落地式、监听式、电影立体声、大功率扩声、有线广播、防水型、迷你型、返送式、带角架型、对讲型、拐角式、球型无指向式、高音半固定式、调相式等音箱。

　　按基本结构分为：有限大障板型、背面敞开型、封闭式、倒相式、对称驱动型、空纸盆型、克尔顿型、声迷宫型、前向号筒型、背向号筒型、组合号筒型等多种结构音箱。其基本结构图及对应的特性曲线示于表 2-4 中。

表 2 - 4　典型扬声器系统的基本结构及特性曲线

名称	基本结构	特性曲线	名称	基本结构	特性曲线
有限大障板型			克尔顿型		
背面敞开型			声迷宫型		
封闭式			前向号筒型		
倒相式			背向号筒型		
对称驱动型			组合号筒型		
空纸盆型					

下面介绍几种典型结构的扬声器系统。

1. 有限大障板型音箱

为了反映和丰富音乐的低频效果,常需要将扬声器装在无限大障板上,最大限度地发挥扬声器的潜能,这是最理想的情况。但实际上是不可能做到的。实际应用中都采用有限大障板。障板尺寸大小与声速及声频的关系为

$$L = \frac{V}{f} \tag{2-7}$$

式中:L——正方形障板的边长(m);

f——低频下限频率(Hz);

V——空气中声速(m/s)。可见,障板尺寸与声压成正比,与声频下限频率也成正比。障板越大,声压越大,低频下限就越低。

2. 背向敞开型音箱

这种形式的音箱是前一种音箱的变形。将有限大障板弯曲向后折叠成箱体形,将扬声器装在前障板上就构成了背向敞开型音箱。不足之处是音箱容易在某一频率上产生共振,所以对箱体的尺寸、形状、扬声器的安装位置都必须仔细考虑,以防共振。这种音箱广泛用于收音机、电视机、录音机中。

3. 封闭式音箱

将背向敞开式音箱的敞开部分封闭起来就构成了封闭式音箱了。封闭式音箱的目的是要把扬声器背面所辐射的声波完全隔绝,从而避免低频时反相声波的互相干涉,使低频性能更加完美。为了防止箱体内驻波的产生,常常在箱体内壁填加吸声材料。

4. 倒相式音箱

倒相式音箱利用倒相管将装在箱子上扬声器背面的声辐射相位改变180°,从而使扬声器振膜前后的辐射声波得到加强,提高了低音单元的辐射效率,改善了低频性能。

5. 对称驱动型音箱

对称驱动型音箱是针对封闭式音箱不能小型化的问题而制作的一种改进型音箱,主要改善空气的劲度。具体做法是:将两个扬声器重叠装在一起,使两者以同相方式振动,因而两个单元间的空气(容积)劲度显得非常小,前面的单元虽然处在小型音箱内,但其低音重放效果却同大容积音箱一样好。

6. 空纸盆型音箱

空纸盆型音箱是倒相型音箱的变形,又称无辐射源式音箱。它是利用空纸盆代替倒相管所构成的。适当加以控制可使空纸盆振动所产生的辐射声与扬声器前向辐射声同相,从而改善了音箱的低频特性,提高了低频频响。

7. 克尔顿型音箱

克尔顿型音箱于1953年由美国人发明,其结构比较特殊,它能够展宽低频重放频段的范围,可用于小口径扬声器进行失真较小的低音重放。

8. 声迷宫型音箱

声迷宫型音箱是将扬声器背面的箱体做成声学导管,并在板壁上做吸声处理,导管的

长度正好等于需要重放的低频声波波长的一半，这时开口的声辐射正好与扬声器前向辐射声同相叠加，从而使低频辐射增强。但是当导管的长度 $L＝\lambda/4$ 时，会产生逆共振现象。因此，在实际应用中要设法将这个低频下限值选为扬声器的最低共振频率。

9. 前向号筒型音箱

前向号筒型音箱的低音重放效果相当于一种超大型音响重放系统，主要用于剧场主扩音系统和效果扩音系统上。

10. 背向号筒型音箱

背向号筒型音箱又叫做反射号筒音箱，号筒的方向与前向的相反，它作为家用高保真低音重放系统，吸引着许多音频爱好者。

11. 组合号筒型音箱

组合号筒音箱是将前向号筒音箱与背向号筒音箱组合起来而构成的一种号筒音箱，其特性曲线体现了前后向两种号筒型音箱的特性。

2.2.4 扬声器系统的一般特性

评价扬声器系统的优劣，也有一组参数，其名称与扬声器的参数基本相同，但意义有所不同。这是因为扬声器系统是由箱体、扬声器、分频器等组成的，它已不单单是一个扬声器，而是一个较大的系统，变化因素比较多。读者在学习的过程中应注意其区别。

1. 额定阻抗与阻抗特性

扬声器系统的额定阻抗一般由其采用的扬声器单元的额定阻抗来决定。这与前面所讨论扬声器额定阻抗是相同的。

但扬声器系统的阻抗特性比扬声器单元的阻抗特性要复杂得多。这是因为扬声器系统所用的扬声器单元多种多样，并且加上了分频网络的影响以及箱体的影响，因而使整个扬声器系统的阻抗特性随着结构形式、单元类型和分频器特性的改变而产生较大的变化。图 2－11 是封闭式音箱的典型阻抗特性曲线。由于箱体的特殊结构，声波在箱体内产生辐射或反射甚至干涉，因而会影响扬声器系统的阻抗特性，使阻抗特性出现深谷。不良的阻抗特性将严重影响扬声器系统的性能。图 2－12 是几种不良的阻抗特性曲线图。

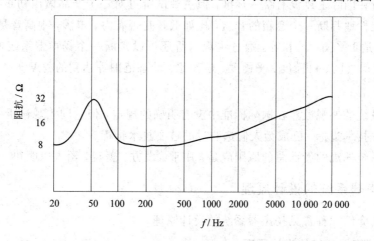

图 2－11　封闭式音箱的典型阻抗特性曲线

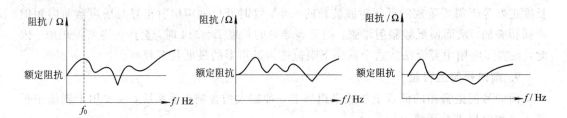

图 2 - 12　几种不良的阻抗特性曲线

2. 失真

扬声器系统的失真，比扬声器单元复杂得多，它是由组成扬声器系统的各个部分的失真合成而得到的，包括组成系统的每个扬声器的失真、箱体内驻波及壁板振动引起的失真、分频网络产生的失真等。因此，使用者必须重视扬声器系统的失真。

3. 额定频率范围与有效频率范围

扬声器系统重放的额定频率范围由产品标准指标给定，扬声器系统实际能达到的频率范围称为有效频率范围。

4. 特性灵敏度级与最大输出声压级

扬声器系统的特性灵敏度级与最大输出声压级的定义和测试计算方法与扬声器单元的两个参量的定义和测试计算方法基本相同。

5. 纯音

扬声器系统的纯音与扬声器单元纯音的定义、测试方法类似。

6. 指向性

扬声器系统的指向性可用指向频率响应来描述。不同的扬声器系统，由于其结构和所使用的扬声器单元不同，扬声器系统的指向性是不同的。在实际使用时，由于受使用环境的影响，音质、音幅会产生变化，所以应注意适当选择扬声器系统在室内的摆放位置。

7. 主观试听

主观试听在国际上还没有统一标准。但主观试听可对一个产品做出初步判断。通过主观试听可以定性地判断一个音箱的音质，比如低音是否有力、丰满，中高音是否清晰明亮，低、中、高音是否平衡、柔和等。通过主观试听还可以判断一个扬声器系统的最终放声效果，初步确定保真度、可懂度、平衡度、信噪比、动态范围等达到的程度。

8. 外观

扬声器系统的外观虽然在国际标准中没有明确的规定，但它同主观试听一样是一项不可忽视的潜在技术指标，已成为人们选购时的首要技术指标。

扬声器系统外观的设计总的原则应是：庄重、大方、美观，给人以明快、舒畅的感觉。

2.2.5　扬声器系统的设计原理

本节简要介绍几种常见扬声器系统的设计原理。

1. 开口扬声器系统的设计原理

有限大障板和背面敞开型就属于开口扬声器音箱。当低音扬声器不加障板让其自由辐射时，则扬声器的较低频段的声音就会在振膜两面的空气压缩和稀疏过程中互相抵消，因而没有低频声辐射，这种现象称为声短路。

把扬声器装在障板上是避免声短路的最简单的方法，障板的形状可异，障板越大，声短路的频率就越低，低音就越丰富。因而，使用无限大障板就可以获得没有声短路现象的理想低频辐射。

实际上，障板不可能做成无限大，只能使用有限尺寸的障板。当采用圆形障板且扬声器对称安装时，则在某一频率以下就会产生声短路现象，该频率称为截止频率。扬声器前后两面所辐射的声波到达接收点的声程差 d 等于声波半波长的奇数倍时，前后两面所辐射的声波到达接收点时相位相同；当声程差 d 等于声波波长的整数倍时，两者相位相反。而声程差 d 小于声波半波长时，则产生声短路，假设声程差就等于圆障板的直径 d（半径为 r），那么，通过 $d = \dfrac{\lambda}{2} = \dfrac{c}{2f_c}$ 可求得截止频率

$$f_c = \frac{c}{2d} = \frac{340}{2d} = \frac{170}{d} = \frac{85}{r} \qquad (2-8)$$

式中 r 的单位为 m，f_c 的单位为 Hz。

开口扬声器系统的低频下限频率为

$$f_L = \frac{85}{L} \ (\text{Hz}) \qquad (2-9)$$

式中 L 是扬声器前后辐射的声波到达无限远点的声程差。

开口扬声器系统被广泛用于收音机、收录机、电视机中，这种系统是由障板向后弯折而形成的小障板和声管的组合。有时为了重放低频声音就需要大的箱体，但要特别注意避免出现振动。另外，在设计中为避免箱内部产生驻波而引起共振，应尽量使侧板互相不平行，箱体尺寸比例彼此间不能为整数倍，并在箱内贴玻璃棉或其他吸声材料控制共振。

2. 封闭式扬声器系统的设计原理

封闭式扬声器系统在设计过程中应注意解决两个问题：一是声短路问题；二是低频性能问题。第一个问题比较容易解决。由图 2-13 可知，在此系统中，扬声器装在完全封闭的箱体内，把扬声器背面所辐射的声波完全隔绝，从而避免了低频时扬声器背面声波的干涉，以利改善低频效果，避免了声短路现象。它的作用相当于一个无限大障板，对于避免声短路现象，封闭式扬声器系统是一个理想的结构。

封闭式扬声器系统的谐振频率 f_c 与扬声器单元本身的谐振频率 f_0 之比可表示为

$$\frac{f_c}{f_0} = \sqrt{1 + \frac{C_A}{C_{AB}}} = \sqrt{\frac{V_{eq}}{V_{AB}}} \qquad (2-10)$$

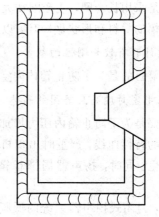

图 2-13　封闭式扬声器系统结构图

式中：C_A、C_{AB}——振膜支撑系统声顺和箱内空气的声顺（m^2/N）；

V_{eq}、V_{AB}——扬声器的等效容积（m^3）和箱内空气的净容积（m^3）。

一般 C_A 都比 C_{AB} 大，所以，扬声器装入封闭式箱内，其谐振频率必然上升，而且空气的净容体积越小，频率上升得就越高。这意味着封闭式扬声器系统的低频响应上移，对低频性能不利。因此，封闭式扬声器系统的设计既要使扬声器的低频性能好，又要把箱体做得小，就成为封闭式扬声器系统设计中的一对矛盾。这就是要讨论的低频性能控制问题。通常，我们解决这类问题采用以下几种方法。

1）采用小口径扬声器

由式（2-10）可得

$$V_{AB} = v\rho_0 C_{AB} = v\rho_0 C_M S_D^2 \frac{1}{\dfrac{f_c^2}{f_0^2} - 1} \tag{2-11}$$

式中，S_D 为扬声器的有效辐射面积。上式说明，在 f_c、f_0 不变的情况下，箱内空气的净容积 V_{AB} 与扬声器的有效辐射面积的平方成正比，也就是说与扬声器的等效半径的四次方成正比。所以采用小口径扬声器可以明显减小封闭箱的体积。

但扬声器的口径和箱体体积也不是越小越好，扬声器的谐振频率也不能做得过低。因为扬声器要辐射一定的声功率，小振膜比大振膜需要更大的振幅，谐振频率的降低也使振幅加大。当辐射声功率较大时，小口径扬声器将由于大振幅的振动而产生严重的非线性失真，并且，扬声器振膜振动所引起的箱内空气容积的变化比较大时，箱内空气的声顺在声波的压缩相和稀疏相的值是有差别的，从而也会产生失真。

2）采用高顺性扬声器

高顺性扬声器的谐振频率 f_0 一般很低。因此，选择这样的扬声器装入封闭箱后系统的谐振频率 f_c 虽有所上升，但仍能落在我们所需要的低频范围内，从而能解决封闭扬声器系统的低频性能问题。

3）增加大振幅时的线性工作区

主要是采用长音圈，使音圈在大振幅时不致跳出磁路，同时放大中心盘尺寸，选择能耐受大振幅的材料和形状做轭环，以此来保证和扩大扬声器在低频时的线性工作区。

4）设计具有较好刚性的纸盆

其主要目的是为了防止箱体内空气压力过大使纸盆变形而产生不该有的失真。

5）采用密封度高且坚固的箱体

这主要是为了防止箱内压力增加，箱体不坚固而在某些频率上发生箱板共振，影响扬声器系统的特性曲线，严重时出现机械声。所以箱体越小，越要注意加固，以防止不必要的振动发生。同时，扬声器周围音箱的结合部要防止漏气，以免产生声干涉，影响频率性能。

另外，封闭式扬声器系统的低频特性，不仅取决于 f_c，而且还受品质因数 Q 的影响，因此，控制和减小 Q 值也是非常重要的。

封闭式扬声器系统的尺寸也是较为重要的因素。一般多采用长方形箱体，但这种系统易在箱体中产生驻波。对于高为 H、宽为 W、深为 D 的扬声器系统，在三维方向上，在长度分别为 1/2 波长的 L 倍、M 倍、N 倍的情况下，产生的驻波频率为

$$f = \frac{C}{2}\sqrt{\left(\frac{L}{H}\right)^2 + \left(\frac{M}{W}\right)^2 + \left(\frac{N}{D}\right)^2} \tag{2-12}$$

式中 C 为声速。

应均匀地在各频段分配驻波对应的箱体尺寸,用填加吸声材料的方法降低驻波能量。

3. 倒相式扬声器系统的设计原理

前面论述的封闭式扬声器系统使用高顺性、小口径的扬声器以及体积小的箱体来提高系统的谐振频率,虽然谐振频率提高了,但扬声器的效率降低了。因此,封闭式扬声器系统只能用于对灵敏度要求较低的场合。对于要求灵敏度高、低频能量大的场合,倒相式扬声器系统就是一个较为理想的选择。倒相式扬声器系统的设计方法是在封闭式扬声器系统前面的板上加装一个能够使扬声器背面声波倒相的导声管,从而使扬声器背面所辐射的声音中的一部分通过导声管与扬声器前面所辐射的声波同相相加,增强了低频声的能量,低频灵敏度提高 4~5 dB。倒相式扬声器的结构如图 2-14 所示。

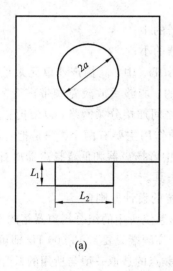
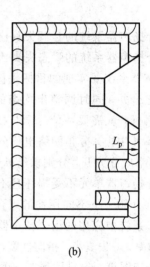

图 2-14　倒相式扬声器系统基本结构
(a) 正视图;(b) 侧视图

倒相式扬声器系统另一个优点是:在谐振频率附近给予纸盆的声负载为最大阻抗。这时,一方面在这个频率上主要由倒相管辐射较高的低频声压;另一方面纸盆的振幅却最小,这与封闭式扬声器系统在 f_0 时纸盆振幅最大形成了鲜明的对比。因此,倒相式扬声器系统避免了扬声器大振幅所引起的低频失真。

倒相式扬声器系统与封闭式扬声器系统相比较还有一个优点,就是该系统可以设计使系统谐振频率 f_c 和扬声器谐振频率 f_0 相同,不像封闭式扬声器系统那样为了保证系统的 f_c 较低而必须使用高顺性的扬声器。倒相式扬声器系统可以使用谐振频率较高、灵敏度也高的低频扬声器,从而最大限度地挖掘低频扬声器的潜力。

4. 组合扬声器系统的设计原理

我们知道,使用一只扬声器要完成 20~20 000 Hz 的声音辐射是不可能的。为了实现宽频带的声音辐射，必须把两个或两个以上不同功能的扬声器组合起来，使各扬声器单元发挥各自的优势，扬长避短，使辐射的音质达到最佳。

在低频声音段，为了使低音扬声器的低频效果好，就要把低频扬声器的谐振频率设计得很低。为了达到此目的，对口径较大的低音扬声器，需要把振动系统的质量增加到几千克，这样就会使低频扬声器在高频时的力阻很高，因而效率极低。也就是说，让低音扬声器仅在低频段发挥其作用，不要参与中高频的放音效果。

在中、高频声音段，应能采用中、高音扬声器单元。在中、高频策动下，中、高音扬声器因整个振动系统很轻，因此只有很小的阻抗，因而声辐射的效率很高。中、高频单元膜片做成较小的面积，目的有两个：一是可减轻振动系统质量；二是可以改善高频指向性。这样的扬声器谐振频率都设计在几百赫兹以上，可在中、高频获得一定的灵敏度，完全不适用于低频段工作。中、高频扬声器以纸盆式、球顶形和号筒式为多。

组合扬声器系统除了频响宽、指向性好和整个范围辐射效率高以外，还有以下优点：

（1）组合扬声器系统可分频段组合，扬长避短，最大限度地发挥各自的优势，减小非线性失真；

（2）组合扬声器系统的互调失真比单个扬声器的小；

（3）组合扬声器系统的瞬态失真比单个扬声器的小；

组合扬声器系统要实现的目标是按频段分别由低、中、高扬声器单元来重放，并在辐射声场中使之合并，同时调整出均衡的、有层次的、能够重放较宽频带声音的放声终端。要达到这一目标，就需要在信号源与扬声器单元之间加接分频网络，以便把整个音频信号分配到各个单元中去。分频网络也称分频器，它的作用主要有两个：一是把音频信号中的高、中、低频率成分分开，分别供给高音扬声器、中音扬声器和低音扬声器放音；二是可以保护中、高音扬声器单元不受损坏且不产生严重失真。

下面简要介绍一下不同用途的组合扬声器系统的设计原则：

（1）电影系统中应用的组合扬声器系统。电影系统所用的组合扬声器箱的设计要求是：灵敏度高、功率大、失真小、指向性宽，而频率响应高频端只要到 15 000 Hz 即可。电影系统扩声用组合扬声器箱一般只用到二分频方式，而分频点的选取一般与所用的低音扬声器的口径有关，ϕ300 mm 的低音扬声器分频点一般选为 800～1000 Hz；ϕ380 mm 的低音扬声器分频点一般选为 600～900 Hz；ϕ460 mm 的低音扬声器分频点一般选为 500～800 Hz。

现代立体声影剧院用的组合扬声器系统，额定功率在 100～150 W，箱体大多为号筒加倒相式。低音单元常由一个高效低音或两只 ϕ400 mm 左右的低音扬声器组成，中、高频单元常用双径向号筒扬声器，频率范围为 36～15 000 Hz。

小型电影院扩声用的组合扬声器的设计要求是：体积小、频响宽、灵敏度高、失真小、指向性好。

对于制片录音监听用的专业组合扬声器箱的要求基本上与上述要求相同，但对失真的要求更高，对组合扬声器对称性的要求也高。

（2）厅堂、剧场扩声用组合扬声器系统。厅堂、剧场扩声用组合扬声器要求有更大的功率，更宽的频率响应，更高的灵敏度，较小的失真和较宽的指向性。一般采用倒相式和号筒式中、高频的组合。

在厅堂、剧场中常用话筒作为系统的信号源，因而常会出现较严重的声回授现象，这种回授主要出现在指向性很小的低频部分。因而，低频性能就成了主要问题，一般低频设计在 45 Hz 就可以了。对高频的要求则要宽一些，一般在 15 000～20 000 Hz。为了达到宽频带范围的要求，常采用三分频的组合扬声器，而分频点的设置是低频段一般在 350～800 Hz 之间，中、高频段一般在 3500～5000 Hz 之间。中音单元常用纸盆式扬声器，要求效率高的组合扬声器系统在中、高音范围时都要用号筒式扬声器。

（3）广播录音监听组合扬声器系统。这种组合扬声器系统是供广播电台或电影制片厂监听和录音时使用的组合扬声器，对这种组合扬声器系统的设计要求是很高的。具体要求是：功率大、灵敏度高、动态范围大、指向性宽、频率范围宽（约为 36～20 000 Hz）、失真要求 2% 以下；当用于立体声监听时，则两只配对的组合扬声器要求性能应尽可能一致，其幅度频响差别不得大于 1 dB。所以，对这种专业场合使用的组合扬声器，从单元到组合都要精心设计。其分频点的选取与厅堂组合扬声器相同。

（4）家用组合扬声器系统。家用组合扬声器有高、中、低三种档次，设计要求也不尽相同。家用组合扬声器的用途也很广，可用于广播、收音、电视伴音、录（放）音机等场合。

用作电视伴音或调频广播的组合扬声器一般都有立体声，故要求较高。具体要求是：体积小、频响宽、失真小、灵敏度高、指向性宽、对称性好、成本不能太高。这种组合扬声器一般也要设计成倒相式，低音单元一般用小型高性能扬声器，5～6.5 英寸的气垫扬声器用得较多，一般设计成二分频，高频由于要求在 12 000 Hz 以上，所以球顶型高音扬声器使用得比较多。

高级唱机、专业录音机用的组合扬声器是高级立体声组合扬声器，落地式较多见，要求其功率大、频响宽、灵敏度高、失真小、指向性宽和对称性好。低频单元选用 8～12 英寸的低音扬声器，可以采用封闭式音箱或倒相式音箱，以三分频为最好，也可以设计成二分频，中频单元和高频单元宜用球顶扬声器，中频单元有些情况下也采用纸盆扬声器。这种立体声组合扬声器一般都具有 40～18 000 Hz 的频响，最好为 40～20 000 Hz，两个分频点可以在 300～500 Hz 和 3000～5000 Hz 之间选取。

5. 分频器的简单设计

1）分频器的作用和类型

分频器的作用就是把频率范围较宽的音频信号分解为低频、中频和高频信号，也就是说，允许输入的音频信号中的低频信号仅通过低音扬声器，中频信号仅通过中音扬声器，高频信号仅通过高音扬声器，互不交叉，并且平衡高、中、低音的输出声压，从而最大限度地发挥各个扬声器的优势，弥补它们的缺陷，使整个组合扬声器系统处在最佳工作状态，音质更加完美，效果更佳。同时，它还起到保护高音扬声器的作用。

分频器有两种类型：一是功率分频方式，二是前级分频方式。

（1）功率分频方式。它是把分频器接在功率放大器和扬声器单元之间的一种分频方式，如图 2 - 15 所示。功率分频器的参数与扬声器阻抗有密切的关系，而扬声器阻抗又是频率的函数，根据阻抗值来调整分频点。功率分频器的优点是成本较低，且可以和组合扬声器组装在一起，使用较为方便，是经常采用的分频器。

（2）前级分频方式。它是把分频器接在前级放大器与功率放大器之间的一种分频方式，如图 2 - 16 所示。

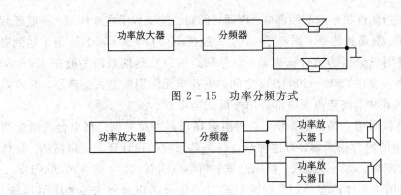

图 2 - 15 功率分频方式

图 2 - 16 前级分频方式

前级分频器可以用小功率的阻容或有源网络来实现。由于它必须用两个或三个独立的功率放大器分别推动各频段的扬声器单元，因而增加了放声系统的成本，所以一般不采用。但在一些高质量的放声系统中，人们常采用这种分频方式。前级分频器能有效地降低功率放大器的互调失真，这是它的一大优点，同时调整非常方便。

2）几种分频器的简单设计

下面主要介绍功率分频器的设计原理。

分频器的设计主要是确定分频点和衰减率。衰减率是指分频点以下曲线下降的斜率，一般以每倍频程下降多少 dB 来表示（dB/oct）。

分频器一般由三种滤波器组成：高通滤波器（HPF）只让某一频率以上的电信号通过；低通滤波器（LPF）只让某一频率以下的电信号通过；带通滤波器（BPF）只让介于某两个频率之间的电信号通过。

分频按其衰减率一般可分为每倍频程−6 dB、−12 dB 及−18 dB 三种，对应的各频段有一个、二个或三个 L、C 元件，分别称做一单元、二单元和三单元分频器。衰减越大，分频越彻底，从而音质也越好。但元件数越多，结构越复杂，调整也就越困难，且插入损耗较大。所以−18 dB 衰减率的分频器用得较少，常用的分频器是−6 dB/oct 和−12 dB/oct 分频器。

分频器按频段可分为二分频和三分频两种，按连接方式可分为串联式与并联式两种。

（1）−6 dB/oct 的分频器。这是实际使用中最简单的一种分频器，其二分频的低通部分只有一个电感，高通部分只有一个电容，有串联和并联两种连接方式，如图 2 - 17(a)、(b)所示。分频器的衰减率为每倍频程−6 dB，电感和电容的计算公式对于串联和并联方式均相同，即

$$\left.\begin{aligned} L &= \frac{Z_c}{2\pi f_c} \\ C &= \frac{1}{2\pi f_c Z_c} \end{aligned}\right\} \qquad (2-13)$$

式中：Z_c——扬声器额定阻抗；

　　f_c——滤波器的截止频率。一般把从特性曲线的平坦区向降落区过渡时，下降到 3 dB 的点对应的频率 f_c 称为截止频率。

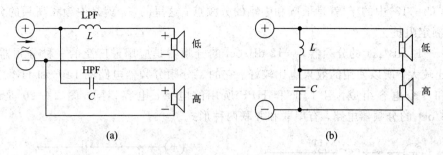

图 2 - 17　二分频－6 dB/oct 的分频器

（a）并联式；（b）串联式

二分频－6 dB/oct 的分频器频率特性如图 2 - 18 所示。图中低通和高通的截止频率都为 f_c，所以，从 f_c 开始下降 6 dB 所对应的倍频程分别为 $f_c/2$ 和 $2f_c$。

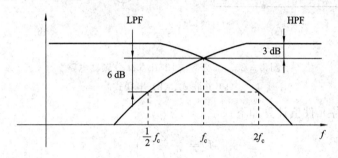

图 2 - 18　二分频－6 dB/oct 分频器频率特性

同样，可给出三分频－6 dB/oct 的串联和并联形式的分频器电路图，如图 2 - 19 所示。

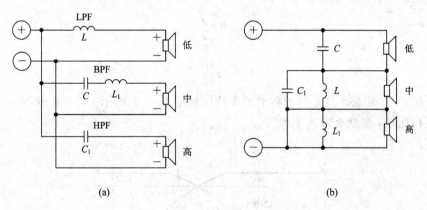

图 2 - 19　三分频－6 dB/oct 分频器电路

（a）并联式；（b）串联式

图中由 L 组成 LPF 电路；C、L_1 组成 BPF 电路；C_1 组成 HPF 电路。L、C 的值仍按式（2 - 13）计算，而 L_1、C_1 则可按下式计算：

$$\left.\begin{array}{l} L_1 = \dfrac{Z_c}{2\pi f_H} \\[3mm] C_1 = \dfrac{1}{2\pi f_H Z_c} \end{array}\right\} \tag{2 - 14}$$

这时，式(2-13)中的 f_c 就是低频和中频的分频点；这里的 f_H 就是中频和高频的分频点；Z_c 仍是额定阻抗。

（2）—12 dB/oct 的分频器。—12 dB/oct 的分频器是应用最广泛的一种分频器，它的衰减率比较大，所以使用的效果也比较好。它的二分频分频器电路的 LPF 和 HPF 均由一个电感和一个电容组成，且 LPF 和 HPF 所用的电感、电容相同。图 2-20 是二分频—12 dB/oct 的分频器电路，有串联和并联两种形式。

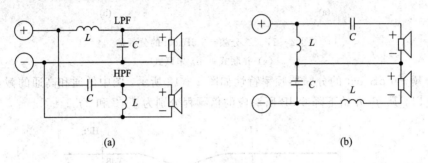

图 2-20　二分频—12 dB/oct 分频器电路
(a) 并联式；(b) 串联式

并联电路中各元件值计算如下：

$$\left. \begin{array}{l} L = \dfrac{\sqrt{2}\,Z_c}{2\pi f_c} \\[3mm] C = \dfrac{\sqrt{2}}{4\pi f_c Z_c} \end{array} \right\} \tag{2-15}$$

串联电路中各元件值计算如下：

$$\left. \begin{array}{l} L = \dfrac{\sqrt{2}\,Z_c}{4\pi f_c} \\[3mm] C = \dfrac{\sqrt{2}}{2\pi f_c Z_c} \end{array} \right\} \tag{2-16}$$

二分频—12 dB/oct 分频器的典型频率特性如图 2-21 所示。与—6 dB/oct 分频器的频率特性相比较，显然衰减速率加快。

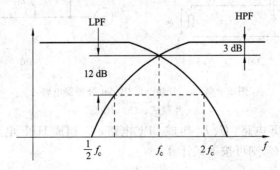

图 2-21　二分频—12 dB/oct 分频器的频率特性

同样，可得到三分频—12 dB/oct 串联和并联形式的电路图，如图 2-22 所示。

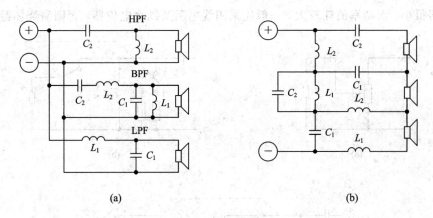

图 2 - 22　三分频—12 dB/oct 分频器电路
(a) 并联式；(b) 串联式

三分频并联式电路各元件值可按下式计算：

$$\left.\begin{array}{l} C_1 = \dfrac{\sqrt{2}}{4\pi f_{c1} Z_c} \\[3mm] L_1 = \dfrac{\sqrt{2}\,Z_c}{2\pi f_{c1}} \\[3mm] C_2 = \dfrac{\sqrt{2}}{4\pi f_{c2} Z_c} \\[3mm] L_2 = \dfrac{\sqrt{2}\,Z_c}{2\pi f_{c2}} \end{array}\right\} \qquad (2-17)$$

三分频并联式电路各元件值的计算公式如下：

$$\left.\begin{array}{l} C_1 = \dfrac{\sqrt{2}}{2\pi f_{c1} Z_c} \\[3mm] L_1 = \dfrac{\sqrt{2}\,Z_c}{4\pi f_{c1}} \\[3mm] C_2 = \dfrac{\sqrt{2}}{2\pi f_{c2} Z_c} \\[3mm] L_2 = \dfrac{\sqrt{2}\,Z_c}{4\pi f_{c2}} \end{array}\right\} \qquad (2-18)$$

式中：f_{c1}——低中频部分的分频点；

　　　f_{c2}——中高频部分的分频点；

　　　Z_c——额定阻抗。

f_{c1} 一般为 300～500 Hz，f_{c2} 一般为 3000～5000 Hz。

3) 衰减器

组合扬声器系统中由于高、中、低音三个单元的灵敏度不一样，一般要在中、高频通路中接入衰减器，以实现功率匹配，衰减器一般都可手动调整。常见的衰减器有三种：连续式、步进式和复合式，如图 2 - 23 所示。

这三种衰减器元件值的计算基本利用简单的分压计算法，这里不再详述。由于衰减器中的阻值很小，而功率消耗较大，一般应采用线电阻及线绕电位器，否则易烧坏器件。

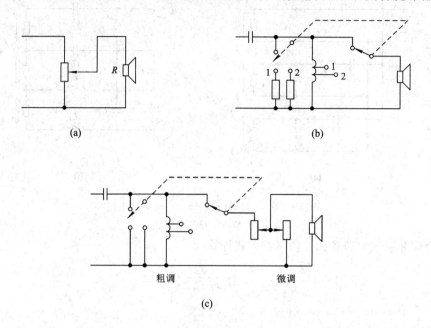

图 2-23　三种形式的衰减器
（a）连续式；（b）步进式；（c）复合式

4) 设计分频器时的注意事项

(1) 相位纠正。组合扬声器的性能与由分频器和扬声器的相对位置的变化而引起的相移有着密切关系。如果设计中不注意相移问题，组合扬声器的其他性能再好也是没用的，最终将会产生失真，使频响曲线出现较大的峰谷。

通常情况下，由安装位置造成的相移为

－6 dB/oct 分频器在分频点 f_c 时的相移为 $90°$；

－12 dB/oct 分频器在分频点 f_c 时的相移为 $180°$；

－18 dB/oct 分频器在分频点 f_c 时的相移为 $270°$。

对于－6 dB/oct 型分频器可通过调整高、低音扬声器辐射面在辐射方向上的声程差，来使高音扬声器产生 $90°$ 延迟，以达到高、低音在辐射方向上为同相辐射状态。

对于－12 dB/oct 的分频器，因为在分频点 f_c 时的相移为 $180°$，所以在连接时，只要把高、低频扬声器的相位反接，即可以保证同相辐射了。

(2) 阻抗补偿。我们在计算分频器的频率时，要用到扬声器的额定阻抗 Z_c。前面对分频器的分析中所给出的频率特性就是在额定阻抗 Z_c 为恒定值的前提下得到的。实际上，扬声器的 Z_c 并非恒定值，而是随着工作频率的变化而变化，且变化较大，在最低共振频率 f_0 处扬声器的阻抗曲线产生一个大峰值，而从中频段开始向高频段呈上升趋势。因此，必须通过补偿将低频的峰值压下来，同时将中、高频段也压下来成为一个与频率无关且恒等于额定阻抗的阻抗特性，这样才能保证分频器的良好特性。这种方法称为阻抗补偿。

为了抑制低频扬声器在谐振频率 f_0 处的阻抗上升，可以在低音扬声器上并联一个 RLC 串联谐振电路，使之固有谐振频率和扬声器的谐振频率 f_0 相同。其电路连接图和阻抗特性如图 2 - 24 所示。

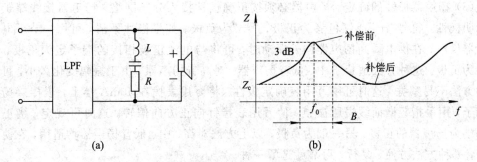

(a)   (b)

图 2 - 24 低频共振频率的阻抗补偿

（a）电路连接图；（b）阻抗特性

谐振频率 f_0 和带宽 B 可从扬声器的阻抗曲线中获得。由 f_0 和 B 就可确定出 R、L、C 值。

$$f_0 = \frac{1}{2\pi}\sqrt{\frac{1}{LC}} \tag{2-19}$$

由式(2 - 19)可任意确定一组 L、C 的组合值。

$$\frac{B}{f_0} = \frac{R}{2\pi f_0 L} = \frac{1}{Q}$$

$$R = 2\pi L \cdot B \tag{2-20}$$

由式(2 - 20)就可以确定出 R 的值。

为了抑制高频部分的阻抗上升，常采用的方法是将 RC 串联回路并接在扬声器两端，如图 2 - 25 所示。

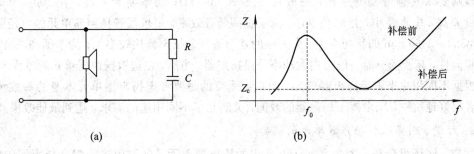

(a)   (b)

图 2 - 25 高频阻抗补偿回路

（a）电路连接图；（b）阻抗特性

补偿回路的元件值可按下式计算

$$\left.\begin{array}{l} R = Z_c \\ C = \dfrac{1.59 \times 10^5 Z}{fR^2} \end{array}\right\} \tag{2-21}$$

式中：R——音圈额定阻抗 Z_c；

f——分频点以上一倍频处的频率(Hz)；

Z——对应于 f 的阻抗值(Ω)；

C 的单位取 μF。

（3）扬声器极性的确定。扬声器必须按正确极性接入分频网络。扬声器接线端子一般都标明极性：符号"＋"或红色者为正极；"－"为负极。如果极性不清，可用一节干电池给扬声器供电，在供电瞬间扬声器向外振动时，可将与电池正极相接的端子定为正极，另一端定为负极。这种方法适合于中、低音扬声器。对高音扬声器，由于振幅变化微小，可能用上述方法不易察觉。这时可用万用表确定极性：将万用表拨在 1 mA 挡上，表棒接扬声器两端子，用手指轻微而缓慢压振膜，使万用表指针向正方向偏转。这时可规定，接正表笔的一端为扬声器的正极，另一端为负极。以上方法对高、中、低音扬声器均适用，在使用过程中，哪种方法方便、易行、可靠就选哪一种。

（4）分频器中的电感和电容。要求绕制分频器电感的导线损耗要尽可能小，所以，一般选取的导线相对粗一些，线圈的直流电阻不能大于扬声器阻抗的十分之一，通常用 0.8～1.5 mm 直径的漆包线绕成空心线圈。当电感量要求较大时，为了获得足够低的直流电阻，应采用截面积足够大的铁氧体，以保证线圈的失真尽可能小。还应注意多只电感的放置应使磁芯互相垂直，以尽量减小相互耦合作用。

分频器中使用的电容器误差应控制在 $\pm 5\%$ 内，且损耗要小。分频器使用的较为理想的电容器应是无损耗、无极性电容，如金属膜纸介电容和塑料薄膜电容等。

6. 扬声器单元的选择

在组合扬声器系统中，应根据不同的用途选取不同类型的扬声器单元，如果扬声器单元选择不好，就会影响音响效果。下面根据不同用途分述组合扬声器单元的选择问题。

1）电影用组合扬声器单元的选择

电影胶片上的声音信号的特点是频带不太宽，一般在 40～12 000 Hz。对立体声用的组合扬声器则要求其频带要宽一些，一般在 40～16 000 Hz；功率要大一些，在 100～150 W；灵敏度要高，失真要小，指向性要好。为了提高低音效率，要求低音扬声器单元的口径要大，一般 $\phi 380 \sim \phi 460$ mm 的且功率大、失真小的复合边纸盆扬声器比较多见；为了提高高音的效率和指向性，高音扬声器一般选用大功率号筒扬声器。当然，在选取扬声器单元的过程中，不但要根据不同用途来限定扬声器单元，而且更重要的是要考虑扬声器单元本身的参数情况，使二者很好地统一，既发挥了扬声器的效能，又满足了不同用途的需求，达到最佳效果。

2）厅堂、剧场组合扬声器单元的选择

厅堂、剧场组合扬声器单元属于专业用的扬声器单元。这种用途的组合扬声器的特点是：功率一般为 200～400 W，有的甚至达 600～800 W；频率范围在 36～20 000 Hz；失真小；方向性好，且方向性规格要多。对低音单元来说，要求功率一般在 200～400 W；灵敏度一般在 97～101 dB；失真小于 5%；谐振频率为 20～60 Hz；品质因数为 0.2～0.7；口径一般在 $\phi 300 \sim \phi 500$ mm。而高音扬声器一般都使用大功率号筒扬声器，而且要根据指向性的要求，选择不同型号的大功率号筒扬声器。中音扬声器可以用纸盆扬声器，对指向性要求严格的产品应选用中音号筒扬声器。

3）广播、录音监听组合扬声器单元的选择

这种用途的扬声器单元的选择与上一个用途的情况要求很类似，但低音扬声器的口径在 $\phi 250 \sim \phi 400$ mm 之间，且要求扬声器的一致性要非常好，即幅频差应在 1 dB 之内。另外要求灵敏度要高，至少在 97 dB 以上。

　　4）家用电器中扬声器单元的选择

　　(1) 电视机用扬声器。电视机用扬声器有 3 种情况：

　　① 单声道开口箱放声用扬声器。如 $\phi77\sim\phi130$ mm 的纸盆扬声器，$\phi40$ mm 的纸盆高音扬声器等。

　　② 多种规格的椭圆扬声器。

　　③ 3D 系统用的重低音扬声器，与 $\phi140$ mm 和 $\phi100$ mm 的中、高音扬声器配对。要求这种扬声器的功率大、失真小、灵敏度高。

　　电视机用扬声器都要求有磁屏蔽，所以应以内磁、双磁路，以及屏蔽式扬声器为主，且要求可靠性高。

　　对于分体式电视机用的立体声音箱，低音以 $\phi120$ mm、$\phi130$ mm、$\phi140$ mm 的高顺性扬声器为主，要求功率小、失真小、频响好；高音以球顶扬声器和 $\phi65$ mm 以下的纸盆高音扬声器为主。

　　电视机的放声频带宽度一般为 $120\sim12\,000$ Hz，而分体式立体声组合音箱频带宽度为 $70\sim16\,000$ Hz，所以分体式组合扬声器对扬声器的要求较高。

　　(2) 收音机用扬声器的选择。

　　收音机一般选用小口径扬声器，以 $\phi165$ mm 以下口径的扬声器为主，而且要求灵敏度高，高频不能太高，一般到 4000 Hz 即可，纸盆最好选用硬度较高的硫酸盐或亚硫酸盐纸盆。对于体积较大的各式收音机可以用 $\phi130$ mm 以上的复合边扬声器以展宽低频响应。

　　扬声器一般是开口箱式组合扬声器，品质因数在 2 左右。低频扬声器的谐振频率 f_0 为 $150\sim250$ Hz，其中 250 Hz 适用于袖珍式收音机。

　　(3) 收录机用扬声器的选择。

　　收录机用组合扬声器有的做成开口箱，有的做成封闭式小音箱。开口箱用的扬声器要有较宽频响，高频可达 $12\,000$ Hz；封闭式小音箱用的扬声器，则为小型高顺性扬声器，一般为 $\phi160$ mm 以下口径的扬声器，扬声器的特性灵敏度一般在 $85\sim90$ dB 之间。

　　收录机用扬声器要求有磁屏蔽，所以，对于立体声收录机还要求扬声器的一致性要好。

　　(4) 高级唱机、高档录音机用扬声器的选择。

　　用于高级唱机、高档录音机的扬声器单元都是与相应的立体声组合扬声器配套的。所以对这类扬声器单元的要求都比较高。

　　对低音扬声器，要求功率大、灵敏度高、失真小、品质因数适中、频率响应平坦、美观大方、可靠性好。口径一般为 $\phi200\sim\phi300$ mm。

　　对中音扬声器，要求功率大、灵敏度高、失真小、方向性好、频率响应平坦、美观大方、后封闭式。口径一般为 $\phi100\sim\phi200$ mm。

　　对高音扬声器，要求高频达到 $20\,000$ Hz，甚至 $20\,000$ Hz 以上，也要求失真小、方向性好、可靠性高、灵敏度高，一般为 $\phi65\sim\phi80$ mm 的纸盆扬声器或球顶型扬声器，对方向性要求有限制时要使用小型号筒扬声器。

本 章 小 结

　　传声器和扬声器都属电声器件，传声器是把声音转换成电信号的器件，而扬声器是把电信号转换（还原）成声音的器件。传声器按能量的来源、换能原理、声场作用力及指向性可进行分类。本章介绍了动圈式传声器和电容式传声器的基本结构和原理。介绍了传声器的主要技术指标：灵敏度、源阻抗及推荐的负荷阻抗、频率范围（带宽）、信噪比、最大允许声压级、隔振能力、瞬态频响以及传声器的指向性。在此基础上，又介绍了有线传声器和无线传声器。它们之间的区别是，前者是通过电缆把传声器头和放大器连接起来的；而后者则是通过无线电波的形式传过来的，另外还需要增加一套简单的收发射机来完成，其成本比有线传声器高。

　　传声器的选择和使用是大家普遍关心的实际问题，正确选择传声器的型号对专业音响技术人员特别重要，只有正确选择型号才能使音响效果更加完美。在使用过程中传声器如何输入和线路如何输入、传声器的位置与正确摆放等也都是重要的实际问题。

　　扬声器可以按其换能方式、结构形式、振膜形状、实际用途、工作频段、振膜材料、辐射方式、磁路性质等进行分类。

　　扬声器的主要技术指标有额定阻抗、品质因数、灵敏度、输出声压级、额定和有效频率范围、额定功率、效率、非线性失真、瞬态失真、指向性、频率响应、纯音等。

　　扬声器系统由三部分组成：扬声器单元、分频器和箱体。

　　扬声器系统按分频方式可分为：单分频音箱、二分频音箱、三分频音箱、多分频音箱和超低音音箱；按用途可分为：书架式音箱、落地式音箱、监听式音箱、电影立体声音箱、有线广播用音箱等；按结构形式可分为：有限大障板型音箱、背面敞开型音箱、封闭式音箱、倒相式音箱、对称驱动型音箱、克尔顿型音箱、号筒型音箱等。扬声器系统技术指标与扬声器单元的情况基本相同，但也有不同之处。

思 考 与 练 习

　　2.1　什么是传声器？传声器与扬声器的主要作用是什么？

　　2.2　结合日常生活中的实际情况，举例说明不同型号的传声器属于哪一类型。

　　2.3　传声器通常的四种分类是什么？

　　2.4　试说明动圈式传声器和电容式传声器的原理和组成。

　　2.5　传声器的灵敏度是如何定义的？

　　2.6　一般优质传声器的信噪比和频率范围各为多少？

　　2.7　传声器的指向性有哪几类？

　　2.8　压强式传声器和压差式传声器指向性如何？

　　2.9　心型指向性可通过哪几种图形组合而成？

　　2.10　如何区分有线传声器与无线传声器，它们各自的优缺点是什么？

　　2.11　在使用有线传声器时应注意的几个问题是什么？

　　2.12　解释什么是信号失落现象。

2.13　试分别说明在人声独唱时，如何正确选择管乐器、弦乐器、钢琴、低音鼓、军鼓、钹等的型号。

2.14　表演者拿话筒的正确位置是什么？话筒与表演者的嘴成 90°时，效果好否？为什么？

2.15　什么是平衡输入与不平衡输入？

2.16　举例说明无线传声器和有线传声器的使用范围与场合。

2.17　扬声器是如何进行分类的，试举出几个日常生活中常见的扬声器，并说明属哪类？

2.18　扬声器由哪几部分组成？

2.19　简述扬声器的基本工作原理。

2.20　扬声器有哪些技术要求？

2.21　号筒扬声器与电动式扬声器相比较，哪个效率高？为什么？

2.22　什么是谐波失真、互调失真及瞬态失真？

2.23　扬声器系统由哪几部分组成？

2.24　扬声器系统如何进行分类？

2.25　扬声器系统的主要指标有哪些？

2.26　开口音箱设计时应注意什么问题，它一般用在什么场合？

2.27　封闭式音箱设计在性能上一般主要解决的两个问题是什么？

2.28　解决封闭音箱中的低频性能好与音箱体积小这对矛盾的具体方法有哪些？

2.29　倒相式音箱设计的一般步骤是什么？

2.30　简述组合扬声器箱的工作原理和分类。

2.31　分频器的作用是什么，分频器如何进行分类？

2.32　若二分频的截止频率为 1000 Hz，试设计一个二分频−6 dB/oct 分频器，要求画出并联式和串联式电路，并计算其元件值(设扬声器额定阻抗为 10 Ω)。

2.33　已知 f_c＝1000 Hz，试设计一个二分频−12 dB/oct 分频器，画出电路图，计算其元件值，说明如何具体选择元器件。

2.34　什么是衰减器？常见的有几种形式？

2.35　分频器设计时应注意哪几个方面的问题？

第 3 章 音频功率放大器

音频功率放大器是音响扩声系统中的一个重要组成部分，其主要作用就是将调音台、信号处理器等前端设备（或者前级电路）送来的比较弱的信号进行不失真地放大，并输出一定的功率，去推动扬声器发出优美而洪亮的声音。由于音频功率放大器处于扩声系统的扩声通道的中间位置，起着承前启后的作用，因而对其电声指标也提出了一定的要求。本章主要讨论音频功率放大器的基本工作原理以及专业音频功率放大器在扩声系统中的实际应用。

3.1 音频功率放大器基础

所谓放大器，是指能够对电压（或电流）信号进行不失真放大的有源电路，在实际应用中通常将其分为前级放大和后级放大两种。前级放大也称为前置放大，在专业音响系统中通常将其安排在调音台部分，其主要作用是将音频信号进行初步的电压放大，以便其他电路对音频信号进行处理；而后级放大称为音频功率放大，在专业音响系统中通常是一台独立的设备，其主要作用是将经过调音台处理后的信号进行功率放大，以提供足够大的功率去推动音箱工作。此外，在一些非专业音响系统中，为了减少连接线，缩小体积，降低成本，往往也将前置放大和功率放大放在一台设备内，构成组合式放大器。组合式放大器的使用效果一般不如专业音响中的独立设备，但用户使用起来较为方便，因此这种方式大多用在家用音响系统中。

3.1.1 功率放大器的基本组成及作用

功率放大器的基本组成如图 3-1 所示。

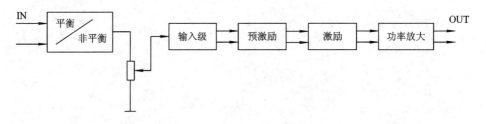

图 3-1 功率放大器的基本组成

就其功能来说，功率放大器比前置放大器的电路简单，但其消耗的功率远比前置放大器大。因为功率放大器的实质就是将直流电能转化为音频信号的交流电能。

输入级起着缓冲作用，其输入阻抗较高。通常要引入一定的负反馈，增加整个功放电路的稳定性并减小噪声,减小本级电路对前级电路的影响。

预激励级的作用是控制其后的激励级和功率输出级两推挽管的直流平衡,并提供足够的电压增益,输出较大的电压以推动激励级和功放级正常工作。

激励级的作用是给功率输出级提供足够大的激励电流及稳定的静态偏压。激励级还与功率输出级一起向扬声器提供足够的激励电流,以保证扬声器正常工作。此外,功率输出级还向保护电路、功率指示电路提供控制信号,向输出级提供负反馈信号。

由于放大器技术比较成熟,元器件又都是常用部件,电路连接比较清楚简单,因此,在技术上已不存在保密的可能,各个厂家生产的同等成本、同等档次的放大器在性能上的差别不太大;所不同的是外观、工艺以及零部件的个体差异带来的电声、电器性能的差别。相比之下,国产音响系统与进口名牌产品的差距较大,读者可根据自己的条件及要求选择相应档次的音响系统。

3.1.2 功率放大器的分类

1. 按功率放大器与音箱的配接方式分

(1) 定压式功放。为了远距离传输音频功率信号,减少其在传输线上的能量损耗,该方式以较高电压形式传送音频功率信号。一般有 75 V、120 V、240 V 等不同电压输出端子供使用者选择。使用定压功放要求功放和扬声器之间使用线性变压器进行阻抗匹配。如果使用多只扬声器,则需要用公式进行计算,多只扬声器的功率总和不得超过功率放大器的额定功率。另外,传输线的直径不宜过小,以减小导线的电流损耗。

(2) 定阻式功放。功率放大器以固定阻抗形式输出音频功率信号,也就是要求音箱按规定的阻抗进行配接,才能得到额定功率的输出分配。例如,一台 100 W 的功率放大器,它实际的输出电压是 28.3 V(在一个恒定音频信号输入时),那么接上一只 8 Ω 音箱时,可获得 100 W 的音频功率信号,即

$$p_\circ = \frac{u^2}{R_L} = \frac{28.3^2}{8} = 100 \text{ (W)}$$

如果两只 8 Ω 音箱串联,即阻抗为 16 Ω,那么实际输出功率

$$p_\circ = \frac{28.3^2}{16} = 50 \text{ (W)}$$

此时,其功放输出功率为 50 W。

如果两只 8 Ω 音箱并联,即阻抗为 4 Ω,那么实际输出功率

$$p_\circ = \frac{28.3^2}{3} = 200 \text{ (W)}$$

这时,功放已经超负荷了,机器会开始发热,最后将会损坏功率放大器。

通常除远距离扩声外,剧院、歌舞厅等大多数扩声系统均使用定阻功放。

2. 按功率放大器使用的元件分

按功率放大器使用的元件,可把它分成四类。

(1) 电子管功率放大器。电子管在音频领域里发挥过重要的作用,尤其是在 20 世纪 60 年代以前均是使用电子管制作功率放大器的,后来被体积小、功率大、耗能少、技术参数高的晶体管所取代。但是在 20 世纪 90 年代以后,欧洲人又追忆起电子管放大器的某些独

有的特色：音色柔和、富有弹性和空间感强等优点。所以，电子管功放又重新出现在人们的生活、娱乐当中。

（2）晶体管功率放大器。晶体管功率放大器具有体积小、功率大、耗能少等特点，技术参数指标很高，具有良好的瞬态特性。它有分立式的电路结构，这种电路用在很多功率放大器中。

（3）集成电路功率放大器。由于大功率晶体管的品种日益繁多，使得集成大功率优质功放得以大量应用，并且在电路设计中采用了大电流、超动态、超线性的 DD 电路（菱形差动放大电路）和霍尔电路，或者采用动态偏置、双电流供电以及全互补等一系列技术，使得集成功放的谐波失真大大降低（小于 0.05% 以下），频率响应在 20 Hz～20 kHz 之间，而且在电路中还可以方便地加入各种保护电路。目前专业音频功率放大器几乎都采用集成功率放大模块作功放的输出级。

（4）V－MOS 功率放大器。随着场效应管生产技术的不断发展，大功率的场效应管品种也日趋丰富。因为场效应管是电压控制的器件，它具有负温度特性，因此无需对输出管进行复杂的保护，而且它具有和电子管相似的音色。采用场效应管制作的功放具有噪声低、动态范围大、无需保护等特点。其电路简单，而性能却十分优越。

3. 按晶体管工作特性分

按其工作特性，可把功率放大器分成以下三类。

（1）甲类功率放大器。这类功率放大器的晶体管工作在特性曲线的直线段，用一只晶体管将声波的正负半波完整地进行放大。因此，正弦波波形非常完整，不存在交越失真的问题，失真度很小，在 Hi－Fi 音响领域里很多厂家选用此种功放，如英国罗特功放、音乐传真功放和日本的金嗓子功放都是甲类功率放大器。

（2）乙类功率放大器。它是用两只晶体管共同完成声波的能量放大。一只管子担任正半波的放大工作，另一个管子完成负半波的放大工作，最后合成为一完整的正弦波。用这种方式对音频信号进行放大的功放称为乙类功放。由于两只功放管共同完成了声波的放大，所以，其输出功率较大，但存在着交越失真。在正负半周的波形连接处，由于晶体管的非线性，波形的合成总是存在着一些不够平滑的现象。这种由于两个电路合成所产生的波形失真称为交越失真。

（3）甲乙类功率放大器。这是一种介于甲类和乙类之间的功率放大器。它能在较小失真的情况下，获得较高的功率输出。这也是一种被广泛应用的功率放大器。

4. 按晶体管功率放大器的末级电路结构分

（1）OTL 电路。OTL 电路为单端推挽式无输出变压器功率放大电路，通常采用单电流供电，从两组串联的输出中点通过电容耦合输出信号。与采用输出变压器的功放电路相比，它具有体积小、重量轻、制作方便等优点，性能也较好。

（2）OCL 电路。OCL 电路的最大特点是电路全部采用直接耦合方式，中间既不要输入、输出变压器，也不要输出电容，通常采用正、负对称电源供电。该电路克服了 OTL 电路中输出电容的不良影响，如低频性能不好、放大器工作不稳定，以及输出晶体管和扬声器受浪涌电流的冲击等。

（3）BTL 电路。BTL 电路的特点是把负载扬声器跨接在两组性能相同、输出信号相位相反的单端推挽功率放大电路之间,这样在较低的电源电压下能得到较大的输出功率。通常采用单组电源供电。

3.1.3 功率放大器的匹配

功率放大器的匹配主要是解决放大器的功率和阻抗匹配的问题。

一台功率放大器的输出阻抗等于音箱的总阻抗,这就是阻抗匹配;一台功率放大器的输出功率等于全部音箱吸收的功率总和,这就是功率匹配;每一只音箱分配到的功率等于音箱本身的额定功率。满足上述三条就解决了放大器的功率和阻抗的匹配问题。

在使用功放的过程中需要解决很多实际的匹配问题。

(1) 音箱的功率等于功放的额定功率称为等功率匹配。对电子管功放的使用要特别注意匹配问题,因为电子管功放的功率和阻抗的匹配要求非常严格:如果负载过大,输出变压器的初级和次级线圈由于电流过大会发热,功放管电路会因电流过大而损坏功放的元器件;如果负载太轻,尤其是在失载的情况下,更会损坏电子管功放输出变压器的初级线圈,此时形成了很强的反射电压,作用在电子管功放的输出回路里容易使电子管的屏极发红,或者由于电压过高引起输出变压器过热而烧毁输出变压器的初级线圈。所以在电子管功放负载太轻时,要加上假负荷。一般要经过计算选择不同瓦数的电灯泡来做"假负载"而实现阻抗和功率的匹配。

(2) 音箱的功率大于功放的额定功率则称为"超载",俗称"小马拉大车"。这在家庭音响中或者组合音响中是允许的。在家庭音响中,一家人无论大小都可以操作音响设备,即使是功放开到最大,由于功放功率小,也不会烧毁音箱。但是,在专业音响中,此种情况是不可取的,因为功放功率小于音箱功率时往往推动不了音箱,这样就得加大功放的输入电平,使功放在满功率、大负荷状态下工作,从而产生严重的失真现象,尤其是削波失真。削波失真将会使音频信号的正弦波波峰被削平,出现类似梯形的方波而产生直流成分。而这个直流分量进入扬声器的音圈后,没有对声音产生贡献,反而使得音圈中产生大量的热量,时间长了就会烧毁音圈。

(3) 功率放大器的功率大于音箱的功率的情况。在歌舞厅、剧场和大型文艺演出的专业音响系统中,功放的功率要大于音箱的功率。同时也要求必须由专业音响师进行扩声系统的操作。这样,功放有一定的储备功率,减小了机器的本底固有噪声和失真度,使声音的质量得到提高。

音箱的阻抗是跨接在晶体管回路中的,不管是在 OTL 电路还是在 OCL 电路或者是在 BTL 电路中,阻抗 R_L 都是射极负载。音箱的功率越大,R_L 值就越小,晶体管的集电极电流就比较大,管子温度较高,需要良好的散热措施;音箱的功率越小,R_L 值就越大,则功放管的射极负载变大,减小了晶体管的集电极电流,管子温度就不会过高,晶体管会处在良好的放大特性范围之内,其动态余量变大,当遇到强信号时,也不会产生谐波失真和频率失真。而且本底噪声还未表现出来时,其输出功率已经足够了,这样就使得声音纯净、清澈,提高了音色的质量。

从理论上讲,功率放大器的功率大于音箱功率约 3~5 倍是最理想的。在实际使用当中,一般功放的功率比音箱的功率大 2/3 即可取得令人满意的效果,但此时扬声器系统处于满负荷工作状态,所以对扬声器系统进行安全保护是至关重要的。

3.1.4 功率放大器的技术指标

一个好的放大器，要求能准确地放大来自各声源的声音信号，并能反映出该声音信号的音量、音调和音色，力图恢复该声源音质状况的本来面貌。对于立体声系统，还要能重现声源的位置以及周围的背景声、混响声和反射声等。评判一个放大器的好坏，需要有一些具体的、客观的评判指标，下面对这些指标分别进行介绍。

1. 输出功率

输出功率的大小是由放大器的使用环境、条件及对象等许多因素决定的，它是功率放大器最基本的一项指标。衡量放大器输出功率的指标有最大不失真连续功率、音乐功率和峰值功率等几种不同的指标。目前公认的指标是"最大不失真连续功率"，又叫 RMS 功率、正弦波功率或平均值功率等，其含义是相同的，它是指放大器配接额定负载（通常 $R_L = 8\ \Omega$），总的谐波失真系数小于 1% 时，用负载两端测出 1 kHz 的正弦波电压的平方，除以负载电阻而得到的值，即

$$p_{\text{RMS}} = \frac{U_1^2}{R_L} \tag{3-1}$$

2. 增益

放大器的增益是反映放大器放大能力的重要指标，也称为放大倍数，其定义为放大器的输出量与输入量之比。根据输入量与输出量的不同，放大器的增益又分为电压增益、电流增益和功率增益，其表达式为

电压增益： $\qquad A_u = \dfrac{U_o}{U_i}$ $\hfill$ (3-2)

电流增益： $\qquad A_i = \dfrac{I_o}{I_i}$ $\hfill$ (3-3)

功率增益： $\qquad A_p = \dfrac{p_o}{p_i}$ $\hfill$ (3-4)

式中：U_o——放大器的输出电压；

$\quad U_i$——放大器的输入电压；

$\quad I_o$——放大器的输出电流；

$\quad I_i$——放大器的输入电流；

$\quad p_o$——放大器的输出功率；

$\quad p_i$——放大器的输入功率。

由于人耳对音量大小的感觉并不和声音功率的变化成正比，而是近似成对数关系，所以，放大器的增益也常用分贝（dB）来表示。

$$A_u = 20\ \lg \frac{U_o}{U_i}$$

$$A_i = 20\ \lg \frac{I_o}{I_i}$$

$$A_p = 10\ \lg \frac{p_o}{p_i}$$

3. 信噪比

信噪比是指信号与噪声的比值，常用符号 S/N 来表示，它等于输出信号电压与噪声电压之比，用 dB 表示，即

$$\frac{S}{N} = 20 \lg \frac{U_o}{U_N} \ (\text{dB}) \tag{3-5}$$

式中：U_o——放大器额定输出电压；

U_N——放大器 U_o 额定值输出的噪声电压。

信噪比越大，表明混在信号中的噪声越小，放大器的性能越好。

放大器本身噪声大小，还可以用噪声系数来衡量，它的定义是

$$N = \frac{\text{输入端信噪比}}{\text{输出端信噪比}} = \frac{S_i/N_i}{S_o/N_o} \tag{3-6}$$

由于管子本身的噪声，以及电阻上的热噪声，放大器输出端的信噪比往往要小于输入端的信噪比。

信噪比高了意味着听音时"干净"，特别是在信号的间隙时会感到非常寂静。如果听音时能感到"动态范围大"、"音质清晰"、"干净"，这时信噪比一般大约要超过 100 dB。

4. 频率响应

频率响应即有效频率范围，它是用来反映放大器对不同频率信号的放大能力的指标。放大器的输入信号是由许多频率成分组成的复杂信号，由于放大器存在着阻抗与频率有关的电抗元件及放大器本身的结电容等，使放大器对不同频率信号的放大能力也不相同，从而引起输出信号的失真。

频率响应通常用增益下降 3 dB 之间的频率范围来表示。一般的高保真放大器为了能真实地反映各种信号，其频率响应通常应达到几赫兹到几万赫兹的宽度，如图 3-2 所示。

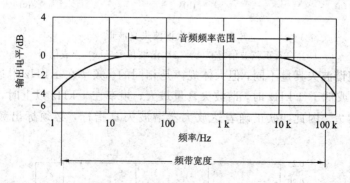

图 3-2 频率响应曲线

理想的频率响应在通频带内是平直的，即放大器的输出电平沿频率坐标的分布近似于一条直线。直线平直，说明放大器对各频率分量的放大能力是均匀的，虽然人的听觉范围是 20 Hz～20 kHz，但为了改善瞬态响应和如实地反映各种声频信号的特点，往往要求放大器有更宽的频率带宽，例如，在 10 Hz～100 kHz 频带内不均匀度应小于 10 dB。总之，功率放大器频带越宽越好。

5. 放大器的失真

音频信号经过放大器之后，不可能完全保持原来的面貌，这种现象就称为失真。失真的种类很多，除了上述的频率失真以外，还有谐波失真、相位失真、互调失真和瞬态失真等。其中最主要的是谐波失真。

（1）谐波失真。谐波失真是指信号经放大器放大后输出的信号比原有声源信号多出了额外的谐波成分，它是由放大器的非线性引起的，其定义为

$$HD = \frac{\sqrt{U_{2f_0}^2 + U_{3f_0}^2 + \cdots}}{U_{1f_0}} \times 100\%$$

式中：U_{1f_0}——输出信号基波电压的有效值；

U_{2f_0}、U_{3f_0}——输出信号的二、三次谐波电压的有效值；

HD——总的谐波失真系数。

谐波失真系数越小越好，它说明了放大器的保真度越高。高保真放大器的谐波失真应小于10％。图3-3为二次谐波失真波形。图中波形产生了较大的失真。当然新产生的谐波分量还有三次以至更高次数的谐波。谐波次数越高，幅度越小，因而对信号的影响也越小。

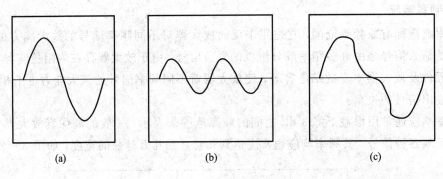

图 3 - 3 二次谐波失真波形
（a）输入正弦波信号；（b）二次谐波信号；（c）合成信号

虽然各声道谐波失真量不同，但大体规律是相同的。频率在 1 kHz 附近，谐波失真量最小；频率高于或低于 1 kHz 时，谐波失真量最大；频率在 1 kHz 以上时，谐波失真随频率的增高急剧增大。因此，欲正确表达放大器谐波失真指标，必须标出频率范围，如图3 - 4 所示。

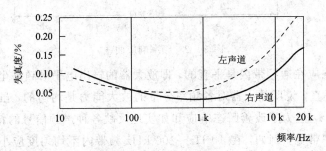

图 3 - 4 谐波失真与信号频率的关系曲线

（2）相位失真。相位失真是指音频信号经过放大器以后，对不同频率信号产生的相移的不均匀性，以其在工作频段内的最大相移和最小相移之差来表示。相位失真与瞬态响应及瞬时互调失真都有着密切的关系。对于高保真放大器，要求其相位失真在 20 kHz 范围内应小于 5%。

（3）互调失真。互调失真也是非线性失真的一种。声音信号是由多频率信号复合而成的，这种信号通过非线性放大器时，各个频率信号之间便会相互调制，产生新的频率分量，形成所谓的互调失真。因此，在选用放大器时，一定要注意放大器的非线性指标，尽量选用线性好的放大器，从而克服互调失真的影响。

（4）瞬态互调失真。瞬态互调失真是指晶体管放大器由于采用了深度大回环负反馈而带来的一种失真。由于深反馈信号跨越了两级以上的放大电路，而两级间存在着电容 C，当放大器输入一个持续时间非常短的瞬态脉冲信号时，由于电容 C 充电带来的滞后作用，使输出端不能及时得到应有的输出电压，输入端也不能及时得到应有的负反馈。在此瞬间，输出级瞬时严重过载，输出信号的波峰将被消去，从而引起失真。

6. 动态范围

放大器的动态范围通常是指它的最高不失真输出电压与无信号时的输出噪声电压之比，用 dB 来表示。而信号源的动态范围是指信号中可能出现的最高电压与最低电压之比，用 dB 来表示。显然，放大器的动态范围必须大于输入信号源的动态范围，才能获得高保真的放大效果。放大器的动态范围越大，失真越小。

7. 分离度

立体声的分离度即左右声道串通衰减，是指放大器中左、右两个声道信号相互串扰的程度，单位为 dB。如果串扰量大，亦即分离度低，则会出现声场不饱满、立体感被减弱等现象，重放音乐的效果差。

8. 阻尼系数

阻尼系数是指放大器对负载进行电阻尼的能力，是衡量放大器内阻对扬声器的阻尼作用大小的一项性能指标。大功率音箱低音单元工作在低频大振幅状态（尤其是谐振频率附近）时，扬声器本身的机械阻尼已无法消除音箱所产生的共振，从而使音箱的瞬态特性变坏，音质出现拖泥带水、层次不清、透明度降低等现象。为了消除这些现象，可以减小放大器的内阻，使扬声器共振时音圈产生的感生电动势短路，由此产生的短路电流能抑制扬声器的自由振动，从而起到阻尼作用。我们把功率放大器的额定负载阻抗 R_i 与输出内阻 R_o 之比称为阻尼系数，用 F_d 表示

$$F_d = \frac{R_i}{R_o}$$

阻尼系数的大小会影响扩音设备重放的音质。阻尼系数越大，对扬声器的抑制能力就越强。高保真扩音机的阻尼系数应在 10 以上。但 F_d 值也不是越大越好，而是要适当。不同的扬声器有着不同的 F_d 最佳值，一般都在 15～100 之间。

9. 转换速率

一台放大器能够不失真地重现正弦波，不等于能完整地放大前沿陡峭的矩形信号。放大器在通过矩形波时引起前沿上升时间延迟，使输出信号产生失真的程度，通常用放大器

的转换速率来描述，这个指标越高越好。转换速率低，是功率放大器产生瞬态互调失真的重要原因。为了提高信号波形的再现性和减轻瞬态互调失真，放大器的高速化是完全必要的。高保真放大器的转换速率要求在 20 V/μs 以上。

3.2 功率放大器

3.2.1 晶体管功率放大器

前面我们已经介绍了功率放大器可分为甲类、乙类和丙类三种，它们的集电极电压、电流波形图如图 3 - 5 所示。

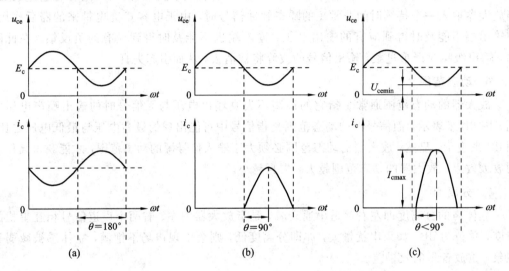

图 3 - 5 甲、乙、丙三种功率放大器的集电极电压、电流波形

(a) 甲类；(b) 乙类；(c) 丙类

另外，为了完全消除甲乙类和乙类功率放大器产生的交越失真，近年来又出现了超甲类放大器和直流放大器等。

1. 变压器耦合甲类功率放大器

甲类功率放大器的最基本电路如图 3 - 6 所示。

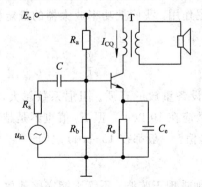

图 3 - 6 甲类功率放大器

甲类功率放大器与一般放大器所不同的是其负载不是直接接在晶体管的集电极上，而是通过变压器接入的。甲类功率放大器的电路结构和工作原理比较简单，这里不作介绍，我们主要讨论甲类功率放大器的效率。由于单管甲类功率放大器电源供给的电流是以静态电流 I_{CQ} 为中心上下变化的，其平均值为 I_{CQ}，电源电压为 E_C，所以电源提供的功率为 $E_C \cdot I_{CQ}$，最大的正弦波功率则为 $I_{CQ} \cdot E_C/2$，其放大器的效率为

$$\eta = \frac{\dfrac{1}{2}I_{CQ} \cdot E_C}{I_{CQ} \cdot E_C} \times 100\% = 50\%$$

以上所述是理想情况下的值。实际上，由于下列原因，其效率不可能这样高。

（1）变压器的损耗。变压器初、次级各有导线电阻，它们要损耗能量；变压器的初级磁力线也不可能完全耦合到次级，存在着一定的漏磁，因此也要产生一些损耗。

（2）晶体管饱和压降也不可能为零，多少都会有一定的功率损耗。

（3）为稳定工作点，发射极串联有负反馈电阻 R_e。R_e 也要消耗一定的能量，同时晶体管集电极到发射极之间的电压也要降低。

考虑到以上因素的影响，甲类功率放大器实际效率大约只能达到 30% 多一点。所以，甲类功放的效率是比较低的。

另外，像其他放大器一样，甲类功率放大器也同样存在着各种失真，主要有以下几种：

（1）输出特性非线性引起的失真。放大器在小信号工作时，问题不大；但当在大信号工作时，晶体管输出特性的非线性失真就不可忽视了。解决的办法应该是选用电流放大系数 h_{fe} 线性较好的功率管和合理安排设计负载线，使其在大信号工作时，非线性失真减小。

（2）输入电阻和信号源内阻引起的失真。晶体管输入电阻随信号大小的变化也略有变化，由此会引起输出信号的失真；信号源内阻大也会引起失真。克服的办法是合理设计电路，尽量采用电阻较大的扬声器。

（3）削波失真。当输出信号超出一定范围时，晶体管进入饱和区或截止区，晶体管失去放大作用而出现削波失真。所以在设计功率放大器时，必须留有充分的功率裕量，以减小削波失真。

（4）输出变压器引起的失真。这种失真主要是由变压器铁芯的 $H-B$ 曲线的非线性引起的。所以，现在人们更喜欢使用无输出变压器的 OTL、OCL 放大器。

当然，甲类功放也有它的优点，如有比较好的表现力，音色细腻，平滑流畅，不存在开关失真和交越失真。

2. 乙类推挽功率放大器

从功率消耗的角度来说，单管放大器的效率是比较低的。如果将输入信号一分为二，分别由两只功率管来放大，其中一只管子专门放大波形的上半周，另一只管子专门放大波形的下半周，然后将上、下两半周信号分别加到负载上去，使之合成为一个波形，这样就可以兼顾功耗与波形失真的问题，如图 3-7 所示。

信号通过输入变压器 T_1，转换成为两个幅度相等、极性相反的信号，两只晶体管分别将其放大，然后在 T_2 上合成。这里信号的正、负半周之间出现了无信号的过渡区，这样输出的合成信号就与原输入信号之间产生了失真，这种失真称为"交越失真"。交越失真是乙

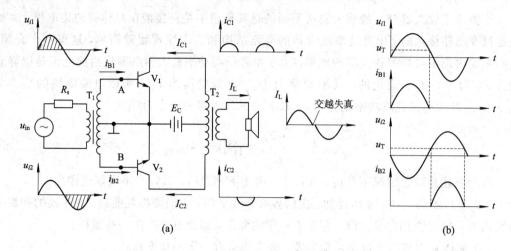

图 3 - 7 乙类推挽功率放大器

（a）工作原理图；（b）信号波形

类推挽功率放大器较为明显的问题。另外，由于输入、输出都用了变压器耦合，这样会使放大器体积、重量都较大，而且其漏电感及分布电容、杂散磁场等，都会对信号产生干扰和影响，损耗增大，效率降低。所以，目前的功率放大器大都采用无输出变压器的电路，即OTL 电路。

3. OTL 功率放大电路

OTL 功率放大电路属于互补推挽电路的一种，其基本工作原理电路如图 3 - 8 所示。

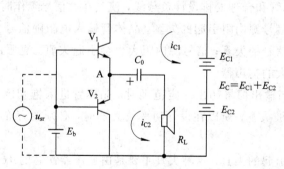

图 3 - 8 OTL 基本工作原理图

在这个电路中，两个不同极性的三极管组成了互补推挽功放电路。输入信号 u_{sr} 加于电路输入端，即两互补管的基极。对于 u_{sr} 的正半周，V_1（NPN）管导通而 V_2 管截止，产生的电流 i_{C1} 沿逆时针方向流经负载 R_L；对于 u_{sr} 的负半周，V_1 截止而 V_2 导通，产生的电流 i_{C2} 也沿逆时针方向流经负载 R_L，从而在负载 R_L 上得到一个完整的放大了的输出信号。V_1、V_2 分别在输入信号的作用下，轮流导通和截止，使电路处于推挽工作状态，C_0 则分别工作在充电和放电的状态。由于这个充放电时间很短，且 C_0 的容量很大，所以 C_0 上的电压基本保持不变。C_0 的选择往往与扬声器 R_L 的阻抗和放大器的工作下限频率 f_L 有关，一般要求

$$C_0 \geqslant \frac{10^6}{2\pi f_L R_L} \ (\mu F)$$

当放大器的级数增多时，由于各级对低频的衰减会增加，C_0 的值还要取大一些，一般

为 470～2200 μF。

上述分析是在假设互补管基极接有偏置电压 E_b 的条件下进行的。而实际电路中，还增加了自举电路、复合管及各种补偿电路等，如图 3 - 9 所示为 20 W OTL 功率放大电路。

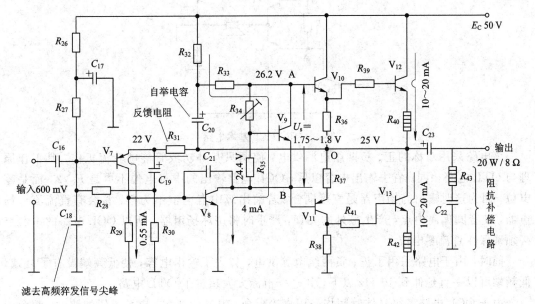

图 3 - 9　20 W OTL 功率放大电路

该电路为一典型的 OTL 放大器的实际电路。图中 V_7、V_8 为前置激励级，V_{10}～V_{13} 构成准互补复合输出级，工作状态接近于乙类放大器。V_9 用来为输出级提供稳定的静态偏置，以减小交越失真。各管的工作点及一些元件的作用如图 3 - 9 所示。

该电路的特点：

(1) 通过 R_{37} 从输出中点 O 经 V_{11} 的发射极引入 100% 的直流负反馈信号，能使输出中点的电压稳定。

(2) 利用 V_9 作恒压偏置，使输出级既能获得稳定的静态偏置，又能得到适当的补偿。

(3) V_{12}、V_{13} 的基极各串了一个电阻（R_{39}、R_{41}），可改善大功率管的输入特性，减少失真。

另外，R_{26} 可调节功放级输出端 O 点的直流电压，使 O 点电压为电源电压的一半。R_{34} 决定了 V_{12}、V_{13} 的集电极静态电流的大小，通常该电流为 10～20 mA，或控制 V_9 集电极与发射极之间的电压为 1.8 V 左右。R_{30} 可调节整个放大器的增益，使之达到要求的指标。R_{34} 可调节功率输出级的交越失真，使交越失真达到最小程度。R_{37} 可调节两只功率输出管的平衡，使输出波形达到正负半周相等。

4. OCL 功率放大电路

OTL 电路比变压器耦合电路有了很大的改进，但从高保真的角度看，仍有许多不足之处，主要表现为瞬态互调失真大，开环增益指标差，稳定性不好，谐波失真大，有残留交流声等。这些缺点是由电路中的电抗元件和电路的不对称引起的。为了避免 OTL 电路中输出电容 C_{23} 对电路造成的不良影响，现在，在音频功率放大器中普遍采用无输出电容电路，即 OCL 电路，又称直接耦合互补倒相功率放大器。其基本电路如图 3 - 10 所示。

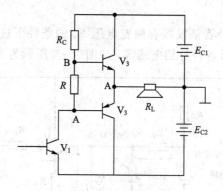

图 3 - 10 OCL 基本电路

该电路采用对称的正、负两组电源供电，使两只互补功放管能够轮流工作。其工作原理与 OTL 电路相同。省去输出电容以后，OCL 电路输出的中点电位不再是 $E_C/2$，而是零电位。因为这时输出与扬声器是直接耦合，若输出级中点电位不为零，将会有直流流入扬声器，使音圈偏离中点，产生额外的失真，严重时将烧坏扬声器。所以 OCL 电路的中心点必须确保在直流零电位。

同时，由于电路采用了正、负两组电源供电，省去了输出电容，使低频端没有了衰减，低频端可以一直延伸到 10 Hz 以下，其电声指标大大超过了 OTL 电路。

由于 OCL 电路各级晶体管间均采用直接耦合，温度的变化，电源电压的波动，都会产生零点漂移现象，使 OCL 电路输出端中点产生偏离，使电路性能恶化，因此，OCL 电路往往在前级采用温度稳定性较好的差动放大电路来克服零点漂移现象，如图 3 - 11 所示。

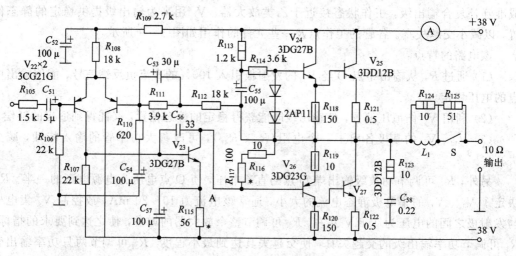

图 3 - 11 OCL 功放电路

OCL 电路减少了一个输出电容，使低频响应和失真度有了改进，但其他电容的影响仍然和 OTL 电路一样，其中反馈电容(如 C_{53})对稳定性的影响更大，在开、关机瞬间会造成中点电位瞬间偏离零点，产生一个强冲击电流。为防止此冲击电流烧坏扬声器，有的电路增加了延时通断继电器。

OCL 电路的电源对称性比 OTL 电路的好，噪声和交流声极小，但激励电平仍是不平衡的，需从以下几个方面改进其电声性能：

（1）尽量减小大环路负反馈量，而增大每一级的内部反馈量。

（2）用特征频率 f_T 为几百到几千兆赫兹的超高频中功率管作末前级和前级电压放大，这样就有可能去掉中和电容或减小中和电容的数值，以减小瞬态互调失真。

（3）提高电路的对称性，如前级用甲类或推挽放大，平衡激励，采用全互补输出管等。

（4）设法使电抗元器件减至最少，必须存在的电感元件要加均衡补偿。

（5）必要时限制前级的高频通带，使功放级的频响范围宽于前级放大器的频响范围。

5. DC 功率放大电路

针对 OTL 和 OCL 电路的缺点，近年来在大功率放大器中较多采用全对称的 OCL 电路，亦称 DC 电路，DC 电路是在 OCL 电路基础上改进而成的，DC 是表示该电路的低频响应可以一直扩展到"直流"的意思，把 OCL 电路的输入放大级改成互补差分放大器，以实现全对称的平衡激励，输出电路仍用 OCL 的形式，就成了 DC 放大器，如图 3-12 所示。

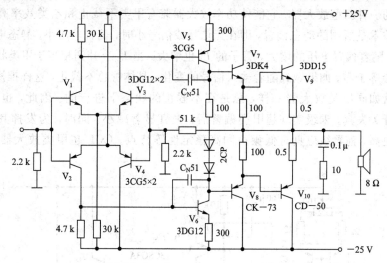

图 3-12　DC 功放电路

DC 电路由于去掉了输出电容、自举电容和反馈电容，使这些电容的不良影响随之消除，因此，瞬态指标比 OCL 电路高。如果把四个互补差分管集成在一块硅片上，并选用对称性良好的激励管和输出管，性能还可以进一步提高。

6. BTL 功率放大电路

BTL 电路是一种平衡式无变压器电路。该电路在电源电压、负载不变的情况下，使输出功率提高到 OCL 电路的 4 倍，而且由于良好的平衡性和对称性，其失真度降低，稳定性也得到进一步的改善，如图 3-13 所示。

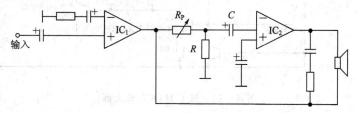

图 3-13　自倒相 BTL 电路

BTL 电路利用 IC_1 的输出信号,经过电位器 R_p 和 R 分压,由 C 耦合至 IC_2 的反相输入端。调节 R_p 使两个集成电路的输出电压相等。BTL 电路的缺点是输出端不能接地,给电路测试带来了困难。

BTL 电路与 DC 或 OCL 电路相比具有下列优点:

(1)由于电路的高度对称性以及共模反馈的引入,同相干扰基本抵消,偶次谐波减到了最小程度,交流声极小,失真度低。

(2)电源利用率高,输出功率大。

(3)扬声器中心始终保持零电位,电冲击比其他无变压器的电路小得多。

(4)共模抑制比很高,使稳定性有较大的提高。

7. 超甲类功率放大器

超甲类功率放大器是指无截止状态的功率放大器,是为了完全消除甲乙类和乙类的交越失真而制作的一种新型放大器。它能使功率放大器兼有甲类不截止和乙类效率高的优点。它采用的关键技术是所谓的动态偏置,即在无信号或信号小时,偏置电压小,静态电流也小;当信号增大时,随着偏置电压的增大,管子的 I_{Co} 也增大。当 I_{Co} 上升到相当于甲类状态时,管子的截止角就会等于零。如果做到随着输入信号的变化,晶体管总不截止,这样推挽管正、负两半周的合成就如同甲类放大器一样,总是在不截止的状态下进行的。因此,也就不会产生交越失真和开关失真。末级实现超甲类偏置后,失真显著减小。同时,为发挥其特点,对前置级的要求更高,前置级应具有低噪声和高稳定性等特点。OCL 超甲类放大器如图 3-14 所示。

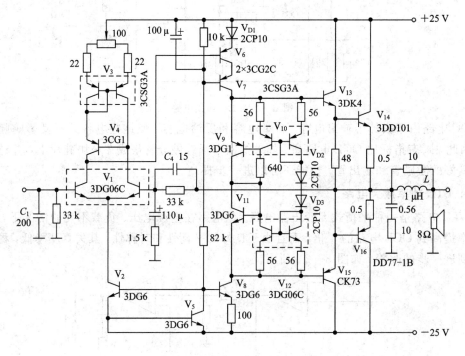

图 3-14 超甲类 OCL 放大器

3.2.2 集成功率放大器

随着元器件生产工艺水平的不断提高，现在的功率放大器大都采用集成电路。由于集成电路中元件的一致性较好，可靠性较高，因此作为功率放大器，其电路的性能指标也较高。下面介绍几种常用的集成功率放大电路。图 3-15(a)、(b)、(c)是 LM1875 组成的三种功率放大电路，它们实现的功能是一样的，只是复杂程度不同。

该电路采用美国国家半导体公司生产的功放集成电路 LM1875，它可以组成 OTL、OCL 和 BTL 三种不同类型的功率放大电路。这种放大电路可在 $12\sim50$ V 或 $\pm6\sim\pm50$ V 的单、双电源下工作，不失真输出功率可达 30 W。集成电路 LM1875 设有过热、过载和抑制反向电动势的保护电路。图 3-15 所示的电路为单声道放大电路。如果是立体声双声道电路，则采用两套相同的放大电路组成。

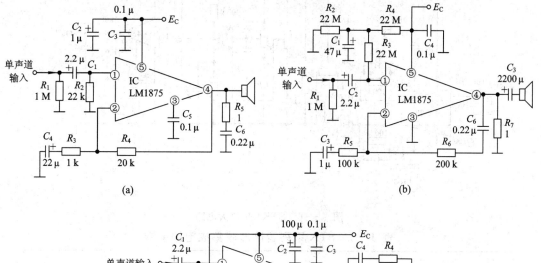

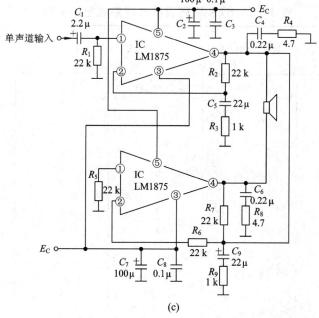

图 3-15 LM1875 组成的放大电路

除各个厂家生产的各种集成功率放大电路外，通常还使用厚膜集成电路组成功率放大电路。如日本三洋公司生产的 STK 系列厚膜音响集成电路，其输出功率在几瓦到上百瓦之间。由于厚膜集成电路在设计上较灵活，高温性能较好，而且电路性能参数较高，因此被广泛应用。图 3 - 16 为 STK439 集成功率放大电路。表 3 - 1 给出了 STK 系列音响集成电路的参数。

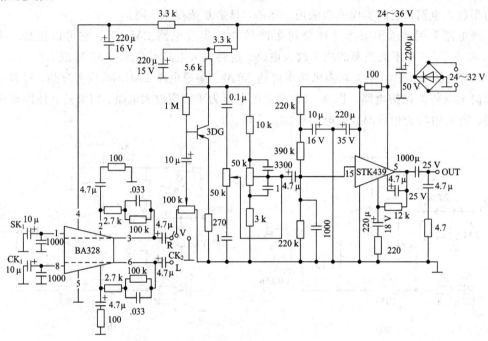

图 3 - 16　STK439 放大电路

表 3 - 1　STK 系列音响厚膜集成电路参数

型　号	输出功率/W	工作电压/V	负载/Ω	谐波失真/%
STK430 I	5	26	3	0.8
430 II	5	31	3	0.8
433	5	23	8	0.5
435	7	27	8	0.5
436	10	32	8	0.3
437	10	33	8	0.2
439	15	39	8	0.2
441	20	44	8	0.3
443	25	49	8	0.3
457	2×10	±18	8	0.08
459	2×15	±21	8	0.08
460	2×20	±23	8	0.08
461	2×20	±23	8	0.08

续表

典型参数 型　号	输出功率/W	工作电压/V	负载/Ω	谐波失真/%
463	2×25	±26	8	0.08
465	2×30	±28	8	0.08
4017	6.5	26	8	0.1
4019	10	32	8	0.1
4021	15	38	8	0.1
4020	20	±23	8	0.3
4024Ⅱ	20	±34	8	0.4
4025	25	48	8	0.1
4026	25	±26	8	0.3
4028	30	±27	8	0.3
4030Ⅱ	35	±40	8	0.4
4036	50	±35	8	0.3
4036Ⅱ	50	±40	8	0.4
4036Ⅺ	50	±37	8	0.008
4038Ⅺ	60	±40	8	0.008
4040Ⅱ	70	±42	8	0.4
4040Ⅺ	70	±43	8	0.008
4042Ⅺ	80	±46	8	0.008
4048Ⅺ	150	±50	3	0.008
4101Ⅱ	2×6	±13	8	0.3
4111Ⅱ	2×10	±17	8	0.3
4121Ⅱ	2×15	±20	8	0.3
4131Ⅱ	2×20	±23	8	0.3
4141Ⅱ	2×25	±26	8	0.3
4151Ⅱ	2×30	±27	8	0.3
4161Ⅱ	2×35	±30	8	0.3
4171Ⅱ	2×40	±32	8	0.3
4181Ⅱ	2×45	±33	8	0.3
4191Ⅱ	2×50	±35	8	0.3
4773	2×10	±19	8	0.02
4793	2×15	±22	8	0.02
4803	2×20	±24	8	0.02
4813	2×20	±24	8	0.02
4833	2×25	±25	8	0.02
4843	2×30	±27	8	0.02
4853	2×30	±27	8	0.02

3.2.3 放大器的电源电路及保护电路

1. 放大器的电源电路

放大器的电源电路大都采用交流稳压电源供电，其稳压原理与普通稳压电源相同。这里主要介绍放大器电源与普通稳压电源的不同之处。电源性能的优劣对高保真立体声放大器放音质量的好坏有极大影响。音响系统对电源的要求是：输出电压稳定、波纹系数小、输出功率足够、内阻小、50 Hz 杂散磁场干扰小。

1) 稳压电源中的关键部件

稳压电源最关键的部件是变压器和滤波电容。为了使功放尽量工作在线性区，电源容量取值很大，总容量通常选在几百瓦，甚至上千瓦。为了保证输出波纹系数小，并满足大动态的要求，滤波电容通常选在几万微法，甚至十几万微法。

对电源变压器除了容量上的要求以外，其他方面的要求也较高。早期的电源变压器多采用传统的方形变压器，因其漏磁大而且易产生干扰，近年逐步被环形变压器所取代。环形变压器具有用料少、重量轻、磁阻小、外界干扰小、空载电流小、自身杂散磁场低等特点。在使用方式上，早期的放大器多采用一只变压器供电，其最明显的弱点是左、右声道容易发生串扰，影响声像定位与清晰度。而近年制造的放大器，大多是左、右声道分别由独立的变压器供电。由此获得的音质改善的效果，不是用更换晶体管、电阻、电容以及改变电路等其他方法所能得到的。电源变压器采取独立分离方式，功放音质会得到明显改善，效果特别好。

2) 功放用开关电源

近年来，功放专用开关电源在国内开始受到重视。目前，功放电路由于采用了新技术、新器件、新工艺，其性能指标已相当高。与功放电源相比，功放对音质的影响相对来说少多了。电源性能的好坏对音质的影响尤为突出。电源的成分越纯净，内阻越小，音质越好。尽管人们在电源上投资较大，采用上千瓦的环形变压器，几十安培的整流，几万至几十万微法的大滤波电容，在电路结构上采用双环形变压器，双全波高速整流线路，使供电质量得到了很大的提高，但是电源仍是传统的低频电源，它不但体积大、分量重、电损耗大，更重要的是阻止了功放音质的进一步提高。因此，人们把注意力集中到了开关稳压电源上。高频开关稳压电源具有高稳定性和高瞬态响应，能适应功放的大动态要求，是较为理想的功放电源，也是功放电源的发展方向。关于高频开关电源的工作原理可参考有关的书籍，这里仅向大家介绍它的优点。

功放专用开关电源体积小、重量轻、功率大、效率高，用在功放中，给电路设计和布局带来了方便。工作频率为 100 kHz 的开关电源内阻低、速度高，使功放频带能得到扩展，并且增加了功放瞬态响应的速度。

用高频开关电源供电的功放最主要的优点是：功放音质将有明显的提高，功放的音域更加宽广，高音清晰细腻，中音娇嫩甜润，低音更具有震撼力。一些很一般的功放，一旦换用开关电源，高低音将有明显的提升，音色变得亲切柔和。同时，由于高频开关电源的高频特性好，使功放的声场宽阔、定位准确，特别是由于该种电源的稳定性好，功放的工作点不会随输出功率的变化而变化。在大音量时，声场照样稳定，乐器聚焦准确。

3) 电子管放大器的电源

对于电子管放大器的电源，这里主要介绍用于功放时应特别注意的一些问题。因为在音响功放中，对电源的要求更高一些。首先，在滤波电容容量方面，取值应尽量大一些，通常应在几千微法以上，这样会使功放电源的波纹系数大大减小；其次，对于电子管的灯丝，应尽量采用直流供电，以避免交流供电时的交流纹波通过灯丝与阴极、栅极间的耦合电容串入阴、栅极，从而产生较大的噪声。在电路设计中，应尽量考虑将灯丝电压设计成软启动，使灯丝电压逐渐升高，提高灯丝寿命。

2. 功率放大器保护电路

功率放大器工作在高电压、大电流、重负荷的条件下，当放大器的输入或输出负载短路时，输出管会因流过的电流过大而被烧坏。另外，在强信号输入或开机、关机时，扬声器也会经不起大电流的冲击而损坏。因此，必须对大功率音响设备的功率放大器设置保护电路。

常用的电子保护电路有切断负载式、分流式、切断信号式和切断电源式等几种，其方框图如图 3 - 17 所示。

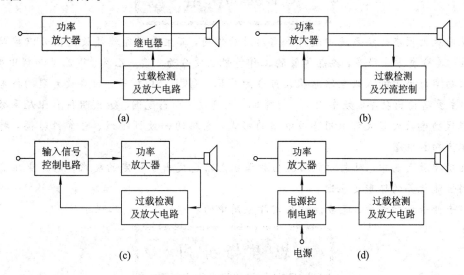

图 3 - 17　保护电路方框图
(a) 切断负载式；(b) 分流式；(c) 切断信号式；(d) 切断电源式

切断负载式保护电路主要由过载检测及放大电路、继电器两部分所组成。当放大器输出过载或中点电位偏离零点较大时，过载检测电路输出过载信号，经放大后启动继电器动作，使扬声器断开，从而保护了扬声器。

在分流式保护电路中，当输出过载时，过载检测电路输出过载信号，控制并联在两只功率管基极之间的分流电路，使其内阻减小，分流增加，减小了大功率管的输出电流，保护功率管和扬声器。

切断信号式和切断电源式保护电路的工作原理与前两种方式基本相同。不同的是，仅用过载信号去控制输入信号控制电路或电源控制电路，切断输入信号或电源。这两种保护电路对其他原因导致的过载不具备保护能力，且切断电源式保护电路对电源的冲击较大，因此，实际中使用得较少。图 3 - 18 为切断负载式保护电路，其工作过程如下：当电路过载时，整流桥将此信号检测出来，使 V_1 导通，V_2 截止，V_3 导通，继电器吸合，左、右扬声器断开，电路得以保护。

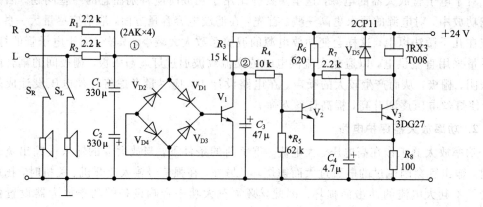

图 3-18　切断负载式保护电路

本 章 小 结

　　功率放大器在音响系统中起着承前启后的作用，其主要任务就是放大信号以推动扬声器系统。其分类方法很多，按晶体管的工作特性主要分为甲类、乙类、甲乙类和超甲类，按晶体管功率放大器的末级电路结构又可分为 OTL、OCL、BTL 等。功率放大器的技术指标很多，主要有输出功率、频率响应、信噪比、失真度、动态范围、输出阻抗和阻尼系数等。

　　现代功率放大器大都采用集成电路的形式，电路的一致性较好、可靠性较高，特别适合立体声功放电路。

　　在功率放大器中，对电源电路及功放保护电路也提出了一定的要求，电源变压器应尽量采用性能优异的环形变压器。

　　在专业音响功放中，还应注意在实际应用中的功率匹配及电路保护问题。

思 考 与 练 习

　　3.1　功率放大器的作用是什么？其主要技术指标有哪些？

　　3.2　定压式功放和定阻式功放分别用在什么地方？

　　3.3　OTL、OCL、BTL、DC 电路的特点是什么？

　　3.4　试用 STK 系列集成电路设计一功率放大器，要求其输出功率为 2×30 W，工作电压为 ± 28 V，负载为 $8\ \Omega$，谐波失真 $<0.08\%$。

　　3.5　功放由开关电源供电有哪些优点？

　　3.6　功放保护电路有哪几种形式？画出其方框图。

　　3.7　在扩声系统中如何选择功放？

第 4 章 调 音 台

4.1 概 述

调音台实际上是一个音频信号混合控制台(Audio Mixing Controller),也称做调声控制台。它是包括录音、扩声等音响系统的控制中心,它不仅是声音信号的调度司令台,而且是各种警示信号、监听信号的控制司令台。通常我们所说的调音,其中一个主要步骤就是根据声源(或者说节目)的特点对调音台进行操作。

调音台可以接受多路不同阻抗、不同电平的输入声源信号,并对这些信号进行放大及处理,然后按不同的音量对信号进行混合、重新分配或编组,产生一路或多路输出。通过调音台还可以对各路输入信号进行监听。

4.1.1 调音台的主要功能

1. 放大

调音台的首要任务是对来自话筒、卡座、电子乐器等声源的大小不等的低电平信号按要求进行放大。在放大过程中还必须对信号进行调整和平衡,所以信号经放大后有可能还要对其适当加以衰减,然后再次放大,最后达到下级设备所需要的电平。一般,调音台内设置的放大器有:前置放大器,也称输入放大器;节目放大器,也称混合放大器或中间放大器;线路放大器,也称输出放大器。对调音台放大器的质量要求很高,要求有优良的电声指标(包括频率响应、谐波失真及信噪比等),并要能与不同的节目源(即声源)设备相匹配。

2. 混合

调音台具有多个输入通道或输入端口,例如连接有线话筒的话筒(MIC)输入、连接有源声源设备的线路(LINE)输入、连接信号处理设备的断点插入(INSERT)和信号返回(RETURN)等。调音台对这些端口的输入信号进行技术上的加工和艺术上的处理后,混合成一路或多路输出。信号混合是调音台最基本的功能,从这个意义上讲,调音台又是一个"混音台"。

3. 分配

调音台通常都具有多个输出通道或输出端口,主要包括:单声道(MONO)输出,立体声(STEREO)主输出,监听(MONITOR)、辅助(AUX)、编组(GROUP)输出等。调音台要将混合后的输入信号按照不同的需求分配给各输出通道,为下级设备提供信号。同时,要求接通或断开某输出通道时，不能影响其他输出通道。

4. 音量控制

由于调音台输入和输出都具有多个通道，因此需要对各通道信号进行音量控制，以达到音量平衡，这也是调音台的重要功能之一。在调音台中，音量控制器一般称做衰减器。现代调音台的衰减器通常采用线性推拉式电位器，俗称推子。

5. 均衡与滤波

由于放（录）音环境（如建筑结构等）对不同频率成分吸收或反射的量不同，再加上音响元器件或整机设备的电声指标不完善，从而使话筒拾音或扩声系统放音出现"声缺陷"，影响节目的艺术效果；有时，演员或乐器也可能因声部不同而对放（录）音的要求不同。因此，调音台的每一个输入通道都设有均衡器或滤波器，通过调整可以弥补"缺陷"，提高音频信号的质量，以达到频率平衡这一基本要求。在现代音响设备中，还专门配备有多段频率均衡器设备。

6. 压缩与限幅

调音台输入声源的信号电平和动态范围各不相同，电声器件也会导致信号的非线性失真。因此，在调音台放大器电路上要采取相应措施，例如在线路放大器上采用扩展、压缩、限幅放大电路等。有些调音台还专门为了平衡动态范围而设置了"压缩/限幅器（Compressor/Limiter）"。现代音响设备中也有专门的压缩/限幅器、扩展器等设备供选择。

7. 声像定位

调音台各输入、输出通道都有一个用于声像方位（Panorama）选择的电位器，称为声像电位器或全景电位器。用它来调节信号在左、右声道的立体声分配或制造立体声效果，使声源具有立体声方位感。

8. 监听

在对调音台进行调音的过程中，要经常对声源信号和经过加工处理的音色质量进行监测，为系统调音提供依据。一般在调音台上都设有耳机插孔和相应的音量控制电位器，可以单独监听各路输入信号或输出信号，也可以有选择地监听混合信号。有条件时（如在音控室）还可以通过调音台某输出端口用扬声器系统实施总监听。

9. 信号显示

调音台上均设有音量表或数字化发光二极管指示光柱，以便调音师在监听的同时，可以通过视觉对信号电平进行监测。利用音量表或发光二极管的指示，并结合音量控制电位器的位置，以判断调音台内各部件是否正常工作，并可以观察按艺术要求对信号进行的动态压缩。

音量表一般采用准平均值音量表，即 VU 表，也有选用准峰值（PPM）表的，较高档的还设有转换开关，可改变两种数值的显示。现代调音台，特别是高档产品，更多地使用数字化发光二极管指示光柱，使视觉监测更加方便。

10. 振荡器测试

为了检验音响系统的技术指标及工作状态，有些调音台内部设置了振荡组件作为测试声源，产生音频振荡信号供试机使用。一般调音台提供一个 1 kHz 的声源，高档调音台可提供 10 kHz、1 kHz、100 Hz、50 Hz 四个频率的声源,有些高档调音台甚至可以提供试机用的粉红噪声。

11. 通信与对讲

调音台上还专门设有一个通信话筒接口,可接入一个动圈式话筒,供音响操作人员与演出单位对讲使用。当开启调音台上的对讲开关时,除接通通信话筒外,同时将其他话筒从节目传送系统转接到通信对讲系统。

以上所述的各种基本功能,并非所有调音台都具备,而是根据调音台的档次不同及使用场合不同而定。例如,用于录音制作和剧院演出的大型专业调音台,其具备的功能较多,结构也较复杂,价格昂贵;而一般娱乐用调音台就相对简单一些。

4.1.2 调音台的分类

调音台的种类很多,并且有多种不同的分类方法。

按其使用形式可分为大型固定式调音台、中小型半固定式调音台和小型便携式调音台等。

按其用途可分为录音调音台和扩音调音台等。通常录音调音台主要用于录音棚的录音制作系统,其功能较多,结构也非常复杂。本书主要讨论用于扩声系统的扩音调音台。

就扩音调音台而言,按其功能和结构不同又可分为普通调音台、编组输出调音台以及带混响和功放的调音台。普通调音台结构比较简单,通常只有立体声主输出、单声道输出和辅助输出等,均衡器段数也较少;编组输出调音台的结构相对复杂,除具有上述输出外,还带有四个以上的编组输出或矩阵输出等,均衡器段数也较多且具有扫频功能;带混响和(或)功放的调音台一般是在普通调音台的基础上增加了混响器和(或)音频功率放大器,是一种混响和(或)功放一体化的调音台。

调音台还可按其使用场合的不同划分出更多的种类,如:录音棚用的大型专业录音调音台;剧院、音乐厅等用的大型专业扩音调音台;现场采访或实况转播用的中小型移动式或便携式调音台;一般歌舞厅用的中小型娱乐级扩音调音台等。还有卡拉 OK 厅专用的AV 混音控制台及家用卡拉 OK 放大器、卡拉 OK 伴唱机等,严格来说,这类设备在专业上不能称其为调音台,但它们都具有与调音台类似的混音功能。

4.1.3 调音台的结构

调音台一般都有多个输入端口和多个输出端口,同时还设有与各端口相对应的多个控制旋钮和按键等,从而构成不同的输入/输出通道。因此,习惯上将调音台的基本结构分为两大部分,即由输入组件构成的输入通道和由输出组件构成的输出通道或称主控部分。其中,输入通道部分是指包括单声道输入和立体声输入在内的各路输入通道,主控部分是指包括立体声主输出和辅助、编组等输出在内的各路输出通道,立体声返回通常也设在主控部分,它们都连接在调音台的总体母线(称为总线或母线)上。

此外,调音台各单元组件均采用接插件式。信号通过插座与母线相接,而母线多制作在印刷电路基板上。新型调音台还采用无屏蔽扁平电缆,通过隔离电阻和面板的分配器与输入组件接通,可任意组合调音台的输入通路。各种功能的控制器(即各功能键钮)及接线端口都牢固地安装在面板上,操作轻便,易于观察和调整,并可通过接插件和电缆方便地与其他设备连接。

4.1.4 调音台的技术指标

不同的调音台，其产品说明书中可能会罗列多项指标，其主要技术指标有以下几方面的内容。

1. 增益(Gain)

增益一般是指调音台的最大增益，即通道增益控制器置于灵敏度最高位置，其数值应为 80～90 dB。该增益足以满足灵敏度最低的传声器对放大器的要求，调音台要有约 20 dB 电平储备值。

2. 频率响应(Frequency Response)

这项指标是在通道中所有均衡器或音调控制器和滤波器都在"平线"(即任何频段不提升也不衰减，滤波器断开不用)位置时进行测量所得的值。一般调音台要求带宽为 30 Hz～15 kHz，频率不均匀度小于 ±1 dB；高档调音台要求带宽为 20 Hz～20 kHz，频率不均匀度小于 ±0.5 dB。

3. 等效噪声和信噪比(Equivalent Input Noise and S/N Ratio)

调音台输入通道一般都设有传声器输入和线路输入。传声器输入用折算到输入端的等效噪声电平来表示；线路输入则用 0 dB 增益时的信噪比来表示。

输入端等效噪声电平等于输出端噪声电平与调音台增益之差。

由于调音台噪声主要来自前置放大器，当它的增益一定时，噪声是恒定的。而调音台的音量衰减器是可调整的，这样测得的信噪比也就不一致。但是，输入端等效噪声电平却是不变的，这一指标能比较准确地表明"输入"前置放大器部件的噪声性能，故被采用。

线路输入以信噪比表示其噪声指标，它是单独一路的输入/输出单元的质量指标，一般大于 80 dB。

4. 非线性失真(Distortion)

非线性失真是指在整个传输频带内的"总谐波失真"，一般调音台都小于 0.1%，较高档的调音台则小于 0.05%。

5. 分离度(Impedance)或串音(Crosstalk)

分离度或串音指相邻通道之间的隔音度。高频隔音度往往比低频隔音度差，一般要求在 60～70 dB 以上。有些产品还标明总线之间的分离度，它应比通道之间更严格，一般在 70～80 dB 以上。

4.2 调音台的基本原理

调音台具有多个输入通道和输出通道，而且它的基本功能之一就是要将多路输入信号混合后重新分配到各输出通道。因此，调音台的信号流程是多向的，其基本原理框图及电平图如图 4-1 所示。

4.2.1 信号输入

调音台每路输入通道都设有低阻抗话筒(MIC)输入端和高阻抗线路(LINE)输入端，

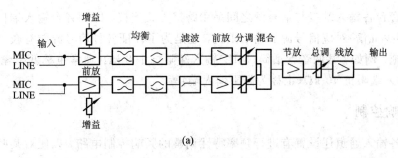

(a)

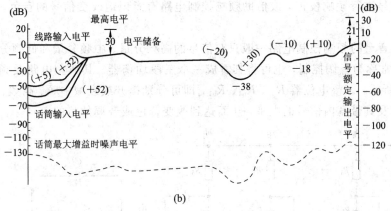

(b)

图 4 - 1 调音台基本原理框图和电平图

(a) 方框图；(b) 电平图

分别用来连接传声器和有源设备。现代调音台大多将话筒输入和线路输入结合起来，使用同一路前置放大器。该放大器实际为差动(平衡)输入运算放大器，其原理示意图如图 4 - 2 所示。由于传声器信号很微弱而有源设备信号电平较高，因此，要求放大器应有较高的增益调节范围，通常在 60～70 dB 以上。输入信号经电平提升后，再送到电平调整器(实际上是一个衰减器)上来控制信号强度。这种先将信号电平提升再进行电平衰减调整的方式，是为了降低通路中固有噪声对声音信号的干扰，以保证信号在通路中能有足够高的信噪比。如果直接对传声器等输入的弱信号进行电平调整，则电平调整器引入的感应噪声、放大器本身的热噪声以及调节噪声的影响势必增加。

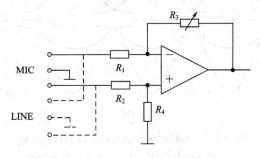

图 4 - 2 前置放大器原理示意图

通常，调音台的输入端口都是平衡式的，而后面的电路是不平衡的，因此输入信号要经过平衡/不平衡转换才能送入后面的电路。调音台之所以采用平衡式输入(多数为浮地式平衡)，是为了减少各信号源向调音台送信号时感应噪声和它们的信号互串。

现代调音台各输入端口与信号源之间采用跨接方式连接，即调音台输入端口的输入阻抗远大于(至少五倍)对应信号源的输出阻抗，这是为了保证各种信号源能有较高技术指标而采取的措施。例如，某调音台话筒(MIC)输入端阻抗 1.8 kΩ(通常也称低阻输入端)，线路(LINE)输入端阻抗 10 kΩ(也称为高阻输入端)等。

4.2.2　频响控制

调音台各输入通道还设置有进行频率特性调整的频响控制电路，以便对某些有频率特性欠缺的信号进行频响校正，或借助频响控制电路有意识地改变信号的音色，达到某种特殊的效果。

普通调音台的频响控制电路一般只对信号的高频分量、中频分量和低频分量进行提升或衰减，通常称为音调控制，也可将其看成一个三段均衡器。其典型电路及频响控制曲线如图 4-3 所示，调整电位器 R_{p1}、R_{p2}、R_{p3}，即可分别提升或衰减中频、高频、低频对应的中心频率点及其带宽内信号的电平，从而达到改变音色或音调的目的。

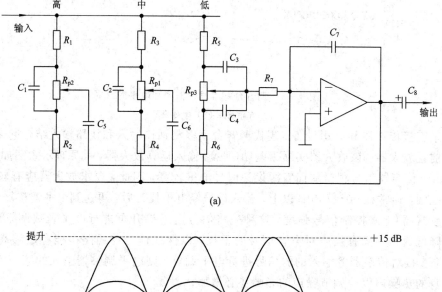

(a)

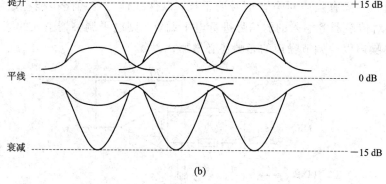

(b)

图 4-3　音调控制电路和频响控制特性曲线

(a) 音调控制电路；(b) 频响控制特性曲线

高档调音台的频率控制电路通常采用四频段以上的多频段均衡器，这种电路将音频全频带或其主要部分分成多个频率点进行提升和衰减，而且有些频段的中心频率点还可以调整，各频率点间互不影响，从而可以对音色进行更细致的调整。有关多频段均衡器的原理将在第 5 章中详细讨论。

此外，有些调音台的输入通道还设有高、低频频带限制电路，也就是高、低通滤波器，以满足某些特殊音色的需要或消除高、低频噪声及干扰。

4.2.3　电平调整

调音台各输入通道和输出通道均设有电平调整器，也就是音量控制器。输入通道的电平调整器通常称为分电平调整（简称分调），它只能控制对应输入通道送至信号混合电路的电平，输出通道的电平调整器设在节目放大器之后，称为总电平调整器（简称总调），用来调整混合以后的信号送到输出端口的总电平如图 4-1 所示。

调音台大多采用无源式电平控制器，它是利用电位器分压原理来实现的，如图 4-4 所示。

电位器可采用旋转式或推拉式结构。为了使调整方便且直观，现代调音台多采用直线推拉式电位器作电平控制器，对信号实施衰减调整，从而控制信号电平以改变音量。因此习惯上将电平控制器称为电平（或音量）衰减器。调音台对这种电位器的质量要求很高，必须调整平滑（即电位器线性要好）、噪声小、寿命长。

新式调音台的电平控制还采用了先进的有源电子衰减器，它实际上是一个放大电路，从外部控制直流电压来调整通道信号电平，称为压控放大器（Voltage Controlled Amplifier，简称 VCA），如图 4-5 所示。

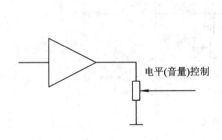

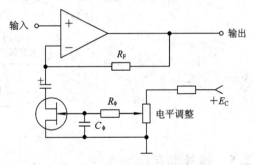

图 4-4　电平控制器原理电路　　　　　图 4-5　电子衰减器电路

调整电位器抽头位置时，即改变了场效应管的栅极偏压，从而使漏-源两极等效电阻随之改变，运算放大器的负反馈量也发生变化，达到调整电平的目的。由于电子衰减器不是用电位器去直接控制信号，因此能消除调节时的滑动噪声，而且便于实现先进的遥控和自动调整功能。例如，高档家用组合音响的音量控制器就是采用电子衰减器来实现遥控的。

4.2.4　声像方位控制

调音台各输入通道都专门设有一个方位控制器（Panorama Potentiometer，简称 PAN POT），它是由一只同轴电位器构成的，如图 4-6（a）所示。其作用是将对应输入通道的单声道输入信号按一定比例分配到立体声输出的左声道和右声道上，获得听觉上不同声像位置的效果，从而使听众能够感觉到不同声源的位置。这实际上就是把各单声道输入信号合成为具有立体声效果的节目输出。

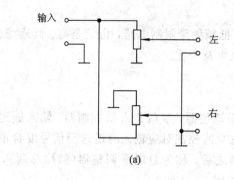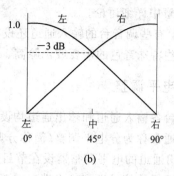

图 4 - 6　声像控制电路简图和声像控制特性曲线
(a) 声像控制电路简图；(b) 声像控制特性曲线

图 4 - 6(a) 中，当电位器动臂置于中点位置时，送至左右两声道的信号大小相等，声像方位在正中央；当改变电位器动臂位置时，就会使输入通道送至左、右两声道的信号比例不同，从而使声像方位向左或向右移动，使听者感觉到该通道的声源偏左或偏右，这就是所谓的立体声声像方位。声像控制特性曲线如图 4 - 6(b) 所示。

对于民用立体声扩音机、卡拉 OK 机等立体声设备，左右两个声道相对音量输出的调整，是通过平衡控制 (Balance Control) 电位器进行的，如图 4 - 7 所示。

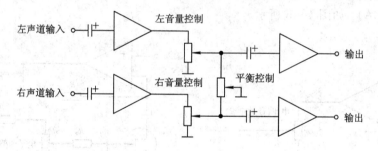

图 4 - 7　平衡控制

4.2.5　信号混合

调音台输入信号通过各自的分电平调整器控制电平比例，然后混合在一起，按要求送到各路输出。信号混合是通过混合电路来完成的。调音台的混合电路就是将输入信号合成为节目所需的声道信号（单声节目为一个声道，立体声节目为两个或四个声道等）的电路。

按照混合方式，混合电路可分为电压混合（高阻混合）电路、电流混合（低阻混合）电路和功率混合（匹配混合）电路。

1. 电压混合电路

电压混合电路是在节目放大器为高输入阻抗时的混合电路。为了使混合电路既起到混合信号的作用又不影响前面电路的正常工作（包括使前面电路的工作负载符合要求，并且隔离各路输出端），信号混合时应在每一输入路的输出端接入一个高阻值的电阻 r（混合电阻），如图 4 - 8 所示。

由于电压混合电路的混合总阻抗较高，其本身的热噪声大，而且抗干扰能力差，一般调音台是不采用的，它多用在简单的民用电声设备上。

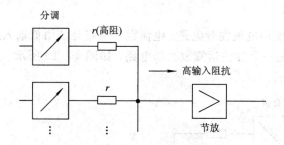

图 4 - 8 电压混合电路

2. 功率混合电路

功率混合电路是调音台使用的一种混合电路，其原理框图如图 4 - 9 所示。为了既混合信号又隔离各路输出，需要在该电路每一输入路的输出端设置混合电阻 r，其阻值应使每一输入路的输出端与后面节目放大器的输入端达到阻抗匹配。

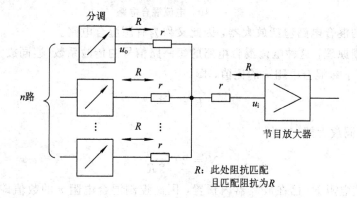

图 4 - 9 功率混合电路

由于功率混合电路有匹配的要求，其混合电阻的阻值必须满足下列匹配关系式

$$\frac{R+r}{n} + r = R \qquad (4-1)$$

式中：R——阻抗匹配点的匹配电阻值，即前面输入路的输出阻抗和后面节目放大器的输入阻抗值；

　　　r——混合电阻的阻抗；

　　　n——混合路数。

因此，混合电阻值为

$$r = \frac{n-1}{n+1} R$$

这种混合电路会引起每一路信号电压的衰减。对于每一路信号，经混合后其电压传输系数为

$$K = \frac{u_i}{u_o} = \frac{R}{R+(1+n)r} = \frac{1}{n} \qquad (4-2)$$

可见，混合路数越多，每一路输入信号的混合衰减量越大，这就意味着降低了后面节目放大器的输入信号电平，对节目放大器输入处的信噪比指标不利。因此，这种功率混合方式不宜在混合路数较多的电路中使用，通常限制混合路数不超过 10 路(即 $n \leqslant 10$)。

3. 电流混合电路

现代调音台广泛使用电流混合电路。电流混合电路是使用低输入阻抗节目放大器时的混合电路，它实际上是一个加法运算放大器电路，如图 4 – 10 所示。这里的运算放大器也就是后面的节目放大器。

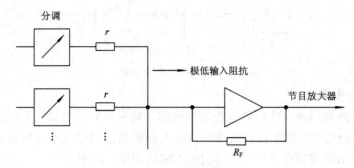

图 4 – 10 电流混合电路

由于这时的混合电路包括放大器，因此又称为有源混合电路。

根据负反馈原理，这种电流混合电路的每一路信号的传输系数（连同放大器）K 应取决于负反馈电阻 R_F 和混合电阻 r 的比值，即

$$K = \frac{R_F}{r} \tag{4 – 3}$$

混合衰减量（连同放大器）N 为

$$N = 20 \lg \frac{r}{R_F} \tag{4 – 4}$$

通常，反馈电阻 R_F 已在放大器内预置，因此控制混合电阻 r 的数值即可达到所需的衰减量。

当前面输入路的输出端需要阻抗匹配时，混合电阻 r 可取值为所需的匹配阻抗值。当然，这时的混合衰减也就随之固定下来。若需更改混合衰减量，就必须变更放大器反馈电阻 R_F 的数值。

由于电流混合电路的混合点阻抗很低（放大器采用输入端并联负反馈，一般只有几欧姆），因此不但可以降低各输入路信号通过混合的互串，而且也有利于改善节目放大器的等效输入噪声指标（当然这个噪声的大小与混合电阻的阻值以及混合路数也有关）。由于这些优点，目前调音台大多都采用电流混合电路。

4.2.6 节目放大

调音台各输入通道的输入信号混合以后即成为节目信号，因此混合电路以后紧跟着的放大器（在电流混合时，该放大器已与混合电路组成一体）就是节目放大器，又称混合放大器或中间放大器，简称"节放"、"混放"或"中放"等。现代调音台的节目放大器多采用集成运算放大电路（如图 4 – 10 所示）。

节目放大器是将混合后已经变弱的信号再次放大以便进入总电平调整放大器。在电流混合电路中节目放大器又起着加法运算放大器的作用。

4.2.7　线路放大

调音台最终输出的放大器就是线路放大器，也称做输出放大器，简称"线放"。它装在混合(或称输出)总线(BUS)之后，担负着将节目电平提升到所需值和将输出阻抗变换到所需值的任务，以供录音、监听或信号的传输之用。与"节放"相同，其电路也采用集成运算放大器电路。

当调音台用于录音或短距离传输信号(扩声系统即为此情况)时，线路放大器额定输出电压大致有以下一些规格：准平均值为 0.775 V(以 600 Ω、1 mW 为参数时，相当于 0 dB)、准平均值为 1.228 V(标准电压表的 0 V)、准平均值为 1.55 V(以 600 Ω、1 mW 为参数时，相当于为 +6 dB)、准平均值为 1 V(以 1 V 为参数时，相当于为 0 dB)、准峰值为 1.55 V(标准 PPM 的 0 dB)。

按照规定，要求调音台线路放大器输出与其负载之间以跨接方式连接，即把"线放"的输出阻抗设计得远小于(起码五分之一)额定负载阻抗，使"线放"基本上处于空载状态。这不但可以使"线放"达到较高的电声指标，而且负载配接也比较方便。

现代调音台线路放大器的输出阻抗大多在 200 Ω 以下。对于 1000 Ω 的额定负载，可以满足起码 5 倍比值的跨接要求。

4.3　调音台实际应用

为了使读者对调音台有一个更直观的了解，在这一节中我们将通过一个调音台实例，结合其面板结构及调音台的基本原理，讨论调音台的使用情况。

英国声艺(SOUNDCRAFT)LIVE 4.2 型(译作"实况 4.2")调音台是扩声系统中常用的档次和性价比较高的大中型调音台，其原理框图如图 4-11 所示。各单元均装在相应母线(BUS)上，实施信号混合和分配，它与前述调音台的基本原理是相同的。

LIVE 4.2 型调音台依据输入通道路数分为 12 路、16 路、24 路、32 路和 40 路五种规格(立体声输入不计在内)。它具有以下一些基本组件：

- 四编组输出，一组(两路)立体声主输出；
- 四段均衡，中间两段可选频；
- 18 dB/倍频程高通滤波器；
- 均衡器(EQ)旁路开关；
- 六组辅助输出，其中四组可选择衰减器推子前或后；
- 四组哑音编组作分场用途；
- 6×2 矩阵输出，提供额外两组独立混音输出；
- 除话筒及线路输入外，还有四组额外立体声输入(12 路的只有两组)；
- 四组立体声效果返回；
- 每组单声道输入设有独立倒相开关；
- 8 通道扩展组件(选购件)。

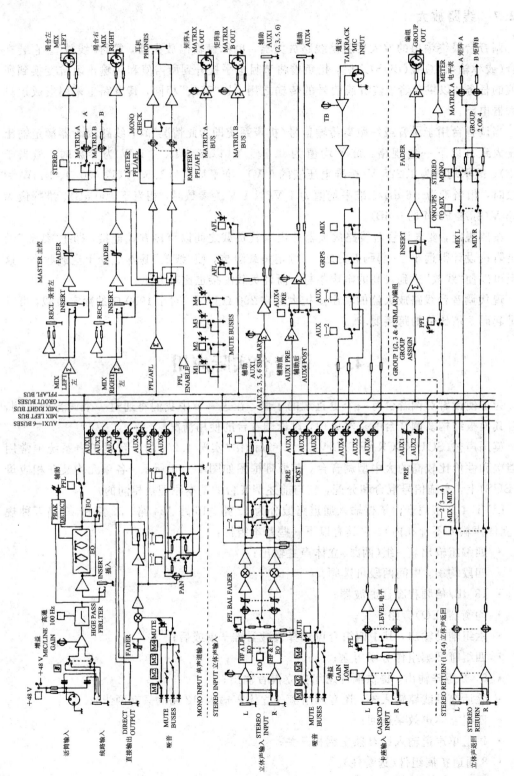

图 4 - 11 LIVE 4.2 原理框图

LIVE 4.2 型调音台产品技术指标如表 4 - 1 所列。

表 4 - 1 LIVE 4.2 技术指标

噪　　声		矩阵输出噪声		共模抑制比	
测量标准：RMS，22 Hz～22 kHz，线路输入，零增益，150 R		矩阵输出最大，送出拉下	−95 dBu	最大增益(1 kHz)	−85 dB
				任何增益(50 Hz)	−65 dB
混合噪声		等效输入噪声(EIN)		**输入/输出阻抗**	
26 通道混合送至总输出，推子零增益，哑音	−82 dBu	话筒输入，最大增益，150 R	−129 dBu	话筒输入	1.8 kΩ
				线路输入	10 kΩ
总输出拉下	−97 dBu	**串音(宽频带)**		立体声输入	8.6 kΩ
辅助输出噪声		衰减	>80 dB	卡座 CD 输入	12.8 kΩ
26 通道启动，输出最大，输入推子拉下	−84 dBu	辅助衰减	>80 dB	立体声返回	19 kΩ
		声像电位器	>70 dB	**输入/输出电平**	
直接输出噪声		隔邻通道串音干扰	>85 dB	话筒/线路最大	+28 dBu
输入至直接输出，零增益	−87 dBu	**频率响应**		立体声输入	+25 dBu
		20 Hz～20 kHz	−1 dB	卡座 CD 输入	+18 dBu
输入至直接输入，40 dB 增益	−77 dBu	**总谐波失真**		立体声返回	+22 dBu
		−10 dBu 输入送至混合输出，0＋20 dBu	<0.006％		

下面我们就结合该调音台的面板结构，讨论调音台的主要功能及应用。

4.3.1　输入通道部分(INPUT CHANNEL)

调音台有多个输入通道，它们具有相同的功能和特性，而且为单声道输入，其面板结构如图 4 - 12 所示。

1. 接线端口

1) 话筒(MIC)输入和线路(LINE)输入

调音台各输入通道上都设有一个话筒输入端口和一个线路输入端口，它们都是平衡式输入端口。话筒输入端口采用 XLR(卡侬)插件，可接受各种平衡或不平衡话筒信号(有关音响系统接插件及平衡/不平衡转换的内容将在第 7 章中介绍)；线路输入端口采用1/4 英寸(6.35) 直插件，可接受各种平衡或不平衡输出的声源。例如电子乐器或无线话筒接收机等，卡座、CD 机等也可从这里输入。

顺便指出，有些调音台的话筒输入端和线路输入端口分别标示为 Lo−Z 和 Hi−Z，即低阻抗输入和高阻抗输入。由于调音台的话筒输入端阻抗比线路输入端阻抗低，因此话筒输入端也称为低阻抗输入，而线路输入端也称为高阻抗输入。

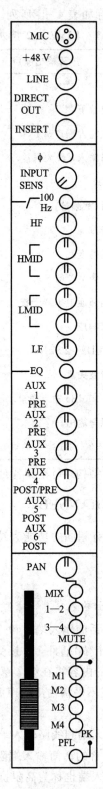

图 4 - 12　LIVE 4.2 输入通道面板结构

在话筒输入端还装有一个＋48 V 的直流幻象电源，它是为专业电容话筒提供工作电压的，通过幻象电源开关可控制其通断。有些调音台的幻象电源开关设置在各输入通道上，它们单独控制着各通道，相互间互不影响；还有很多调音台只设置一个总的幻象电源开关，它控制所有通道的话筒输入端所加的幻象电源，当某些话筒输入端(不一定是全部)需要接电容话筒时，就要接通此开关，这时每一路话筒输入端都加有＋48 V 的直流电压，以供电容话筒使用，此时并不影响动圈话筒的正常使用。需要注意的是，当幻象电源接通时，话筒输入端不可误接其他有源设备，以免使其损坏。当然，当系统中不使用电容话筒时，最好将幻象电源切断。

调音台为电容话筒提供 48 V 直流电源的幻象电源原理电路如图 4－13 所示。所谓"幻象(PHANTOM)电路"是指没有专用的导线而能传输电流的一种电路。电容话筒与调音台之间原有的双芯屏蔽电缆传输音频电流，同时该电缆内的两条导线按同一电位接直流电的一极，隔离网状外皮则作为直流电另一极的接线，音频与直流互不干扰，节省了两条导线。

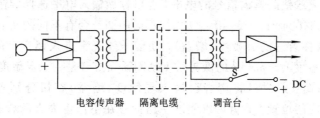

电容传声器　隔离电缆　　调音台

图 4－13　幻象电源原理电路

必须指出，由于话筒输入与线路输入共用一个通道，因此调音台输入通道的话筒输入端和线路输入端不能同时使用。也就是说，当某通道话筒输入端接有话筒时，该通道线路输入端就不得接入其他设备。有些调音台还专门设置有话筒/线路输入切换开关，以便用户使用，但此时要注意通道增益(输入灵敏度)的调节。

2）插入(INSERT)

调音台各输入通道都设有一个插入端口，使用 1/4 英寸平衡直插件，直接与话筒放大器之后的放大器电路相连(如图 4－11 所示)，主要用于外接其他音频信号处理设备，以便对所在通道的话筒输入信号或线路输入信号进行加工处理。此端口不接入设备(悬空)时，不影响信号传输。

插入端口是一个特殊的端口，通常称之为断点插入。平衡插件的两个信号端子对调音台而言是"一入一出"，插件的"尖"部是调音台的输出端，与外接设备输入端相连；而插件的"环"部是调音台的输入端，与外接设备的输出端相连。这样，从话筒或线路端口输入的声源信号，经插入端口的"尖"部输出至外接设备，加工处理后再经插入端口的"环"部送到本通道的后部电路与其他通道的信号混合，在调音台各输出端得到的该通道信号是一个加工处理后的信号。

3）直接输出(DIRECT OUT)

有些高档调音台各输入通道专门设置了直接输出端口，也使用平衡式 1/4 英寸直插件，并直接输出该通道输入的声源信号。它通常设在推子后/均衡后输出(如图 4－11 所示)，主要用于外接效果处理器或多声轨录音机。它实际可看成是调音台的输出通道，只是它输出的信号是对应输入通道的独立信号，而不是混合后的节目信号。

2. 键钮功能

1）幻象电源开关（+48 V）

该开关用于控制供给话筒输入端+48 V 直流幻象电源的通断。按下此键接通幻象电源，反之断开。

2）相位倒相开关（∅）

当有多个话筒同时使用时，可能会发生相位问题，可以通过此开关倒相。按下此键，对应通道话筒输入信号倒相，反之不倒相。通常只有大型高档调音台才设置此开关。

3）输入灵敏度旋钮（INPUT SENS）

有些调音台将该旋钮称为增益旋钮（GAIN），这是一个对应放大器的控制电位器（如图 4-11 所示）。该电位器应使用低噪声电位器（下面介绍的所谓"旋钮"实际上都是接于相应功能单元电路上的旋转式低噪声电位器，以后不再说明），它用来调整或选择该放大器的增益量，以适应话筒或线路输入信号的电平，也可称做输入电平选择旋钮。

当输入信号电平在+6～−60 dB 之间时（不同的调音台有不同的调节范围），可以通过该旋钮来调整或选择合适的灵敏度（增益），使信号能正常进入调音台的工作电路中。例如，声源是一只灵敏度为−55 dB 的低灵敏度动圈话筒或者是一只灵敏度为−35～−45 dB 的高灵敏度电容话筒。这时可将调音台输入灵敏度（增益）旋钮分别置于−55 dB 或者−35～−45 dB 相应的位置上，就可以使这一路信号在不产生失真的状态下正常工作。对于线路输入端输入的其他声源，同样可以按要求进行调整。

有些调音台的输入灵敏度（增益）调节范围较小。因此这种调音台在各输入通道还设置了一个定值衰减器（PAD），通过面板上的按键控制。通常该衰减器的衰减量为 30 dB 左右，用来使某些高电平声源信号与调音台的电平相匹配，而不发生超载现象，以保证声源信号电平不超过调音台输入通道电平的动态范围，使之处在正常的工作状态。

4）滤波器旁通开关（$\diagup^{100\ Hz}$）

LIVE 4.2 型调音台各输入通道均设有下截止频率为 100 Hz、18 dB/倍频程的高通滤波器（High-Pass Filter，简称 HPF），专门用来过滤舞台脚踏噪音和喷话筒声。该滤波器在调音台面板上设有一个通断控制按键开关，按下此键滤波器接入电路。输入信号即通过滤波器，反之滤波器旁通。除非特殊情况，通常由线路输入的声源信号是不需要滤波的。

普通调音台一般不设置滤波器，而有些高档次调音台通常还设有低通滤波器，用以消除高频干扰噪声。

5）均衡器调节旋钮——频响控制

这组旋钮共有六个，对应调音台输入通道的四段均衡器（均衡器段数和功能不同，其旋钮个数也不同）。各输入通道均衡器是独立的，只对本通道信号起作用。

（1）高频电平调节旋钮（HF）。此旋钮用来控制进入该通道声源信号的高频率成分的电平，它对应一个固定中心频率（调音台不同中心频率也有所不同，LIVE 4.2 型为 12 kHz）、低 Q 值、宽频带带通滤波器（Band-Pass Filter，简称 BPF）。顺时针旋转此旋钮，信号的高频电平得到提升；反之则衰减。如果将此旋钮置于中心位置"0"位（12 点位置 0 dB），输入声源信号的高频率成分既不提升也不衰减。不同的调音台其最大提升量和最大衰减量不同,但它们是对称的,即最大提升量与最大衰减量相同。LIVE 4.2 型调音台的高频电平最大提升量和最大衰减量均为 15 dB。

(2) 高中频调节旋钮(HMID)。这里有两个作用不同的旋钮:

上面一个旋钮是扫频旋钮,用来选择高中频带通滤波器的中心频率。它对应一个高 Q 值、窄频带、中心频率在一定范围内(LIVE 4.2 型的扫频范围为 550 Hz~13 kHz)连续可调的带通滤波器。此旋钮顺时针调节,中心频率提高;反之,中心频率则降低。

下面一个旋钮是高中频成分电平调节旋钮,与上述高频成分电平调节旋钮相似。它控制输入声源信号中高中频成分电平的提升或衰减。

(3) 低中频调节旋钮(LMID)。这里也有两个旋钮,其作用与高中频调节旋钮对应的两个旋钮相同,只是对应的频段不同(LIVE 4.2 型低中频扫频范围 80 Hz~1.9 kHz),这里就不再赘述。

(4) 低频电平调节旋钮(LF)。该旋钮控制输入信号低频成分电平的提升和衰减。调整方法与前述高频电平调节旋钮相同。它也是对应一个低 Q 值、宽频带、固定中心频率的带通滤波器,只是其中心频率设在低频段(LIVE 4.2 型中心频率为 80 Hz)。

6) 均衡器旁通开关(EQ)

该按键开关控制着通道均衡器的接入或旁通。它可以比较本通道输入信号均衡前和均衡后的效果。

按下此键,均衡器接入输入通道。输入声源信号即可通过均衡器进行频率修正,此时均衡器各调节旋钮均起作用;反之,若不对输入信号进行频率修正,即抬起此键,输入信号对均衡器旁通而直接进入后面电路,此时均衡器各调节旋钮不起作用。

有些调音台不设均衡器旁通开关。这样,当不需要对输入信号进行频率修正时,均衡器对应各频率成分电平调节旋钮需置"0"位。

7) 辅助输出电平调节旋钮(AUX)——分电平调整

一般,调音台都设有几路辅助输出通道(LIVE 4.2 型有六路辅助输出),而且在调音台各输入通道均设有与辅助输出通道对应的辅助输出电平调节旋钮,用来控制相应输入通道分别送到各辅助总线(AUX1~6BUSES,如图 4 - 11 所示)上的信号电平。该信号与其他通道送到辅助总线的信号混合后,送至主控部分的辅助输出端口输出,作为下级设备的信号源。顺时针调节旋钮,送入辅助总线的信号电平增加;置"0"位时关闭,即该通道信号不送入辅助总线,辅助输出的节目信号中就不含这个输入通道的信号。

调音台的辅助输出信号可用作扩声系统的辅助扩声、舞台返送监听,也可用作调音室、演员休息室等其他场合的监听或录音等。辅助输出还可用来连接效果器等信号处理设备,此时辅助输出信号送入信号处理设备,经加工处理后,再从信号处理设备输出端送回到调音台主控部分的立体声返回(RETURN)端口,将信号送到立体声主输出总线(MIX LEFT BUS 及 MIX RIGHT BUS,如图 4 - 11 所示)和编组输入总线(GROUP BUSES,如图 4 - 11 所示)上,与其他输入通道信号混合后从以上两种输出端口输出。

调音台输入通道信号送入辅助总线的常用模式有两种:一种是信号不经输入通道的衰减器推子和均衡器处理直接送入总线,称为推子前/均衡前(PRE)模式;另一种是信号经输入通道的衰减器推子和均衡器处理后送入总线,称为推子后/均衡后(POST)模式。各调节旋钮和输出端口分别与之相对应,实际中使用哪种模式要视具体要求而定。一般情况下,在外接信号处理设备时选择推子后/均衡后模式,录音时也可选择此模式;用于辅助扩声或监听时,通常要外接专门的多频段均衡器,所以多数选择推子前/均衡前模式,有时也可选择推子后/均衡后模式,但此时辅助扩声或监听的声音会受到输入通道衰减器推子调节和均衡器调节的影响。

调音台的辅助输出还有另外一种模式,即推子前/均衡后模式。其意义与上述模式相似,其区别在于信号只通过均衡器而不进入推子。

LIVE 4.2 型调音台的辅助"1"、"2"和"3"均为推子前/均衡前模式,但通过内部跳线可更改为均衡后模式。辅助"3"还可通过内部跳线改为推子后;辅助"5"和"6"只设置于推子后/均衡后模式;辅助"4"比较特殊,它通常设置为推子后/均衡后模式,但通过设在主控部分的控制键(AUX4 PRE)可转换为推子前/均衡前模式。

8) 声像移位电位器(PAN)

该旋钮用来控制立体声声像的位置,或者说是对本通道输入信号进行立体声平衡处理。当旋钮置于"0"位,输入信号将以同样大小送入立体声主输出(扩声系统中的主扩声)的左(LEFT,简称 L)声道总线和右(RIGHT,简称 R)声道总线及各编组总线。当反时针调节旋钮时,送入左声道及编组"1"和编组"3"的信号较大(编组"1"和编组"3"可作为扩声系统中辅助扩声的左声道);反之,送入右声道及编组"2"和编组"4"的信号较大(编组"2"和编组"4"可作为扩声系统中辅助扩声的右声道)。

利用这个旋钮可以进行声源的声像定位。例如某乐器(声源)在舞台左侧位置,通过话筒拾音进入调音台,此时将声像电位器旋钮置于左方向(逆时针调节),这样扩声系统中的左路扬声器系统放出的声音较强,听众就会感到该乐器的声音来自自己的左方,与乐器所在位置一致。如果对整个乐队及歌唱演员的拾音进行类似立体声方位处理(即不同的声像定位),可使整个节目有明显的立体声方位感。

利用这个旋钮还可以制作立体声声场效果。例如,对涛声声源在 8 小节之中进行声像处理,使该旋钮从左逐渐旋至右(即从左到右顺时针调节)时,其音响效果是涛声从左逐渐向右拍向海岸,给听众以亲临大海、近闻不同方向海涛声浪的效果。

9) 输出通道选择开关(MIX、1—2、3—4)

这组按键开关用来把输入信号送至混合(L/R)或四编组输出。

(1) MIX:混合。按下此键,输入信号将送入立体声主输出的左(L)、右(R)两个声道;抬起此键,将切断送入立体声主输出的信号。左、右声道输出信号中不含该输入通道输入的信号。

(2) 1—2 和 3—4:与 MIX 键相同,分别对应编组"1"、编组"2"和编组"3"、编组"4"输出。

这组按键是相互独立的,按下或抬起某键,不影响其余按键的操作。若将输入信号送入上述所有输出通道,可将这组键全部按下。

顺便指出,编组输出多的调音台,这组键的个数也多;无编组输出的调音台,不需设置通道选择开关。

10) 哑音开关和哑音编组(MUTE、M_1、M_2、M_3、M_4)

大中型调音台的每个输入通道都备有哑音(MUTE,或称默音、静音)按键,按下时该通道信号被切断，不送入各输出通道，但不影响其他各输入通道。为了防止操作时出现"喀哧"等噪声，不能简单地用机械开关把电路切断，而应采用场效应管组成的电子开关来控制电路的电平。MUTE 键按下时，该通道信号大幅度衰减，从而获得"哑音"的效果(事实上，调音台及其他专业音响设备的选择键几乎都采用这种控制形式)。具体电路从略。

LIVE 4.2 型调音台还设置了哑音编组开关(M_1、M_2、M_3、M_4)，该开关与主控部分的哑音编组键配合，可以将哑音编为四组，独立控制哑音，此功能适宜用在演出中的分场，开关不同组合的话筒。

这组按键对应有一个指示灯(红色发光二极管)，指示其工作状态。

11) 衰减器推子(Fader)——分电平调整

这是一个线性推拉式低噪声电位器，称其为衰减器推子。由于它是用"衰减"来调整信号电平的，故通常称为衰减器推子(Fader)。

在调音台上用这个衰减器来控制本通道信号送入立体声主输出左、右声道和编组输出总线上的电平，也就是用推子控制音量的大小。同时，它也可用来调整各路话筒或声源之间的平衡。因为一场演出要使用很多话筒对不同声源拾音，有时还要使用电子乐器等其他线路输入的声源设备，这样就要通过这个衰减器来调节它们之间的电平比例，使之平衡。所以衰减器不仅仅只是一个普通意义上的音量电位器。

衰减器正常工作电平是 0 dB，即推子置于"0"位，此时输入信号不衰减也不提升。0 dB以上信号提升，0 dB 以下信号衰减。

在实际调音中，推子是与输入灵敏度旋钮配合使用的。一般情况下，其调节方法可按下列步骤进行：

(1) 将输入灵敏度旋钮调到最小位置，推子拉到最低位置；

(2) 将推子向上推到 0 dB 位置或更高位置，视实际情况而定；

(3) 慢慢提升输入灵敏度，当话筒将要产生啸叫时，再向反方向回调一点即可。

当然，不同的调音师有着不同的调音手法和习惯。有人将输入灵敏度开得较大，而将推子推得较低，送出的音量也足够大。但这样做时，假如误将推子推上去，信号电平就有可能过强，而使调音台输出过载，甚至损坏功率放大器或音箱。对于初学者来说，最好不要这样做。事实上，若输入灵敏度太高，即使推子推得很低，也有可能过载。

12) 预推子监听开关(PFL)及指示灯(PK)

预推子监听开关用来对本通道信号在选择衰减器前进行独立监听(Pre-Fader Listening)。

按下此键，本通道信号在未进入衰减器之前就送入预推子监听总线(DEL/AFL BUS，参见图 4-11)，通过调音台面板上耳机插孔接入的监听耳机，使调音师可以单独监听本通道信号的状态，同时可以通过调音台面板主控部分的 L/R 电平表单独对该通道的信号电平进行监视，从而在演出中为调音师调音监听提供方便。耳机音量可以通过调音台上的耳机音量电位器控制(设在主控部分)，且调整耳机音量时不影响总输出。在监听状态时，指示灯(PK)亮。指示灯是一个红色发光二极管。由于调音台各输入通道是独立的，因此可以同时监听一路或几路甚至于全部输入通道的信号，只要将对应通道的 PEL 键按下即可，这时各通道信号互不影响。

有些调音台将 PEL 键标示为"CUE"(选听)或"SOLO"(独听),其电路结构都是相似的,这里不再叙述。

指示灯(PK)还可用作本通道信号的峰值(Peak)指示。调音台正常使用时,PEL 键抬起,指示灯不亮。当本通道输入信号电平过强时,指示灯闪亮。当本通道信号的电平在将要产生削波失真前 3 dB 时,指示灯就会闪烁,提醒调音师要减小输入增益,即将输入灵敏度调低。

特别需要注意的是,当输入信号电平过高时,仅向下拉推子是不起作用的,这样只是减小了本通道信号在调音台输出的音量,而进入调音台的声源信号电平仍然很高,会使输入信号产生削波失真。因为峰值信号的取出点是在衰减器之前,即信号在进入衰减器之前已经失真。所以拉低推子是不会改善失真的,只有减小输入灵敏度,才能消除输入电平过高而引起的失真现象。

削波失真对音色质量有很大的影响。它破坏了音频信号的正弦波形,使其顶部削平而成梯形方波,如图 4－14 所示。这样,就把每个瞬间电平都在改变的交流音频信号变成梯形方波,产生上平台顶和下平台顶的直流成分。这个直流成分将损害扬声器单元。

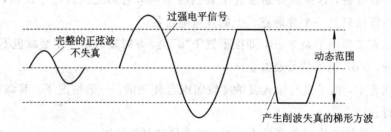

图 4－14 音频信号的削波失真

我们都知道,每一个电路和音响单元都有一定的动态范围,这是由电子电路的本质所决定的。如果信号电平过强,超过了电路允许的范围,信号就不能顺利通过,而其波形被削掉了一部分,就产生了削波失真。

削波信号进入扬声器后,其电流流过扬声器音圈。由于削波信号中的直流成分不能使音圈运动,其电能无法转换成机械能,从而产生大量的热能致使音圈发热。如果这个削波失真非常严重,其直流成分电流较大,有可能会损坏扬声器系统的高音单元,使该单元的音圈产生开胶、开裂等严重损坏现象,其声音也变得发"吡",从而使高音单元遭到破坏,有时会彻底烧毁扬声器。

4.3.2 立体声输入(STEREO INPUT)

有许多调音台除设置多路话筒及线路单声输入通道外,还设有一组或几组专门的立体声输入,作为额外的输入通道,但不计入调音台的路数。一组立体声实际包括左(L)、右(R)两个声道,用同一组键钮控制,其结构如图 4－15 所示。严格来说,立体声输入应属于调音台的输入通道部分,由于其特殊性,我们将其单独列出讨论。

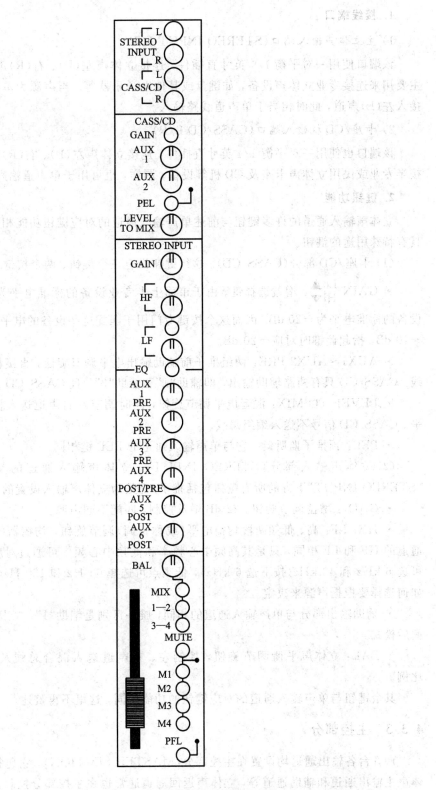

图 4－15 LIVE 4.2 立体声输入通道面板结构

1. 接线端口

1) 主立体声输入端口(STEREO INPUT L/R)

该端口使用一对平衡1/4英寸直插件,连接立体声左(L)、右(R)声道。全功能输入,主要用来连接专业立体声设备,如键盘或其他电子乐器等。当声源为单声道设备时,只需接入左(L)声道,此时相当于单声道线路输入。

2) 卡座/CD机输入端口(CASS/CD L/R)

该端口也使用一对平衡1/4英寸直插件,连接立体声左(L)、右(R)声道。主要用来连接半专业或民用立体声卡座及CD机等设备。同样,也可用于单声道输入。

2. 键钮功能

立体声输入通道的许多键钮与前述单声输入通道的对应键钮功能相同,但也设有一些具有特殊用途的键钮。

(1) 卡座/CD部分(CASS/CD)。这组键钮设有三个旋钮、两个按键:

· GAIN $\frac{Lo▲}{Hi▼}$:增益选择键。由于市面上半专业设备的标准电平为−10 dB,而民用设备的标准电平为−20 dB。因而这个按键专门用于匹配这些设备的电平。按下此键时对应−10 dB,抬起此键时对应−20 dB。

· AUX1~AUX2 PRE:两组推子前辅助输出电平调节旋钮,直接将信号送入辅助总线。CASS/CD只有两路辅助输出,即辅助"1"和辅助"2",且CASS/CD信号不进入推子。

· LEVEL TO MIX:混音电平调节旋钮,同时调节左右声道送入相应混合总线的电平。CASS/CD信号不送入编组总线。

· PEL:预推子监听键。它与单声输入通道的PEL键相同。

(2) 立体声输入部分(STEREO INPUT)。立体声输入通道的其余键钮(标示有"STEREO INPUT"下方的所有键钮包括推子)都是为立体声输入设置的。

· GAIN:增益调节旋钮。22 dB增益控制,匹配不同声源。

· HF、LF:高、低频两段均衡电平(或称音调)调节旋钮。均衡器的特性与单声输入通道的HF和LF相同,只是其高频中心频率和低频中心频率可通过对应按键选择。高频可选6 kHz和12 kHz(按下选6 kHz),低频点可选择60 Hz和120 Hz(按下选120 Hz)。如何选择要根据声源来决定。

· 辅助输出部分与单声输入通道的相同,唯一区别是辅助"1"、"2"和"3"是推子前/均衡后模式。

· BAL:立体声平衡调节旋钮,控制左、右声道送入混合总线及编组总线信号的比例。

其余键钮与单声输入通道的对应键钮的功能相同,这里不再赘述。

4.3.3　主控部分

调音台各输出通道均设置在主控部分(MASTER SECTION),它包括了编组通道、立体声主输出通道和辅助通道等,立体声返回通道通常也在主控部分控制,其面板结构如图4-16所示。各输入通道信号混合成节目信号后,经节目放大和线路放大送至输出端口。

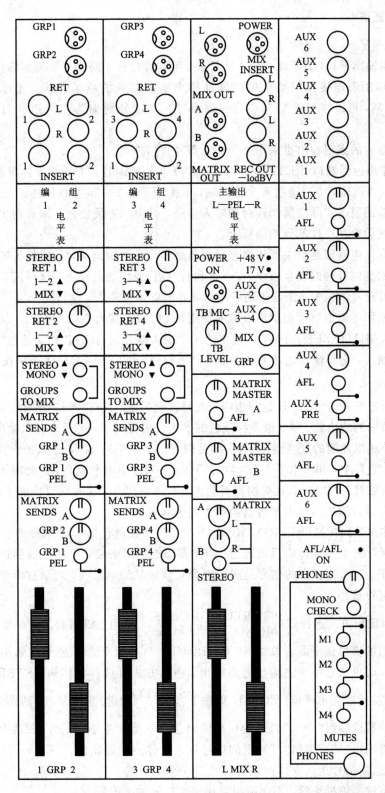

图 4 - 16　主控部分面板结构

1．编组通道

1）接线端口

（1）编组输出端口（GRP1～4）。LIVE 4.2 型调音台有 4 路单声道编组输出，采用平衡 XLR 插件，可用来连接扩声系统中的辅助扩声扬声器系统或录音机。通过输入通道的 PAN 按钮控制，可以将编组"1"、"3"和编组"2"、"4"分别编为左声道和右声道立体声输出。

有些调音台的编组输出也采用平衡 1/4 英寸直插件。

（2）立体声返回端口（RET1～4 L/R）。LIVE 4.2 型调音台有 4 路立体声返回通道，每路分左、右两声道输入，对应有 8 个输入端口，采用平衡 1/4 英寸直插件。

立体声返回通道实际应属调音台的输入通道，但为了方便控制，调音台多将其接线端口和控制键钮设置在主控部分的面板上。

调音台立体声返回通道主要用来连接信号处理设备的输出端口，使加工处理后的立体声信号再送回到调音台的混合总线（左声道和右声道）或编组总线上，这样调音台输出的信号即为加工处理过的信号。该通道还可用作额外的立体声输入。

立体声返回通道也可当做单声道输入使用，此时只需接入左（L）声道。

（3）插入端口（INSERT 1～4）。这里的 4 个插入端分别为编组"1"至编组"4" 4 个编组输出的断点插入，它与输入通道的断点插入功能相同，可用于连接信号处理设备。

2）键钮功能

（1）编组电平表（1～4）。这是一组峰值光柱式电平表，共有 4 列，分别与 4 路编组输出通道对应。每一列均由红、黄、绿 3 种颜色的发光二极管组成，可用来显示输出电平。正常使用时，调节编组通道的衰减器推子（实际是调整输出电平），让其处在电平表绿线常亮的位置。在演出过程中，如果电平上升，红灯闪亮，表明输出电平较高，但此时不一定产生失真；如果所有红灯都亮了，而且确切地听到失真状态的声音，这时就要将推子逐渐往下拉，以消除由于调音台输出信号电平过高而产生的失真现象。

（2）立体声返回控制（STEREO RET 1～4）。这组控制包括 4 个电平调节旋钮和 4 个选择键，分别对应 4 路立体声返回通道。电平调节旋钮用来控制立体声返回通道送回调音台的信号电平。送回调音台的信号是送入混合总线还是编组总线，可通过电平调节旋钮下对应的按键进行选择。

（3）编组输出方式选择键（$\frac{\text{STEREO} \blacktriangle \text{GROUPS}}{\text{MONO} \quad \blacktriangledown \text{TO MIX}}$）。这组按键可将对应编组"1～2"或编组"3～4"通道的信号送至混合总线（按下 GROUPS TO MIX 键），使编组通道信号从编组通道输出的同时也从立体声主输出通道输出。输出方式可选择立体声（STEREO，即抬起 $\frac{\text{STEREO} \blacktriangle}{\text{MONO} \quad \blacktriangledown}$ 键）或独立单声道（MONO，即按下 $\frac{\text{STEREO} \blacktriangle}{\text{MONO} \quad \blacktriangle}$ 键）两种方式。所谓立体声方式，是将编组"1～2"或编组"3～4"通道的信号同时送入立体声主输出的左/右两个声道；而单声道方式是将编组"1"或编组"3"通道的信号送入立体声主输出的左声道，同时将编组"2"或编组"4"通道的信号送入立体声主输出的右声道。

对这组按键实施操作时，不影响编组通道本身的输出信号。

（4）矩阵送出控制（MATRIX SENDS）。LIVE 4.2 型调音台有两组特殊的输出（有许多调音台不设置这样的输出),其信号取自 4 个编组通道和立体声主输出的左/右声道,然后重新混合成两路(A/B)独立的输出信号,因此将这两组输出称为 6×2 矩阵输出,其输出端口设置在主输出板块。

这组控制旋钮共有 8 个,分别调节 4 个编组通道送入矩阵 A 和矩阵 B 的信号电平。

(5) 编组通道预推子监听键($\frac{GRP\ 1}{PRE}$ ~ $\frac{GRP\ 4}{PRE}$)。该键可分别对各编组通道进行推子前独立监听控制。

(6) 编组输出衰减器推子(GRP 1~4)。每个编组通道都有一个衰减器推子,可单独控制,其调节方法参见编组电平表。

2. 立体声主输出通道

立体声主输出有两路,即左声道输出和右声道输出,两声道单独控制,调音台也将其称为混合输出(MIX OUT)。

1) 接线端口

(1) 混合输出端口(MIX L/R)。该端口为立体声主输出端口。

一般,调音台均设有左(L)声道和右(R)声道两路(一组)立体声输出,采用平衡 XLR 插件,用来连接扩声系统中的主扩声扬声器系统。

(2) 矩阵输出端口(MATRIX OUT A/B)。该端口为两组独立矩阵 A 和 B 的输出,可用来连接其他音响设备。

(3) 混合插入端口(MIX INSERT L/R)。这两个端口分别为混合输出左声道和右声道的断点插入。

(4) 录音输出端口(REC OUT)。较高档的调音台专门为录音设置了输出端口,采用平衡 1/4 英寸直插件,此处 −10 dBV 电平用于匹配卡座或数字(DAT)录音机。

(5) 通信话筒输入端口(TB MIC)。此端口专门用于连接调音师讲话用的话筒,以便调音师与演出者对话。

2) 键钮功能

(1) 主控电平表(LEFT—PFL—RIGHT)。该电平表有两列。分别显示立体声主输出左(L)/右(R)声道输出的信号电平,对应两个独立的衰减器推子,调节电平的方法与编组通道相同,电平表的结构也与编组通道相同。

这组电平表还有一个功能,即当任何通道选择独立监听时(PFL 键按下),该电平表显示的是监听电平,便于调音师在调校时监测。有些调音台单独设置监听电平表。

(2) 电源指示灯(POWER ON $\frac{+48\ V}{17\ V}$)。一般,调音台电源指示灯有两种:一个是调音台工作电压指示灯(17 V,LIVE 4.2 型调音台工作电压是 17 V 直流),LIVE 4.2 型调音台专门配有外接直流电源,通过面板上的 5 芯插座输入。有些调音台的直流电源设在调音台内,而调音台面板上设有交流输入插座。必须注意,进口设备的交流端口通常设有110 V/220 V 电压转换开关,使用时一定要将转换开关设置在正确位置,我国市电电压为220 V。另一个指示灯是幻象电源指示灯(+48 V),打开幻象电源时该指示灯亮。

(3) 通信话筒控制(TB LEVEL $\frac{AUX\ AUX}{1—2\ 3—4}$ MIX GRP)。这组控制有一个电平调节旋

钮和 4 个通道选择键。调音师可通过通信话筒电平调节旋钮（TB LEVEL）控制通信话筒（TB MIC）的音量，并可通过选择键分别选择辅助"1"和"2"（$\frac{AUX}{1-2}$）、辅助"3"和"4"（$\frac{AUX}{3-4}$）、立体声主输出（MIX）、编组（GRP）通道作为通话通道，其选择方式是独立的，且不影响各通道原有的输出信号。

（4）矩阵主控（MATRIX MASTER A/B AFL）。这组控制有两个电平调节旋钮和两个监听控制键。

电平调节旋钮分别控制矩阵 A 和矩阵 B 输出信号的总电平；通过该旋钮下面设置的监听控制键（AFL 键）可分别对矩阵 A 和矩阵 B 输出的信号在监听耳机中实施推子后独立监听（AFL），且不影响两个通道的输出信号。

（5）矩阵送出控制（MATRIX SENDS STEREO）。两个电平调节旋钮分别控制混合总线送入矩阵 A 和矩阵 B 输出通道的信号电平，其下方的立体声选择键（STEREO 键）可将两路矩阵输出变换为立体声信号，按下此键为立体声输出，矩阵 A 为左（L）声道，矩阵 B 为右（R）声道。

（6）混合输出衰减器推子（MIX L/R），主要对立体声主输出总电平进行调整。调音台立体声主输出左/右两个声道输出的信号电平是单独控制的，调音时应使两个声道的输出信号电平取得一致。

3. 辅助输出通道

LIVE 4.2 型调音台有 6 个辅助输出通道，其输出模式前面已经介绍。

1）接线端口

（1）辅助输出端口（AUX1～AUX6）。调音台辅助输出端口几乎都采用平衡 1/4 英寸直插件，用于连接信号处理设备等。

（2）立体声耳机插孔（PHONES）。调音台都设有立体声耳机输出通道，以方便调音师调音时对各路信号进行监听。耳机插孔均使用平衡 1/4 英寸直插件，它送出的是立体声信号，插件的"尖"部为左声道，"环"部为右声道。

顺便指出，耳机输出不属于辅助通道，只是该调音台将其插孔设在此处罢了。

2）键钮功能

（1）辅助主控（AUX1～AUX6）。主要进行总电平调整。这 6 个电平调节旋钮分别控制 6 个辅助通道的输出信号总电平，其下面的 AFL 键可对各通道进行推子后独立监听（AFL）。特别需要注意的是，在辅助"4"主控部分还有一个模式选择键——$\frac{AUX4}{PRE}$ 键，可将辅助"4"由原来的推子后/均衡后模式改为推子前/均衡前模式。按下此键，即改变模式，指示灯亮。

（2）PFL/AFL 工作状态指示灯（PFL/AFL ON）。当调音台上的任何一个 PFL 或 AFL 键被按下时，指示灯亮。

（3）耳机电平调节旋钮（PHONES）。调音台都有一个与耳机输出对应的电平调节旋钮，用来控制耳机的音量。

（4）单声道检查控制（MONO CHECK）。当遇到相位问题时，让左/右声道输出信号相加，作系统检测。不是所有调音台都具备此功能。

（5）哑音主控（M1～M4）。前已述及 LIVE 4.2 型调音台可对哑音状态进行编组，这 4 个按键与输入通道的哑音编组键配合用来控制 4 组哑音编组，指示灯指示工作状态。

以上我们结合"声艺 LIVE 4.2 型"调音台介绍了调音台的功能及使用方法。需要指出的是，所有调音台的原理都是基本相同的，但不同的调音台其功能及面板结构等有所差异，在使用调音台前，应详细阅读其产品说明书。

本 章 小 结

调音台是音响系统的核心，对它的技术要求很高。调音台的种类很多，但它们的基本原理和功能大同小异。本章着重讨论了调音台的功能、技术指标及工作原理，并通过实例介绍了调音台的使用方法。对输入信号进行放大、混合、频响控制和电平调整等是调音台的基本功能。调音台的技术指标主要包括增益、频带响应、等效噪声和信噪比、总谐波失真、分离度等。调音台具有多个输入通道和输出通道，其信号具有多个流向的特点，电路结构比较繁琐，采用电流混合方式的调音台，其"母线"即为"节放"的输入（"节放"实际可看成由运放组成的加法器）。在调音台的实际应用中，我们以扩声系统中常用的"声艺 LIVE 4.2 型"为例，介绍了调音台各接线端口、各键钮的功能及操作方法，不同类型的调音台虽然有些差异，但其操作方法基本相似，要熟练掌握调音台的调控技术，读者还需多了解不同类型的调音台并进行大量的实践。

思 考 与 练 习

4.1　调音台的主要功能有哪些？

4.2　调音台有哪些主要技术指标？

4.3　调音台对输入信号放大后为什么还要进行电平衰减？

4.4　常见的扩音调音台有哪几种？

4.5　现代调音台采用哪种混合电路，试画出其原理电路图，并说明它有什么优点？

4.6　调音台有哪几种辅助输出方式？

4.7　何谓调音台的削波失真？在调整时如何消除？

4.8　试举一调音台实例，简述各控制键钮的功能及操作方法。

第 5 章　音频信号处理设备

音频信号处理设备（Audio Signal Processor）是指在音响系统中对音频信号进行修饰和加工处理的部件、装置或设备。在专业音响设备中，音频信号处理设备可以作为调音台、扩音机等设备内部的一个部件，例如前述调音台及扩音机内置的均衡电路或混响电路；也可以做成一台完整的独立设备，作为扩声等音响系统的组成部分，例如各种专业的图示均衡器、延时混响器等。在剧院、歌舞厅等场所的扩声系统中，大量使用着各式各样的信号处理设备，其中不少还进入民用音响领域，它们对声音信号的音质起着至关重要的作用。

由于在专业音响系统中，音频信号处理设备通常是围绕调音台连接的，因此也将独立的信号处理设备称为调音台的周边设备，简称周边设备（习惯上，在专业音响中，将除调音台、功放、音箱外的其他设备都看成周边设备）。

在音响系统中加入信号处理设备通常有两种目的：一种是对信号进行修饰求得音色的美化，达到更为优美动听或取得某些特殊效果；其次是为了改进传输信道本身的质量，以求改善信噪比和减小失真或弥补某些环境的声缺陷等。信号处理设备是现代音响系统中必不可少的重要组成部分，它充分体现出音响工作将"艺术"与"技术"相结合的综合性专业特点，给音响大师们提供了进行艺术创作的强有力的技术手段，使他们能够在扩声、音乐制作等领域，把主观能动性与客观的技术设备充分结合起来，导演出更多更优美的音响作品，同时也给广大音响艺术和音乐爱好者们提供了更加优越的欣赏条件。

当然，信号处理设备只有使用正确、恰当，才能获得良好的效果。如果使用不当或滥用，也可能适得其反，反而会破坏原有节目的特色，甚至破坏得无法补救。例如，用均衡器适当提升人声的高音区，能使歌声更加明亮、清晰，但如果提升过度则会使齿音过强而刺耳；同样，对乐曲动态范围的适当压缩，可以提高节目的平均电平，从而增加响度，但如果压缩过度则会使乐曲的动态范围过窄，听起来平淡无味。上述情况有些在事后还可以做某些补救，例如在录音节目制作中压缩器和均衡器的使用都具有某种程度的可逆性；但许多处理过程往往是不可逆的，例如过度的混响量是无法从录音中去掉的。在扩声系统中，例如在剧院或歌舞厅的现场演出中，调音师操作的效果直接就被全体听众感受到，所以这时的任何错误都是无可挽回的，这对调音师的操作提出了更高的要求。

当前，信号处理技术已成为现代音响技术中最活跃的领域之一。国外各大音响公司都集中相当的力量进行这方面的研究和开发，从模拟设备到数字设备，新产品不断涌现。现代声学、电声学、心理声学、音乐声学和电子技术、计算机技术等科学的发展，更促进了信号处理技术的飞跃，甚至使人们在音响技术中的许多传统观念受到很大冲击。例如，对"失真"的概念就出现了很大的变化。传统的观点认为音响设备应该是"高保真"的，就是要求有平坦的频率特性,使重放的节目忠实地再现节目的原貌。但实践表明,各种优质均衡器的广泛使用,可以有意识地对音乐的某些频段进行提升或衰减,人为地创造一定程度的频率失真,可以获得意想不到的效果。例如提升钢琴的 2.5~5 kHz 频段,可获得更加逼真的临场感,而提升小号的 120~240 Hz 频段,能使号音的丰满度大大提高。

更令人意想不到的是,非线性失真、谐波失真等这些历来被视为音响设备必须力求避免的大敌,随着人们对音乐声学和心理声学的深入研究,发现在音响作品中适当加入特定的谐波失真(主要是低电平的高中频成分),不但不会破坏乐曲的音质,反而使乐曲听起来更清晰、明亮且有穿透力,这就是近年来脱颖而出的所谓"听觉激励器"之类的处理设备的基本构思。

至于利用延时器、混响器等组成的各种效果处理器,不但可以模仿各种声学环境(剧院、音乐厅、大厅、山谷回响等)的音响效果,而且能够"创造"出各种奇妙的"太空声"、"颤音"以及"幽灵般的飕飕声"等自然界所没有的声音,并且还可以把一名演奏员或歌唱者的声音变成许多人的合奏或合唱的效果。

音频信号处理设备可以有多种分类方法。按照其处理信号的方式,可以分为模拟信号处理设备和数字信号处理设备两大类。前者出现较早,目前仍占多数。如常用的均衡器、压缩/限幅器等。后者由于其性能优良,近年来发展很快。其中用得最多的是数字式延时器和多效果处理器。

按照处理设备的基本结构,可分为机械式信号处理设备和电子式信号处理设备。前者如钢板混响器、金箔混响器和弹簧混响器等。目前除少数有特殊用途和特殊效果要求的处理设备外,各种信号处理设备基本上都已实现了"电子化",并且引入了电子计算机控制技术,使处理设备的自动化程度大大提高。

最常见的划分方法是按照信号处理设备的用途来划分。扩声系统中常用的有以下几类:

(1) 滤波器和均衡器。通过对不同频率或频段的信号分别进行提升、衰减或切除,以达到加工美化音色和改进传输信道质量的目的,并可以对扩声环境的频率特性加以修正。

(2) 压缩/限幅器和扩展器。这是一种其增益随着信号大小而变化的放大器,其作用是对音频信号进行动态范围的压缩或扩展,从而达到美化声音、防止失真或降低噪声等多种目的。

(3) 电子分频器。这是一种有源分频器,其作用与音箱中的分频器相似,它将宽频带音频信号分成高、中、低等不同的频段,达到通过不同的音箱进行分频段扩声的目的。

(4) 延时器和混响器。通过机械或电子的方法来模拟闭室内声音信号的延时和混响特性,使乐音更加丰富和亲切,并可制造一些特殊的音响效果。延时器、混响器结合计算机技术,构成了具有多种特殊效果的多效果处理器。

(5) 听觉激励器。在原来的音乐信号的中频区域加入适当的谐波成分,以模拟现场演出时的环境反射,使信号具有更自然鲜明的现场感和细腻感,并使声音更具穿透力。

音频信号处理设备还有诸如可以从任意单声道声源中产生出逼真的假立体声效果的立体声合成器和其他处理设备,读者可以参考有关资料,这里不再一一列举。

5.1 图示均衡器

在音响扩声系统中，对音频信号要进行很多方面的加工处理，才能使重放的声音变得优美、动听，满足人们的聆听需要。均衡器(Equalizer，简称 EQ)是将音频信号分为多个不同频段，然后通过不同频段的中心频率对各频段信号的电平按需要进行提升或衰减，以期达到听觉上的频率平衡的频率处理设备，即它是一个多频段的频响处理设备。均衡器是扩声系统中应用最广泛的信号处理设备。

5.1.1 频率均衡处理的意义

1. 改善声场的频率传输特性

改善传输特性是均衡器最基本的功能。任何一个厅堂都有自己的建筑结构，它们的容积、形状及建筑材料(不同的材料有不同的吸声系数)各不相同，因此不同构造的厅堂对各种频率的反射和吸收状态不同。某些频率的声音反射得多，吸收得少，则这种声音听起来感觉较强；某些频率的声音反射得少，吸收得多，则这种声音听起来感觉较弱。这样就造成了频率传输特性的不均衡，所以就要通过均衡器对不同频率进行均衡处理，才能使厅堂把声音中的各种频率成分平衡地传递给听众，以达到音色结构本身完美的表现。

2. 对声源的音色结构加工处理

扩声系统中，声源的种类很多，不同的传声器拾音效果也不同，加之声源本身的缺陷，可能会使音色结构不理想。通过均衡器对声源的音色加以修饰，会得到良好的效果。

3. 满足人们生理和心理上的听音要求

人们对声音在生理上和心理上会有某些要求，而且人们对不同频率的信号的听音感觉也不一样。通过均衡器可以有意识地提升或衰减某些频率的信号，以取得满意的聆听效果。

4. 改善音响系统的频率响应

音响设备是由电子线路构成的，而一个音响系统又是由许多音响设备组成的，音频信号在传输过程中会造成某些频率成分的损失，通过均衡器可以对其进行适当的弥补。

均衡器还可以用来抑制某些频率的噪声或干扰，例如衰减 50 Hz 左右的信号，可以有效地抑制市电交流干扰等。

多频段均衡器具有许多用途，和其他信号处理设备配合使用，会收到非常理想的效果，这需要在实践中深刻体会。

5.1.2 多频段图示均衡器的基本原理

均衡器是通过改变频率特性来对信号进行加工处理的，因此必须具有选频特性。可见多频段均衡器是由许多个中心频率不同的选频电路组成的，而且均衡器对相应频率点的信号电平既可以提升也可以衰减，即信号电平的幅度可调。如以前介绍的音调控制器就是一种简单的可变幅度均衡器，这里所说的均衡器是有源均衡器，其内部还设置有放大器电路。

多频段图示均衡器(Graphic EQ)也称多频段图形均衡器，这是现代音响扩声系统中最常用的一种音质调节设备。它把音频全频带或其主要部分分成若干个频率点(中心频率)进行提升或衰减，各频率点之间互不影响，因而可对整个系统的频率特性进行细致的调整。由于多频段均衡器普遍都使用推拉式电位器作为每个中心频率的提升和衰减调节器，推键排列位置正好形成与均衡器的频率响应相对应的图形，因此称之为图示均衡器。

一般常用的专业多频段图示均衡器有单通道 15 段和 31 段及双通道 15 段和 31 段四种。双通道均衡器两个通道的频率特性可独立调整，互不影响。一般 15 段均衡器和 31 段均衡器的中心频率分别按 2/3 倍频程和 1/3 倍频程选取，各频率点的最大提升量和最大衰减量因均衡器的不同而不同，一般多为 ±15 dB 和 ±12 dB。

图示均衡器通常分为 LC 型和模拟电感型两大类，下面分别加以讨论。

1. LC 型多频段均衡器

图 5-1 为 LC 型多频段均衡器原理图。由运算放大器和多个不同中心频率的 LC 串联谐振回路(选频电路)组成，其频响曲线为钟形，如图 5-2 所示。

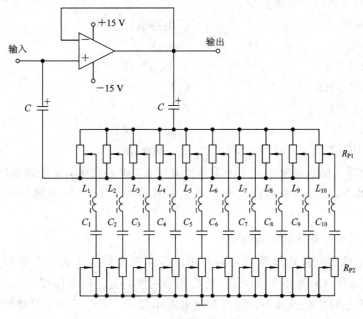

图 5-1　LC 型多频段均衡器原理图

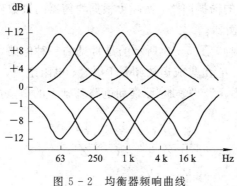

图 5-2　均衡器频响曲线

LC 串联谐振回路连接在 R_{P1} 电位器活动臂与"地"之间，当活动臂向上移动时，串联谐振回路更多地将反馈信号中谐振频率的信号旁路入地，因而运放提升此频率的信号；当活动臂向下移动时，串联谐振回路更多地将输入信号中谐振频率的信号旁路入地，因而运放输出中此频率的信号被衰减。R_{P1} 活动臂移至最上面或最下面分别对应谐振频率信号的最大提升或最大衰减，这样就使谐振频率信号有一定的调节范围。串联谐振回路中的 R_{P2} 电位器用来调节电路的 Q 值，决定提升或衰减的单频频带宽度。有许多均衡器不设此电阻，这样其选频电路的 Q 值及带宽就是恒定的。

多频段均衡器中的 LC 元件的数值是由所调节的中心频率决定的。设计时，通常是先根据要求，确定中心频率，然后设定电容 C 值，再计算电感 L 值，其计算公式为

$$L = \frac{1}{4\pi^2 f_0^2 C} \text{ (H)}$$

式中：f_0——中心频率(Hz)；

C——设定的电容值(F)。

电容值可按下列经验数据选取：

中心频率	电容值
<40 Hz	>2 μF
$40\sim100$ Hz	$2\sim0.47$ μF
$100\sim500$ Hz	$0.47\sim0.1$ μF
$500\sim5$ kHz	$0.1\sim0.01$ μF
$5\sim15$ kHz	$0.01\sim0.002$ μF
>15 kHz	<0.002 μF

LC 型均衡器的优点是能获得大的提升或衰减量，电路简单，早期设备用得较多；其缺点是电路中的电感线圈容易造成饱和失真，并且容易拾取外界电磁场的干扰，使噪声增加。

2. 模拟电感型多频段图示均衡器

近年来生产的多频段均衡器已普遍使用由晶体管或集成运算放大器组成的模拟电感(Simulated Inductor)来代替电感线圈，使均衡器的性能有了很大提高。

图 5-3 为一模拟电感型多频段均衡器电路示意图。图中的 IC_1 组成各频段共用的放大器。IC_2、IC_3 等分别组成模拟电感，它们与 C_1 组成不同中心频率的串联谐振回路。图中只画出两个模拟电感组成的谐振回路，实际可根据均衡器的段数确定接入串联谐振回路的个数，从而组成多频段均衡器。

模拟电感电路有许多种，图 5-3 所示的是常见的一种电路，我们将其虚线框中的部分电路在图 5-4 中化简。它由集成运放和若干电容、电阻组成，工作原理简述如下。

根据运算放大器的"虚短"、"虚地"原理和电路基础中的节点电流分析法，可列出如下方程：

$$\frac{\dot{V}_A - \dot{V}_B}{Z_2} + \frac{\dot{V}_A - \dot{V}_B}{R_1 /\!/ Z_3} = \dot{I} \qquad (5-1)$$

$$\frac{\dot{V}_B}{R_2} = \frac{\dot{V}_A - \dot{V}_B}{Z_2} \qquad (5-2)$$

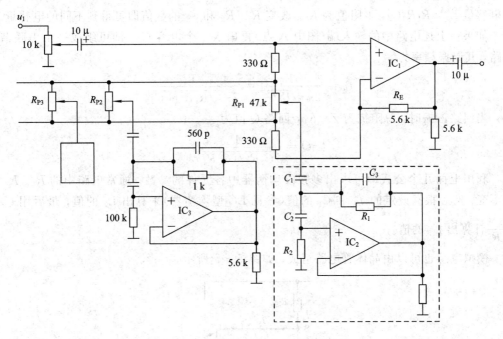

图 5 - 3　运放模拟电感多频段均衡器

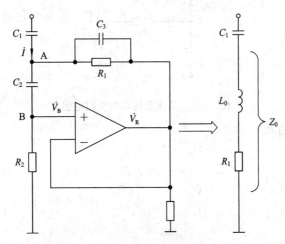

图 5 - 4　运放构成的模拟电感

由式(5 - 1)、式(5 - 2)可得

$$Z_0 = \frac{\dot{V}_A}{\dot{I}} = \frac{(Z_2 + R_2)(R_1 // Z_3)}{(R_1 // Z_3) + Z_2} \tag{5 - 3}$$

在音频范围内，$Z_3 = \dfrac{1}{j\omega C_3} \gg R_1$，故 $R_1 // Z_3 \approx R_1$，又因 $j\omega C_2 R_1 \ll 1$，因此式(5 - 3)可变为

$$Z_0 \approx \frac{R_1(1 + j\omega R_2 C_2)}{1 + j\omega R_1 C_2} \approx R_1 + j\omega R_1 R_2 C_2 \tag{5 - 4}$$

即
$$L_0 = R_1 R_2 C_2$$

以上证明，图 5 - 4 可以把电容 C_2"转换"成一个电感，称为"模拟电感"，该模拟电感

的电感量 $L_0 = R_1 R_2 C_2$，电阻值为 R_1。改变 R_1、R_2 和 C_2 的数值即可得到不同的电感量。

如果在上述电路中的输入端(图中 A 点)再串入一个电容 C_1，即可组成一个串联谐振回路，其谐振频率为

$$f_0 = \frac{1}{2\pi \sqrt{L_0 C_1}} = \frac{1}{2\pi \sqrt{R_1 R_2 C_1 C_2}}$$

当回路谐振时，总阻抗为 $Z = R_1$，回路 Q 值为

$$Q = \frac{1}{\sqrt{C_2 R_2/(C_1 R_1)}}$$

利用上面几个公式即可求出多频段均衡器中各元件的参数。通常电路中的 R_1、R_2 固定不变，然后根据设定的 f_0 和 C_1 的值(参见 LC 型均衡器)来算出 L_0 的值，最后用 $C_2 = \frac{L_0}{R_1 R_2}$ 计算出 C_2 的值。

模拟电感也可以由晶体管电路组成，如图 5 - 5 所示。

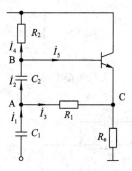

图 5 - 5　晶体管构成的模拟电感

按图可列出下列方程：

$$\dot{V}_A - \dot{V}_B = \dot{I}_2 Z_2$$
$$\dot{V}_A - \dot{V}_C = \dot{I}_3 R_1$$
$$\dot{V}_B = \dot{V}_C$$
$$\dot{I}_1 = \dot{I}_2 + \dot{I}_3$$
$$\dot{I}_5 = \frac{\dot{V}_B}{\beta R_e}$$

由此可得：

$$Z_A = \frac{\dot{V}_A}{\dot{I}_1} = \frac{(\beta R_e Z_2 + R_2 Z_2 + R_2 \beta R_e) R_1}{(\beta R_e + R_2)(R_1 + Z_2)}$$

由于设计时 $Z_2 = -j\frac{1}{\omega C_2} \gg R_1$，$\beta R_e \gg R_2$

因此

$$Z_A \approx R_1 + \frac{R_1 R_2}{Z_2} = R_1 + j\omega C_2 R_1 R_2$$

所以模拟电感的电感量 $L_0 = R_1 R_2 C_2$，电阻值为 R_1。

与运放模拟电感相似，只需在该电路输入端(图中 A 点)串入电容 C_1，即构成串联谐振回路，用它替代图 5 - 3 电路中运放模拟电感，可同样构成多频段均衡器。

顺便指出，还有一种均衡器设备称做参量均衡器(Parametric EQ)，其原理框图如图

5－6 所示。它主要由运算放大器和位于反馈环内的"状态变量带通滤波器(Band-Pass State Variable Filter，BPSVF)组成。其最大特点是能够连续地分别调节均衡器各频段的中心频率 f_0、Q 值和增益而互不影响，所以又称为无限可变均衡器，有些调音台也常用这种均衡器。图 5－7 给出了某调音台参量均衡器的低中频段原理电路，IC_2 构成有源带通滤波器，接于运放 IC_1 的正反馈支路中，双联电位器 R_{P1} 用于调节该频段的中心频率；电位器 R_{P2} 用于调节增益，即调节该频段的提升或衰减量，电阻 R_1、R_2 给 IC_2 加入适量的正反馈，以提高滤波器的 Q 值，其他频段原理与此大致相同。关于参量均衡器读者可参考有关资料，此处不再详述。

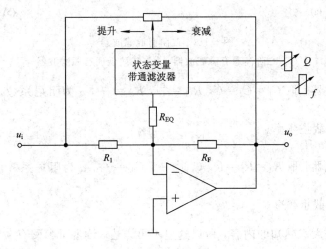

图 5－6　参量均衡器原理框图

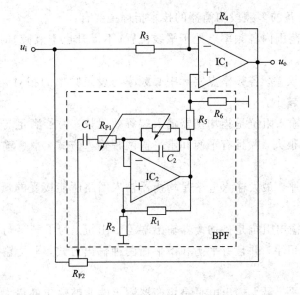

图 5－7　参量均衡器原理电路

3. 高、低通滤波器

在均衡器设备或其他音响设备中，通常都设有高通或低通滤波器。它们常用二阶有源或高阶有源滤波器，图 5－8(a)、(b)分别给出了典型的二阶有源高通和低通滤波器。

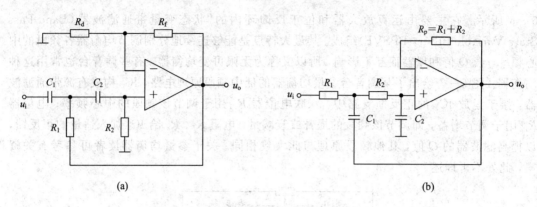

图 5 - 8　二阶有源滤波器

（a）二阶高通有源滤波器；（b）二阶低通有源滤波器

对于高通滤波器，取 $C_1=C_2=C$，$R_{01}=\dfrac{\alpha}{2}$，$R_{02}=\dfrac{2}{\alpha}$，α 为阻尼系数，因而 $R_1=\dfrac{R_{01}}{\omega_0 C}$，$R_2=\dfrac{R_{02}}{\omega_0 C}$，$\omega_0$ 为上截止频率。

对于低通滤波器，取 $R_1=R_2=R$，$C_{01}=\dfrac{\alpha}{2}$，$C_{02}=\dfrac{2}{\alpha}$，α 为阻尼系数，因而 $C_1=\dfrac{C_{01}}{\omega_0 R}$，$C_2=\dfrac{C_{02}}{\omega_0 R}$，$\omega_0$ 为下截止频率。

由于滤波器是大家熟知的内容，所以这里不再详述，读者可参阅有关专著。

4. 均衡器的技术指标

作为信号处理设备的多频段均衡器的技术指标主要有：

（1）频响。音频范围内各频率点处于平线位置（不提升也不衰减）时，均衡器的频响曲线越平坦越好。

（2）频率中心点误差。各频率点实际中心频率与设定频率的相对偏移，通常用百分数表示，此值越小误差越小。

（3）输入阻抗。输入阻抗是指均衡器输入端等效阻抗。为了满足与前级设备的跨接要求，均衡器输入阻抗很大，并且有平衡和不平衡两种输入方式，平衡输入阻抗是不平衡输入阻抗的 2 倍。

（4）最大输入电平。最大输入电平是均衡器输入回路所能接受的最大信号电平（平衡/不平衡）。

（5）输出阻抗。输出阻抗是指均衡器输出端等效阻抗。为了满足与后级设备的跨接要求，均衡器输出阻抗很小，并且有平衡和不平衡两种输出方式，平衡输出阻抗是不平衡输出阻抗的 2 倍。

（6）最大输出电平。最大输出电平是均衡器输出端能够输出的最大信号电平（平衡/不平衡）。

（7）总谐波失真。均衡器电路的非线性会使传输的音频信号产生谐波失真，总谐波失真越小越好。

（8）信噪比。信噪比用于衡量均衡器的噪声性能，信噪比越大，说明均衡器噪声影响越小。

5.1.3　均衡器在扩声系统中的应用

在现代音响扩声系统中，通常要使用多台多频段均衡器，用于改善音质等，因此有必要对均衡器设备有所了解。下面给出一个多频段图示均衡器实例，并参照实例介绍均衡器的实际应用。

1. 图示均衡器实例

美国 DOD 公司专业生产信号处理设备，其专业单、双通道 15 段和 31 段图示均衡器产品是扩声系统中常用的均衡器设备。图 5-9 和图 5-10 分别给出了"DOD 231"型双通道 31 段 1/3 倍频程图示均衡器的原理框图(只给出一个通道，另一通道与之相同)和前面板结构图。

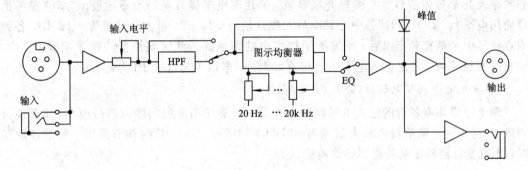

图 5-9　"DOD 231"的原理框图

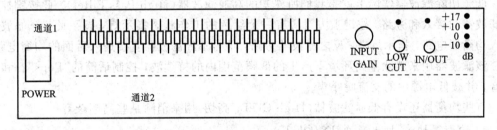

图 5-10　"DOD 231"前面板结构图

该均衡器的主要技术指标如下：

· 频响：20 Hz～20 kHz，+0/−0.5 dB；

· 低频切除滤波器(即高通滤波器)：12 dB/oct 衰减，50 Hz 处下降 3 dB；

· 中心频率(单位 Hz)：1/3 倍频程，20、25、31.5、40、50、63、80、100、125、160、200、250、315、400、500、630、800、1 k、1.25 k、1.6 k、2 k、2.5 k、3.15 k、4 k、5 k、6.3 k、8 k、10 k、12.5 k、16 k、20 k；

· 频率中心点误差：5%；

· 控制范围：12 dB 提升/衰减，推荐使用电平 −10 dBV～+4 dBμ；

· 输入阻抗：40 kΩ 平衡，20 kΩ 不平衡；

· 最大输入电平：+21 dBμ；

· 输出阻抗：102 Ω 平衡，51 Ω 不平衡；

· 最大输出电平：+21 dBμ；

- 总谐波失真：0.006％，1 kHz；
- 信噪比：大于 90 dB(基准 0.775 V_{rms})。

均衡器的输入、输出端口通常设在后面板上，一般都有两组输入端口和两组输出端口。其中一组为平衡端口，使用平衡 XLR 插件或 1/4 英寸直插件，另一组为不平衡端口，使用不平衡 1/4 英寸直插件。

均衡器的各种控制键钮均设在前面板上，不同厂家的产品在设计上可能有所差异。双通道均衡器两个通道的键钮相同且独立控制，下面我们参照图 5-9 和图 5-10 介绍均衡器的键钮功能。

1) 频率点电平调节电位器

这是一排(若干个)推拉电位器(推子)，其个数与均衡器的段数相同。它用来控制各中心频率及其窄带内信号电平的提升或衰减，使用时电平提升量一般不超过＋6 dB(参考推荐使用电平)，"DOD 231"各中心频率最大提升量为＋12 dB，最大衰减量为－12 dB，各频率点信号电平调整确定以后，所有推子排列出的图形即为此时均衡器的频率响应。注意，调整时两相邻频率点之间的电平不能相差太大，一般以不超过 3 dB 为宜。

2) 输入电平调节电位器(INPUT GAIN)

两个通道均有各自的输入电平调节电位器。该旋钮用来控制输入信号电平(或者说灵敏度)，它实际是调整输入放大器增益，"DOD 231"有 ±12 dB 的调节范围。调节该旋钮时，不改变已经确定的均衡器频率响应。

3) 低频切除滤波器开关(LOW CUT)

低频切除滤波器实际上就是我们所熟知的高通滤波器(High-Pass-Filter)。此按键控制该滤波器的接入和旁路。按键上方对应有一个红色的工作状态指示灯，按下此键，滤波器接入均衡器电路，指示灯亮，反之滤波器旁路，信号不经滤波器直接送入后面的均衡电路。

该滤波器用来消除室内环境下产生的低频范围内的持续波，控制话筒的"Pops"音和气滑音，并减低电源中的交流嗡嗡声。

有些均衡器还设有低通滤波器(High CUT，高切)用来消除某些高频杂音。

4) 均衡器切入/切出开关(IN/OUT)

此按键控制着图示均衡器均衡电路的接入和旁通，可以方便音响师对均衡前和均衡后的信号进行比较。按下此键，均衡处理电路接入，对应上方红色工作状态指示灯亮，信号经均衡处理后输出，反之均衡电路被旁通，信号不经均衡处理直接输出。

5) 输入信号电平显示

这是一组由四个发光二极管(LED)组成的电平表，分别由绿色 LED 显示 －10 dB、0 dB、＋10 dB 及红色 LED 显示 ＋17 dB。正常使用均衡器时，调节输入电平使 ＋17 dB 的红色 LED 不会经常闪亮，否则会使信号产生失真。

6) 电源开关

均衡器的直流工作电源设在设备内部，使用时只需将电源线接入市电即可。电源开关通常设置在前面板上，以方便控制电源的通断。

2. 均衡器在扩声系统中的应用

前已述及，均衡器在扩声系统中有很多用途，例如弥补环境声场缺陷，消除声反馈，衰减噪声频带以改善系统信噪比，提高音质等等。下面就均衡器的主要应用作一简单叙述。

一般，可以在调音台上并联(即将均衡器接于调音台辅助和返回端口)一台多频段均衡器(最好使用 31 段均衡器，这样调整得更精确)，主要用来改善环境声场，也就是改善听音环境的频率特性，使其频响曲线趋于平坦。在调整均衡器时对各频率点只作衰减处理，不要提升，此时的均衡器可以称为"声场均衡器"或"房间均衡器"(实际上，在均衡器一族中有专门的"房间均衡器"，它只有衰减调整，没有提升调整)。图 5 - 11 给出了某厅堂自然频率特性及均衡器调节曲线，仅供参考。其调整方法如下：

(1) 采用音频信号发生器等设备，对厅堂的频率响应曲线进行测定。然后在均衡器上进行均衡处理，使厅堂的实际频响曲线接近平直，从而改善厅堂的声场，提高声音的传播质量。这种方法通常用在音乐厅、剧院等专业演出场所，它需要有一定的设备条件。

(2) 对于歌舞厅等业余演出场所，在没有测试设备的条件下，可采用听音的方法进行均衡处理。在演出位(舞台)装上话筒，按要求将各电平控制钮调到适当位置，逐渐提高系统总电平，当听到轻微啸叫声时，将反馈声音的频率衰减 1～3 dB，啸叫声消失；继续提高电平，出现啸叫即衰减反馈频率点，直至啸叫声消失为止。反复调整，可找到 1～6 个反馈频率，这样将厅堂声场的频响曲线调整得比较接近平直，从而达到良好的频响特性。这种方法要求音响师有丰富的调音经验，一个好的音响师，耳朵是非常灵敏的，能够准确地辨别出反馈声音的频率。

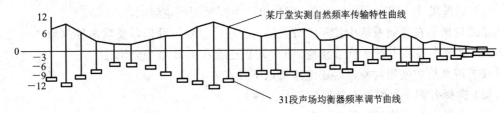

图 5 - 11　自然频率特性及均衡器调节曲线

通常，音乐厅、剧院等专业演出场所在建筑设计时已考虑了它的声学特性，其自然频响特性良好，再加上理想的均衡处理，使其能提供令人满意的声音效果；而对歌舞厅等业余演出场所则很少考虑它的声学特性，其自然频响特性较差，再加之均衡处理的不理想，直接影响了音乐和歌声的完美表现。

扩声系统的频响特性是影响音质等因素的重要参量。实践证明，150～500 Hz 频段影响语音的清晰度，2～4 kHz 频段影响人声的明亮度，这两个频段是音质的敏感频段。频率响应的中低频段和中频段的波峰、波谷都严重影响音色的丰满度；如果低频段衰减，丰满度也会下降，因为语言的基音频率都在这个频段之中；如果高频 8 kHz 衰减，则影响音色的明亮度；相对而言，125 Hz 以下和 8 kHz 以上频段对音色的影响不是很大，因为人耳难以分辨清楚，但这两个频段对音质很重要，尤其对高层次的音乐要求更是如此：125 Hz 以下不足，则音质欠丰满；8 kHz 以上欠缺，则音质的魅力降低。

为了满足提高音质、改善音色等要求，通常要在扩声系统的各扩声通道中串接多频段均衡器，将音频分为几个主要部分进行调整。

(1) 20～60 Hz 之间的低频声，往往使人感到很响，如远处的雷声。这些频率能使音乐给人以强有力的感觉，但过多地提升这一频段，又会给人以混浊不清的感觉，造成清晰度不佳。

（2）60～250 Hz 之间的频段包含着节奏声部的基础音，调整这一频段可以改善音乐的平衡，使其丰满。此频段要根据音乐内容来调节，否则过高地提升，会产生"隆隆"声。这个频段和高中音的比例构成音色结构的平衡特性：此频段比例高则音色丰满；此频段比例低则音色单薄；过高则产生隆隆声。

（3）250 Hz～2 kHz 之间包含着大多数乐器的低次谐波，如果提升过高，会导致音乐像在电话中听到的那种音质，失掉或掩盖了富有特色的高频泛音。提升 500 Hz～1 kHz 频段时，会使乐器的声音变成喇叭似的声音；而提升 1～2 kHz 频段时，则会出现像铁皮发出的声音。这段频率输出过量时，还会造成人的听觉疲劳。

（4）如果提升 2～4 kHz 频段，就会掩蔽说话的重要识别音，导致说话者给人感觉口齿不清，并使唇音"m、b、v"难以辨别。这一频段，尤其是 3 kHz 处提升过高，会引起听觉疲劳。

（5）4～6 kHz 之间是使声音具有临场感的频段，主要影响语言和乐器等声音的清晰度。提升这一频段，使人感觉声源与听者的距离稍近一些；衰减混合声中的 5 kHz 分量会使声音的距离变远；如果在 5 kHz 左右提升 6 dB，则会使混合声的能量好像增加了 3 dB。

（6）6～16 kHz 频段影响声音的明亮度、宏亮度和清晰度，然而提升过高，则会使语言产生齿音、s 音，使声音产生"毛刺"。

（7）如果提升 16 kHz 以上频段，容易出现声反馈而产生啸叫。

总之均衡器在音响系统中使用十分灵活。它还可以对各种乐器及歌声等声源作细致的调节，这需要在实践中不断总结经验。有关知识还会在第 8 章中介绍。

在扩声系统中使用均衡器时还应注意以下几点：

（1）选择各频率点时要有针对性和目的性；

（2）高低音频率的调节要有限度；

（3）两个相邻频率点之间的提升和衰减不要出现大幅度的峰谷交错，一般以不超过 3 dB 为宜；

（4）各扩声通道不要按同一频响特性均衡，否则很容易引起其频谱的不平衡，也无法表现不同声源的特点；

（5）要注意恰当使用低通滤波器。

5.2 压缩/限幅器

压缩限幅器简称压限器（Compressor/Limiter），也是音响系统中常用的信号处理设备，它具有压缩和限幅两种功能。

5.2.1 压缩/限幅器的功能

压限器的主要功能是对音频信号的动态范围进行压缩或限制，即把信号的最大电平与最小电平之间的相对变化范围加以缩小，从而达到减小失真和降低噪声等目的。

音乐的动态范围很大，约为 120 dB。如果一个动态范围为 120 dB 的节目通过一个动态范围狭窄的系统放音（如广播系统），许多信息将在背景噪声中浪费掉；即使系统有

120 dB 的动态范围可供使用，除非它是无噪声环境，否则不是弱电平信号被环境噪声淹没，就是强电平信号响得使人难以忍受，甚至于因过荷而产生失真。虽然音响师可以通过音量控制来调整信号电平，但是手动操作往往跟不上信号的变化。为了避免上述问题发生，必须将动态范围缩减至在系统与环境中能舒适地倾听的程度。

此外，压限器还能保护功率放大器和扬声器。当有过大功率信号冲击时，此功率可以受到压限器的限制，从而起到保护功放和扬声器的作用。例如：话筒受到强烈碰撞，使声源信号产生极大的峰值，或者插件接触不良以及受到碰击产生瞬间强大电平冲击，都将威胁到功放和扬声器系统的高音单元，有可能使其受到损坏，使用压限器可以使它们得到保护。

5.2.2　压缩/限幅器的基本原理

压缩器实际上是一个自动音量控制器，它是由带有自动增益控制（AGC）的放大电路组成的。当输入信号超过称为阈值（Threshold）的预定电平（也称压缩阈或门限）时，压缩器的增益就下降，使得信号被衰减，如图 5-12 所示。使压缩器的输出信号增加 1 dB 时所需增加的输入信号的 dB 数称为压缩比率（简称压缩比）或压缩曲线的斜率。因此，对于 4∶1 的压缩比率，输入信号增加 8 dB，其输出值将增加 2 dB。因为音频信号的响度是变化的，在某一瞬间可能超出阈值电平，而接着又低于阈值电平，所以，在信号超出阈值电平后压缩器降低增益和在输入信号低于阈值电平后压缩器恢复增益的速度必须按要求跟上信号的变化，此速度取决于信号增加的时间和恢复的时间。

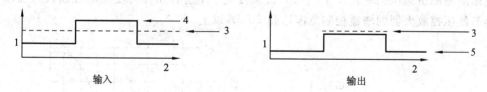

1—信号电平；2—时间；3—阈值电平；4—应压缩的信号；5—应提升的信号

图 5-12　信号电平的压缩和提升

如前所述，人耳对信号响度的感觉与其均方根值成比例，因此短时间内的高峰值并不显著增加信号的响度。理想的情况是，允许信号音量稍上升或稍下降，但与不对信号进行控制的情况相比，范围要小些；反之，如果信号的波峰触发增益下降，音量实际上将减小而不是较小量的增加，这将显著地改变信号的动态，是一种不能接受的方法。为了避免信号峰触发压缩，就需调节信号增加的时间，以便使波形超过阈值电平的时间足够构成平均电平的增加，这里引入恢复时间的定义。恢复时间是指增益恢复至本身无增益下降值时的一定百分比所需的时间。如果信号的恢复时间太短，也就是说如果每次都恢复全部增益，那么信号电平均会下降至阈值以下；当增益增加时，背景噪声急剧升高，就会听到"砰砰"、"嘟嘟"和"卜卜"声。此外，如果将急促的连续的峰值信号馈送到压缩器，信号的增益将在每个峰值之后得到恢复，这时会检测到信号电平的升高。因为电平感受装置对波形的正负偏移十分敏感，非常短的恢复时间也可引起增益的下降，并导致信号出现谐波失真。为了避免以上现象，可将恢复时间延长，以便让超过阈值的波形漂移地恢复，只使增益降低一半，这些超过阈值的漂移使增益保持下降，然后逐步恢复到正常状态，这就可使背景噪声电平的增加不那么明显，并使随后所需的任何增益变化不那么激烈。然而，如果恢复时间太长，信号强的部分所引起的增益的下降会持续至弱的部分，使弱的部分听不见。所以恢复时间一般取增益恢复至本身无增益下降值时的 63% 所需的时间。

图 5 - 13 是一种压控型压缩器的框图，它由检波器和压控放大器（VCA）组成。

图 5 - 13　压控型压缩器框图

检波器不仅用来检出与信号电平相对应的直流电压或电流以便控制压控放大器的增益（似 AGC 原理），而且决定动作时间和恢复时间的长短。因此，检波器对压控器的性能影响很大。检波方式有峰值检波和有效值检波两种。前者反应速度快，但压缩量与响度之间的对应关系不好；后者反应速度慢，但压缩量与响度之间的对应关系较好。为了兼有二者的优点，可以同时采用峰值检波和有效值检波。检波器的输入信号可以取自放大器的输入端，也可取自放大器输出端。

压控放大器一般都采用压控可变电阻来控制增益。图 5 - 14（a）为场效应管压控可变电阻原理图。当加在漏极 D 与源极 S 之间的信号电压小于 0.1 V 时，漏、源极之间的等效电阻 R_{DS} 将随着上述检波器检波电压得到的栅源负偏压 U_{GS} 变化，二者之间的关系如图 5 - 14（b）所示。当 $U_{GS} = 0$ 时，R_{DS} 最小，约为几百欧姆到几千欧姆；栅源负偏压越大，R_{DS} 也越大；栅源负偏压等于场效应管的夹断电压 U_p 时，R_{DS} 可达 $10^7\ \Omega$ 以上，漏源之间的等效电阻随栅源负偏压的变化在 $10^3 \sim 10^7\ \Omega$ 间变化。用这种压控可变电阻控制放大器增益，很容易使压控放大器的增益控制范围达到 50 dB 以上。

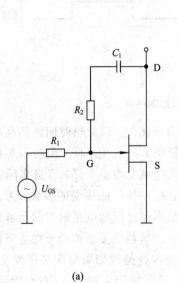

(a)

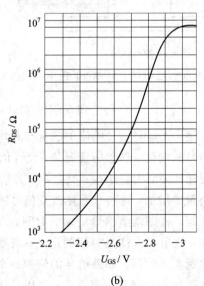

(b)

图 5 - 14　场效应管压控可变电阻

上述压缩器的压缩特性如图 5 - 15 所示。压缩比连续变化，压缩输入门限（阈值）电压约为 30 mV，输入大于 100 mV 后进入限幅区。在低于限幅区的范围内，非线性失真小于 1%。具有这种压缩特性的压限器常用于剧院、歌舞厅等扩声系统。

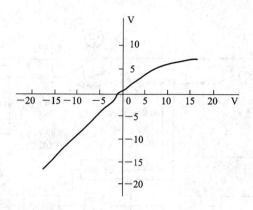

图 5 - 15　压控型压缩器的压缩特性

当压缩器的压缩比足够大时，压缩器就变为限幅器，所以压缩器和限幅器实际构成同一台信号处理设备——压缩/限幅器，也称压限器，其特性示于图 5 - 16。限幅器实际上是压限器的极端使用情况，此时压限器的压缩比率很大，使超过设定门限阈值的信号不再放大，而是被限制在同一个电平上，即超过阈值的电平信号波形的顶部被削掉，这类似于电子线路中的限幅器。大多数限幅器都有 10∶1 或 20∶1 的比率，它们可利用的比率甚至高达 100∶1。限幅器大都用在录音系统中，以避免信号的瞬间峰值达到它们的满振幅而使磁带过负荷，因为磁带的动态范围很小，只有 60 dB 左右。

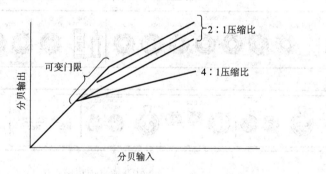

图 5 - 16　压限器特性

压限器的技术指标主要包括阈值、上升时间、恢复时间、压缩比率、输入和输出增益、信噪比、频率响应及总谐波失真等等。

5.2.3　压缩/限幅器的应用

压限器也是扩声系统的常用设备之一，特别是在较大型专业演出场所的扩声系统中，压限器是必不可少的设备，有时甚至要使用多台压限器。近几年在一些高档次的歌舞厅等业余演出场所的扩声系统中也越来越多地使用到压限器。下面通过日本 YAMAHA 公司的 GC2020BⅡ产品介绍压限器的使用。

GC2020BⅡ压限器的原理框图和前后面板图分别示于图 5 - 17 和图 5 - 18。其主要技术指标为：信噪比＞90 dB；总谐波失真＜0.05％；频响（20 Hz～20 kHz）为±2 dB；其他指标均在键钮上显示出来。

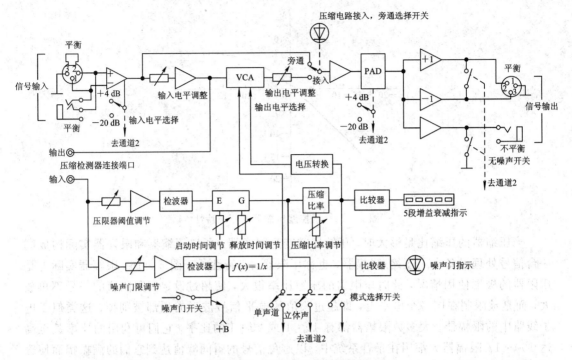

图 5-17　GC2020BⅡ原理框图

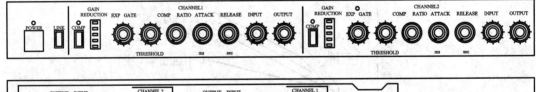

图 5-18　GC2020BⅡ前后面板示意图

1. 前面板——键钮功能

压限器各种控制键钮大多设置在前面板上(见图 5-18)。

1) 电源开关(power ON/OFF)

这是设备的交流电源开关。按一次为开(ON),再按一次为关(OFF)。电源接通后对应的指示灯亮。

2) 立体声和双单声道选择开关(LINK:STEREO/DUAL MONO)

压限器通常都具有两个通道,即"通道 1"(CHANNEL 1)和"通道 2"(CHANNEL 2)。它们有两种工作制式,一种是立体声制式,一种是双单声道制式,这个按键就是用来进行工作制式选择的。

(1) 抬起此键,为"双单声道"(DUAL MONO)制式,此时"通道 1"和"通道 2"相互独立,这是标准工作状态,该压限器被认为是两个分离的压缩/限幅单元,可以分别处理两路不同的信号;

（2）按下此键，为"立体声"（STEREO）制式，此时"通道 1"和"通道 2"是相关联的，两通道同时工作，并且两通道控制参量是按下列方式联系的：

- 对两通道设置最低的 EXP GATE 值和最高的 THRESHOLD 值。
- 对两通道设置最短的 ATTACK 时间和 RELEASE 时间。
- 如果一个通道的 COMP 开关处在抬起（关闭）位置，该通道将不被连接。
- 在使用立体声制式时，两通道的 INPUT 和 COMP RATIO 按钮必须设置在相同数值，只要一个通道有信号输入，两个通道都会产生压缩或限幅作用。此功能特别适用于处理立体声节目。

3）压限器输入/输出选择开关（COMP IN/OUT）

这个按键是对压限器中的压缩/限幅电路的接入与断开进行选择控制的。按下此键（"IN"位置），压缩/限幅电路接入压限器，信号可以进行压缩/限幅处理，该键上方的工作状态指示灯亮；抬起此键（"OUT"位置），压缩/限幅电路将从压限器中断开，信号绕过压缩/限幅电路直接从输出放大器输出，不进行压缩/限幅处理，指示灯灭。

4）增益衰减指示表（GAIN REDUCTION）

这个指示表用 dB 表示增益衰减来显示压限器处理的信号，共分五挡：0、−4、−8、−16 和 −24 dB。

5）噪声门限控制与显示（EXP GATE）

"EXP"是 EXPANDER（扩展器）的缩写，扩展器的功能之一是，当信号电平降低时，其增益也减小，用它可以抑制噪声。通过旋钮设置一个低于节目信号最低值的门限（GATE）电平，这样，低于门限的噪声就被限制，而所有节目信号可以安全通过，这个功能对节目间歇时消除背景杂音和噪声尤其有效。从这个意义上讲，这个门限就是噪声门限，它的作用就是抑制噪声，所以将"EXP GATE"称为"噪声门"而不是"扩张门"。需要说明，压限器的"EXP GATE"功能与其压缩/限幅功能是独立的，它不影响压限器的压缩/限幅状态。

噪声门限的调节范围与前面板的"INPUT"旋钮的设置和后面板的"INPUT LEVEL"选择开关的设置有关。

（1）"INPUT LEVEL"选择开关置于"−20 dB"位时：

- "INPUT"旋钮设在"0"位，门限调节范围为−24～−64 dB；
- "INPUT"旋钮设在中央位置，门限调节范围为−49～−89 dB；
- "INPUT"旋钮设在"10"的位置，门限调节范围为−64～−108 dB。

（2）"INPUT LEVEL"选择开关置于"+4 dB"位时：

- "INPUT"旋钮设在"0"位，门限调节范围为 0～−40 dB；
- "INPUT"旋钮设在中央位置，门限调节范围为−25～−65 dB；
- "INPUT"旋钮设在"10"的位置，门限调节范围为−40～−80 dB。

噪声门限的调整方法：先把"EXP GATE"旋钮置"0"位，然后接通电源，但不能输入信号；调节"INPUT"旋钮，在一个高到可以听到杂音或噪声的状态下监听输出；慢慢旋转"EXP GATE"钮提高门限值直到噪声突然停止，再继续旋转几度；然后送入节目信号监听，检查门限是否截掉了节目信号中较弱的部分；如果"门"在颤动，并发出"嗡嗡"声，说明门限值过高，弱信号无法通过，应该适当降低门限，直到消除上述现象。

当噪声门打开时，"EXP GATE"钮上方的指示灯亮，逆时针旋转"EXP GATE"钮即可解除噪声门。

6）压限器阈值（门限）调节旋钮（THRESHOLD）

这个旋钮用来控制压限器阈值的大小，它决定着在信号为多大时压限器才进入压缩/限幅的工作状态。如压限器原理所述，阈值设定后，低于阈值的信号原封不动地通过，高于阈值的信号，按压限器设置的压缩比率及启动和恢复时间三个参数进行压缩或限幅。

和"EXP GATE"调节相同，压限器阈值的调节范围也取决于"INPUT"钮和"INPUT LEVEL"开关的位置，同样有两种情况。

（1）"INPUT LEVEL"置于"-20 dB"位时：

· "INPUT"设在"0"位，阈值为 $-4\sim-19$ dB；

· "INPUT"设在中央位置，阈值为 $-4\sim-44$ dB；

· "INPUT"设在"10"位，阈值为 $-19\sim-59$ dB。

（2）"INPUT LEVEL"置于"$+4$ dB"位时：

· "INPUT"设在"0"位，阈值为 $+5\sim+20$ dB；

· "INPUT"设在中央位置，阈值为 $+20\sim-20$ dB；

· "INPUT"设在"10"位，阈值为 $+5\sim-35$ dB。

压限器阈值的大小，要依据节目源信号的动态来决定。"THRESHOLD"旋钮顺时针旋转，阈值越高，信号峰值受压缩/限幅的影响就越小；但是阈值过高，就有可能起不到压缩/限幅的作用。多数情况下，门限控制被顺时针旋转到刻度"10"的位置，这样少数信号峰值被有效地压缩/限幅。

7）压缩比调节旋钮（COMP RATIO）

阈值确定以后，用这个旋钮来决定超过阈值信号的压缩比。压缩比 $\infty:1$，通常用来表示限幅功能，限制信号超过一个特殊的值（通常是 0 dB）；超高压缩比 20：1，通常用来使乐器声保持久远，特别适用于电吉他和贝司，同时会产生鼓的声音；低压缩比 2：1$\sim$8：1，通常用来使声音圆润，减少颤动，特别是当说话者或歌唱者走近或远离麦克风时。

8）启动时间调节旋钮（ATTACK）

所谓启动时间是指当信号超过阈值时，多长时间内压缩功能可以全部展开，它与原理中介绍的信号增加时间是一致的，这个旋钮就是用来调节启动时间长短的，它的调节范围为 0.2$\sim$20 ms。

启动时间在很大程度上取决于被处理信号的种类和希望得到的效果，极短的启动时间通常用来使声音"圆滑"。前已述及，高压缩比可以使电吉他等乐器的声音保持久远，在这种情况下，通常选择比较长的启动时间，启动时间的大小应包容信号的增加时间。

9）释放时间调节旋钮（RELEASE）

与启动时间相反，释放时间是指当信号低于阈值时，多长时间内能释放压缩，它与原理中所说的信号恢复时间是一致的。这个旋钮就是用来调节释放时间长短的，它的调节范围为 50 ms$\sim$2 s。

与启动时间相同，释放时间的控制在很大程度上取决于被处理信号的种类和希望得到的效果，其主要原因是，如果信号低于阈值，压缩就立刻停止，会造成信号的突变，尤其是当乐器有长而柔和的滑音时。除非有特别要求，一般调节释放时间的长短，应使其包容被处理的信号。

10）输入电平调节旋钮（INPUT）

这个旋钮用来控制压限器的输入灵敏度，使压限器能接受宽范围的信号。

11）输出电平调节旋钮（OUTPUT）

这个旋钮用来控制压限器输出信号的大小，其控制范围与"INPUT"相同。

2. 后面板——接线端口

压限器的输入、输出端口均在后面板上。

1）输入端口（INPUT）

一般压限器的输入端口有两组，它们是连在一起的（见图 5 - 17），而且均采用平衡（Balanced）输入，分别使用平衡 XLR 插件或 1/4 英寸直插件。

2）输入电平选择开关（INPUT LEVEL）

YAMAHA - GC2020BⅡ压限器的后面板上设有一个输入电平选择开关键，同时控制两个通道，它有两种选择状态，即"－20 dB"和"＋4 dB"。具体操作视声源信号而定。它与前面板的"INPUT"钮配合，使压限器的输入电平与所接设备的输出电平匹配。

3）输出端口（OUTPUT）

压限器的输出端口也有两组。与输入端不同的是，它们分别从两组输出回路输出（见图 5 - 17），而且其输出方式也有平衡输出和不平衡输出两种，分别使用平衡 XLR 插件和不平衡 1/4 英寸直插件，以方便与下级设备的连接。

4）输出电平选择开关（OUTPUT LEVEL）

这个开关键与"INPUT LEVEL"开关键相同，也是用来控制电平匹配的。它也有"－20 dB"和"＋4 dB"两种选择。当与前面板的"OUTPUT"钮配合时，应使压限器的输出电平与所接设备的输入电平匹配。

5）压缩检测器输入/输出端口（DETECTOR IN/OUT）

我们知道，压限器主要由两部分组成，即压控放大器部分和检波电路部分，这里的检测器实际上就是压限器原理中介绍的检波电路部分。检测器输出端口（DETECTOR OUT）直接与压控放大器（VCA）的输入端相连（见图 5 - 17）。取自 VCA 输入端的信号经耦合棒送入检测器输入端（DETECTOR IN），经处理后控制 VCA 的增益，从而对压限器输入信号完成压缩/限幅等功能。除输入、输出电平调整外，压限器的压缩比等参数均在检测器电路中控制。

DETECTOR IN/OUT 还有一个功能，就是同时去掉两个通道的耦合棒，将一个通道的"DETECTOR OUT"与另一个通道的"DETECTOR IN"直接相连。在这种情况下，通道 2 将对输入到通道 1 的信号作出反应，而通道 1 对本身的信号或通道 2 的信号都不作反应。这种功能对讲话者尤其有益。讲话者的话筒信号进入通道 1，而音乐信号进入通道 2，因此，通道 2 信号的放大由通道 1 来控制。通道 2 的压缩比可被调整至无论何时只要讲话者说话，通道 2 中的音乐信号就会及时减弱，使得说话声能清晰地听见。

正常使用压缩器时,请将耦合棒按图 5 - 18 所示方式接入。

以上我们讨论了压缩/限幅器的基本原理和使用方法,可以看出压限器的调整是非常麻烦的,多数情况下是依靠操作者的听觉和经验来调整的,这就要求音响师不但要了解节目的特点,而且还要有十分丰富的实践经验。

5.3 电 子 分 频 器

作为音频信号处理设备的电子分频器,通常用在大型或高档次的扩声系统中。它可以提高音频功率放大器的工作效率,减少无用功率,降低扬声器系统的频率失真度,从而提高扬声器的还音质量。

5.3.1 电子分频器的功能

在一个扩声系统中,通常有相当多的声源,特别是交响乐等高层次大型演出,有时要使用多达几十只的话筒,对各种乐器分声部进行拾音。这些声源的音频信号通过一个系统进行放大、处理,其音频的传输状态不会很理想,音频及其谐波过于混浊,层次不清。经扬声器系统还音重放时,如果使用全频带音箱送出全频带音频信号,那么,150 Hz 或 200 Hz以下的低频声能量要占到全频带声能量的一半左右,尽管它的音乐内容只是整个音乐中的低音打击乐部分、和弦的基音部分和极低音区,但其能量却很大。因为人耳对低频声音听觉不够灵敏,所以这部分声音送入声场的能量就大了。也就是说,如果低音和高音在同一个通道中传输、放大、直至还音,会对中高音有一定的损害,往往会对能量比较小的中高音形成一种掩蔽作用,使中高音成分细腻的部分和音色之间细小差异的表现受到限制,降低了音乐的层次感,这也是均衡器调整中要提升中高音区和适当衰减低音区的原因之一。

为了避免上述情况,最好的方法是将中高音频和低音频进行分离放大和传输,用不同的功率放大器分别带动纯低音和中高音扬声器系统,从而增强声音的清晰度、分离度和层次感,增加音色表现力。虽然音箱内本身设有无源分频器和衰减器,分别用来分离高低音单元和平衡能量,但处理效果不及电子分频器。高档的音箱,例如 JBL47、48 系列,其有些型号的中高音音箱专门设有高频和中频接线端口,可分别用两台功放带动高音和中音扬声器单元,并配以与之配套使用的纯低音音箱;有些音箱还设有低频、中频和高频接线端口,可通过三台功放独立送入低音、中音和高音的音频信号,分别推动低、中、高音扬声器单元。此时,音箱内部的无源分频器不再起作用。在国外的一些大型音乐会使用的扩音系统中,还常常把每个声部或某些乐器和人声通过单独通道传输,分别用不同的扬声器系统把声音送入声场,互不干扰。这是当前世界上最高层次的演出分频系统,但这种扩音系统跨接十分复杂,有相当难度,且造价昂贵。

要想把低音、中音、高音信号分开,分别进行传输和放大,首先就要把全频带音频信号分离成低音和中高音,或者分离成低音、中音和高音,这样就需要有一种高性能的分频器,这就是电子分频器。也就是说,电子分频器具有选择频率点分离音频信号的功能。

5.3.2 电子分频器的基本原理

电子分频器是对全频带音频信号进行分频处理的,按照分离频段的不同可分为二分频、三分频和四分频电子分频器。无论哪种分频器，要分离音频，就必须有选频特性，而且，要有一定的带外衰减。因此，电子分频器主要由高阶低通、高通或带通及晶体管或集成运放构成的有源滤波器组成。图 5－19 给出了由有源高、低通滤波器组成的高、低二分频的原理电路，对于三分频和四分频只要在其中加入相应的带通滤波器即可，其工作原理比较简单，此处不再详述，读者可参照有关书籍或资料。下面我们主要依据原理讨论各类分频器的分频特性及它们在扩声系统中与音箱的连接。

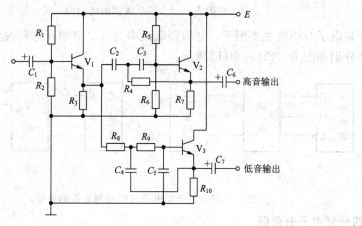

图 5－19　电子分频原理电路

1．二分频电子分频器

二分频电子分频器是由一个高通和一个低通滤波器组成的。它将音频信号分为低音和高音两个频段，设有一个低频和高频交叉的频率点，称为分频点，也就是说二分频的分频器只有一个分频点，其频响特性(即分频特性)如图 5－20 所示。

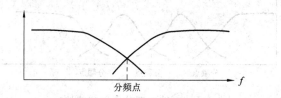

图 5－20　二分频频响特性

二分频电子分频器主要用于二分频音箱或中高音音箱和纯低音音箱的组合，其连接方法分别如图 5－21(a)和(b)所示。

(a)　　　　　　　　　　　　　　　　(b)

图 5－21　二分频电子分频器与音箱的连接

2．三分频电子分频器

三分频电子分频器是由一个高通、一个带通和一个低通滤波器组成的。它将信号分为低音、中音和高音三个频段，设有低/中和中/高两个分频点，其频响特性如图 5－22 所示。

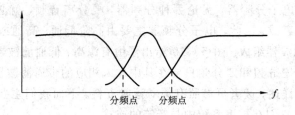

图 5 - 22   三分频频响特性

三分频电子分频器主要用于三分频音箱或中高音二分频音箱和纯低音音箱的组合,其连接方法分别如图 5 - 23(a)和(b)所示。

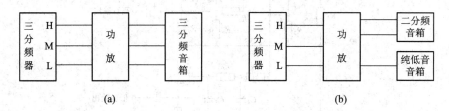

图 5 - 23   三分频电子分频器与音箱的连接

3. 四分频电子分频器

四分频电子分频器是由一个高通滤波器,两个不同中心频率的带通滤波器和一个低通滤波器组成的。它将信号分为低音、低中音、高中音和高音四个频段,设有低/低中,低中/高中和高中/高三个分频点,其频响特性如图 5 - 24 所示。

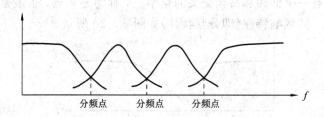

图 5 - 24   四分频频响特性

四分频电子分频器主要用于三分频音箱和纯低音音箱的组合或四分频音箱(这种音箱很少见),连接方法如图 5 - 25 所示。

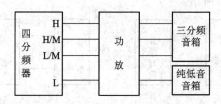

图 5 - 25   四分频电子分频器与音箱的连接

无论哪种电子分频器,各分频点在一定范围内是可调的,且滤波器的带外衰减一般为 18 dB/oct。这是电子分频器的一个重要指标。

此外,在电子分频器中还专门设有一个高通滤波器或低通滤波器,截止频率一般为 40 Hz 或 20 kHz,用来切除一些不必要的频率成分。

5.3.3　电子分频器的选型

在实际中选择几分频的电子分频器，要依据扩声系统的要求而定。

一般的中小型歌舞厅为了降低投资成本，选用二分频电子分频器，配以二分频音箱（具有外接分频端口的音箱，以下同）就可以了，如果想提高档次，也可配以中高音箱和纯低音音箱的组合。

音乐厅、剧院和大型高档歌舞厅等比较复杂的扩声系统，其主扩声通道常采用二分频或三分频音箱再配以纯低音音箱，这时需选用三分频或四分频电子分频器；有些要求更高的系统用于辅助扩声的音箱也采用二分频音箱，此时需要增选二分频电子分频器，因为辅助扩声通道较少使用纯低音音箱。

至于 DISCO 舞厅，因为要增加震撼力和节奏感，通常要使用较多的纯低音音箱，除主扩声通道外，周围的辅助扩声通道也要适当增加纯低音音箱，这样就应选用不止一台的电子分频器。

必须明确的是，在扩声系统中使用电子分频器，调整分频点时，要使其分频点的频率接近所配音箱的分频点的频率。

5.3.4　电子分频器实例

电子分频器的调整比较简单，它的控制键钮均设在前面板上，主要有电平调整和频率调整等。图 5 - 26 是 DOD834—Ⅱ型电子分频器的前面板结构图。它示出了该分频器的所有控制键钮。

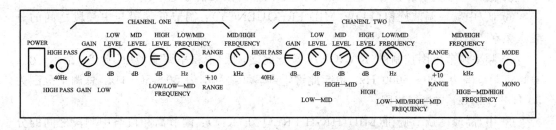

图 5 - 26　DOD834—Ⅱ前面板结构图

834—Ⅱ电子分频器具有立体声和单声道两种工作模式。在立体声模式下，它是一台三分频电子分频器，通道 1(CHANNEL ONE) 和通道 2(CHANNEL TWO)独立控制，可分别接入扩声系统的左声道和右声道；在单声道模式下，它是一台四分频电子分频器，通道 1 和通道 2 合二为一，成为一台单通道设备。

834—Ⅱ电子分频器主要技术指标如下：

· 分频点：立体声

　　　　　低/中　50 Hz～5 kHz

　　　　　中/高　750 Hz～7.5 kHz

　　　　　单声道

　　　　　低/低中　50 Hz～5 kHz

　　　　　低中/高中　50 Hz～5 kHz

高中/高   2～20 kHz

- 输入/输出：2 组 40 kΩ 平衡输入，7 组 102 Ω 平衡输出
- 滤波器：18 dB/oct
- 最大输入电平：+21 dBμ
- 输出电平控制：−∞～0 dB
- 增益控制：0 dB～+15 dB
- 高通滤波器：40 Hz 12 dB/oct
- 频响(10 Hz～30 kHz)：+0/−0.5 dB
- 总谐波失真：小于 0.03%
- 信噪比：大于 90 dB

834—Ⅱ电子分频器的工作模式通过模式按键开关(MODE)选择。控制键钮对两种工作模式的控制状态有些差异，键钮上方的标示为立体声(STEREO)控制状态，下方标示为单声道(MONO)控制状态。下面结合图 5 - 26 介绍电子分频器在不同工作模式下的键钮控制功能。

(1) 立体声模式。两通道键钮控制完全相同且相互独立，参照键钮上方标示。

① 高通滤波器开关键(HIGH PASS)：按下此键，将 40 Hz 高通滤波器接入分频器，指示灯亮；必要时用来消除低频干扰和噪声。

② 增益调节旋钮(GAIN)：调节整机信号的增益。

③ 低频电平调节旋钮(LOW LEVEL)：调节低频段信号电平。

④ 中频电平调节旋钮(MID LEVEL)：调节中频段信号电平。

⑤ 高频电平调节旋钮(HIGH LEVEL)：调节高频段信号电平。

⑥ 低/中频率调节旋钮(LOW/MID FREQUENCY)：调节低频段与中频段之间的分频点频率。

⑦ 频率调节范围控制键(RANGE)：按下此键，低/中频率调节增加 10 倍，指示灯亮，频率可调范围为 500～5000 Hz，抬起此键，频率可调范围为 50～500 Hz，总调整范围为 50 Hz～5 kHz，与指标相同。

⑧ 中/高频率调节旋钮(MID/HIGH FREQUENCY)：调节高频段与中频段之间的分频点频率。

(2) 单声道模式。两通道键钮合并成一个通道进行控制，有些键钮不再起作用，工作模式由面板最右端模式选择键(MODE)选择。按下此键，进入单声道模式，指示灯亮，参照图 5 - 26 键钮下方标示。

① 高通滤波器开关键(HIGH PASS)：与前同。

② 增益调节旋钮(GAIN)：与前同。

③ 低频电平调节钮(LOW)：与前同。

④ 低/低中频率调节钮(LOW/LOW-MID FREQUENCY)：调节低频段与低中频段之间的分频点频率。

⑤ 频率调节范围控制键(RAGNE)：按下此键，低/低中频率调节增加 10 倍，频率可调范围为 500～5000 Hz，抬起此键，频率可调范围为 50～500 Hz，总调整范围为 50 Hz～5 kHz，与指标相同。

⑥ 低中频电平调节钮(LOW-MID)：调节低中频段信号电平。

⑦ 高中频电平调节钮(HIGH-MID)：调节高中频段信号电平。

⑧ 高频电平调节钮(HIGH)：调节高频段信号电平。

⑨ 低中/高中频率调节钮(LOW-MID/HIGH-MID FREQUENCY)：调节低中频段与高中频段之间的分频点频率。

⑩ 频率调节范围控制键(RAGNE)：该键与上述⑤键功能相同，只是它对应的是低中/高中频率调节范围。

⑪ 高中/高频率调节钮(HIGH-MID/HIGH FREQUENCY)：调节高中频与高频之间的分频点频率。

⑫ 工作模式选择键(MODE)：按下此键为单声道(MONO)模式，指示灯亮，抬起此键为立体声模式。

其余各键钮在单声道模式下不起作用。

在使用电子分频器时，选择哪种工作模式取决于扩声系统的设计。各分频点频率的设置要与所用音箱的分频点对应，各信号电平的大小要根据系统的聆听效果而定。

电子分频器的所有输入/输出端口均设在后面板上。立体声工作模式下，两通道各有一组输入和高、中、低频三组输出，此时整台设备共有两组输入和六组输出。单声道工作模式下，整台设备只有一组输入和高、高中、低中、低频四组输出。各种端口在面板上均有标示，这里不再详述。

顺便指出，不论电子分频器是哪种品牌，哪种类型，其输出端口和控制键钮都与分频点决定的频段相对应，且明确标示在面板上。

5.4　效果处理器

5.4.1　概述

在音频信号处理设备中，有一类专门用来对信号进行各种效果处理的设备，例如延时器、混响器等，在专业上通常将这类设备称为效果处理器。

人们都知道在音乐厅等专业场所欣赏音乐节目总是比在家庭、教室、会议室等普通房间里的效果好，这当然有多方面的原因，但声音的延时和混响等效果处理是重要的原因之一。

我们知道，人们在室内听到的声音包括三种成分：未经延时的直达声、短时延时的前期反射声和延时较长的混响声。特别是混响声，它持续时间(即混响时间)的长短直接影响人们的听音效果。混响时间太短，声音发"干"不动听；混响时间太长，声音混浊不清，破坏了音乐的层次感和清晰度。因而，对于特定的音乐节目，混响时间有一个最佳值。从对大多数优质音乐厅场所的观察来看，此值在 $1.8\sim2.2$ s 之间最佳。

由于音乐厅等演出场所充分考虑了声音的延时和混响等效果，因此人们在欣赏演出时可以充分感受到乐队演出的展开感、宽度感、听音的空间感和一定程度的乐音的包围感，也可以笼统地称之为临场感、现场感或自然感，所以音乐十分优美动听。

多年来，专业研究人员不断开发和改进各种音响设备，希望利用这些设备能够在多种场合重现在音乐厅演出的效果，至今已取得了相当大的进展，出现了包括前几节中介绍的多种音频信号处理设备，延时器、混响器等效果处理器类也是其中代表之一。

延时器(Delay)是一种人为地将音响系统中传输的音频信号延迟一定的时间后再送入声场的设备，是一种人工延时装置。它除了能对声音进行延时处理外，还可产生回声等效果。目前，延时器普遍采用电子技术来实现，通称为电子延时器。

电子延时器是把音频信号储存在电子元器件中，延迟一段时间后再传送出去，从而实现对声音的延时。目前常用的有电荷耦合型器件(BBD)延时器和数字延时器两种。BBD延时器结构简单，价格低廉，主要用于卡拉OK机等业余设备，与后者相比，其动态范围较小，音质效果欠佳；在各种专业音响设备或系统中普遍采用数字延时器，它是一种理想的延时处理设备。

混响器在音响系统中用来对信号实施混响处理，以模拟声场中的混响声效果，给发"干"的声音加"湿"，或者人为地增加混响时间，以弥补声场混响时间的不足。

混响器主要有两大类，即机械混响器和电子混响器。机械混响器主要包括弹簧混响器、钢板混响器、箔式混响器和管式混响器等，由于它们功能比较单一，音质也不很理想，且存在因固有振动频率而引起的"染色失真"现象，因此目前很少使用。

电子混响器以延时器为基础，通过对信号的延时而产生混响效果，它往往兼有延时和混响双重功能，混响时间连续可调，且功能较多，能模拟如大厅、俱乐部等多种声场，并能产生一些特殊效果，使用也十分方便。特别是以数字延时器为核心部件的数字混响器，具有动态范围宽、频响特性好、音质优良等优点，主要用于专业音响系统。

近些年来，国外一些音响设备公司开发出一种称之为 MULTI-EFFECT PROCESSOR，(即多效果处理器)的设备，简称效果器。这种设备不仅有上述延时和混响功能，还能制造出许多自然和非自然的声音效果；而且，它利用计算机技术，将编好的各种效果程序储存起来，使用时只需将所需效果调出即可。特别是高档次设备，还可根据需要调整原有的效果参数，即进行效果编程，并将其储存，以获得自己想要的效果，使用更加方便，很受音响师们的青睐，现代音响系统普遍采用这种设备进行效果处理。

5.4.2 数字延时器

数字延时器不仅是数字混响器的核心部件，在专业音响中还有专门对信号进行延时处理的数字延时器设备。

1. 数字延时器的基本原理

数字延时，是先将模拟信号转换成数字信号，再利用移位寄存器或随机寄存器将数字信号储存在存储器中，直到获得所希望的延时时间以后再取出信号，然后将数字信号再还原成模拟信号送出，此时的模拟信号就是原信号的延时信号。其原理框图如图5-27所示。

图中，输入端的低通滤波器用来限制信号中的高频分量，以防止采样过程中的折叠效应；输入信号经模/数(A/D)转换后得到的数字信号，通过多个相互串联的移位寄存器，这些移位寄存器使每个数字信号在采样时间间隔内移到下一级，直到经过所希望的延时时间；然后把信号从寄存器中取出并经数/模(D/A)转换和低通滤波器平滑，还原为模拟信号送出。延时时间长短的选择则通过存储容量的变换来实现，主同步控制器产生时钟信号使上述所有功能同步。

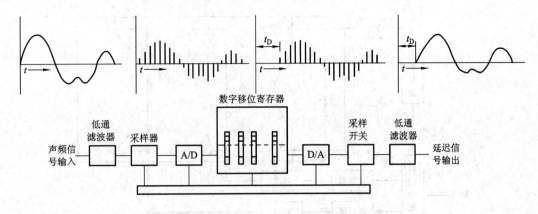

图 5 - 27　数字延时原理框图

　　数字延时器是数字延时设备的基本单元，在有些具有特殊效果的数字延时器中，还要将延时信号（延时声）和原输入信号（主声）按比例混合后作为延时器的输出。这样，既可以听到主声，也可听到延时声，从而得到几种不同的特殊效果。如拍打回声（Slap Echo）、环境回声（Ambient Echo）、多重回声（Multi Echo）、静态回声（Static Echo）、长回声（Long Echo）、变调效果（Pilch Bend）和动态双声（Dynamic Doubling）等。这种延时器在扩声系统中主要用来产生某些特殊效果。

　　在专业音响（效果）设备中，还有一类数字延时器，其延时声不与主声混合，不产生特殊效果，只对扩声系统中传输的信号作延时处理，以补偿由于系统传输线缆长短不同而造成的传输信号的时间差。这类延时器通常称为数字式房间延时器，例如 DOD811 型数字延时器即为此类设备。它们的调整非常简单，一般只有输入/输出电平控制和延时时间控制。

2. 延时器的应用

　　延时器在现代扩声系统中得到了广泛的应用，它不仅能提高节目质量，还能产生某些特殊效果。

　　通常，在一些大型场所，例如大型音乐厅、影剧院和高档次大型歌舞厅等，扩声系统中的扩声通道不止一个，除主扩声外还有一组或几组辅助扩声，使用的音箱较多，这些音箱在厅堂内摆放的位置是前后左右错落有序的，如图 5 - 28 所示。这样，从各音箱发出的声音传到听众席时在时间上就会出现先后差异，从而造成回声干扰，使人听不清楚；而且由于人耳对声音的感觉有先入为主的特点，因此人们就会感到声音来自距离自己近的音箱，从而造成听觉与视觉上的不一致。将房间延时接入扩声通道，对各扩声通道信号分别进行适当延时，使各音箱发出的声音几乎同时到达听众席，从而获得好的扩声效果。在调整延时时间时，可让舞台两侧的主扩声信号较听众席两侧的辅助扩声信号早些到达听众席位，时间相差很小使听众不会感到明显差异，这样可使人感到声音主要来自舞台方向，从而达到听觉与视觉的统一。

　　在大型乐队演出时，各种乐器是按要求在舞台前后左右排位的，图 5 - 29 所示为交响乐队演出时的排位。利用话筒拾音时，虽然调音台的声场定位功能可以使左右排位的乐器产生左右立体方位感，但是前后排位的乐器从音箱中送出的声音在时间上是相同的，给人

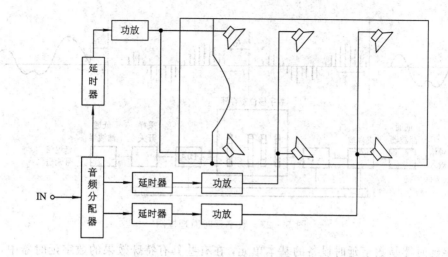

图 5 - 28　扩声通道的延时处理

的感觉是后排的木管、铜管和前排的提琴都在眼前,没有前后层次,失去了前后立体方位感。如果采用延时器,对后排的木管、铜管的拾音话筒适当加以延时,将这些乐器的声音推向深远处,使乐队有了前后层次,不但使整个乐队具有左右方位立体感,而且有前后方位立体感,也就是有了所谓的全方位立体感,从而得到理想的聆听效果。

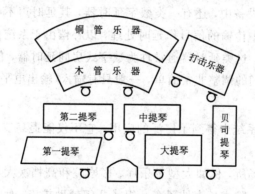

图 5 - 29　乐队演出的排位

带有某些效果的数字延时器还可以为演唱者或朗诵者加入回声效果。利用这种延时器对歌曲或朗诵的尾句、尾音适当延时,可以制造出像山谷中的回声,给演出增加了特殊效果。

延时器在现代音响系统中还有许多用途,例如,将左右声道信号延时后分别与其主声信号叠加可以使左右声道的声像分布加宽,从而扩展了声场,增强了立体感;这种方法还能改善声音的丰满度和浑厚感,降低人耳对非线性的敏感度,使声音更加优美动听。再例如,将单声道信号延时处理后分离,可产生模拟立体声等。这里就不再一一列举了,读者可在实践中去不断体会。

用于扩声系统中的数字延时器的品牌和种类较多,音响师通常是根据扩声系统的需要选择的。下面给出两种数字延时器的实例,供读者参考。

图 5-30 所示的是 DOD811 型数字式房间延时器前面板示意图，它只对信号进行延时处理。这种延时器调整非常简单，只设有输入/输出电平调整和延时时间（DELAY TIME）调整。

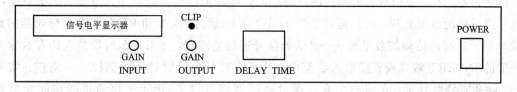

图 5-30　DOD811 数字式房间延时器

图 5-31 所示的是 DODROS 4000 数字延时器前面板示意图，它是一种常用的带效果的延时器，由于这种延时器的功能较多，因此调整时相对繁琐一些。下面对图中各键的功能进行说明。

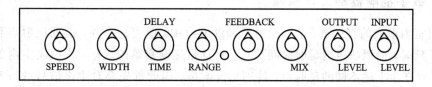

图 5-31　DODROS 4000 数字延时器

- SPEED：调整延时信号的衰减速度。
- WIDTH：调整空间感的强度（深度、宽度）。
- DELAY TIME：调整延时信号的延时时间。
- RANGE：调整第一次反射时间。
- FEEDBACK：调整延时信号的返回比例。
- MIX：调整延时信号与原信号的混合比例。
- OUTPUT LEVEL：调整延时器总输出信号电平。
- INPUT LEVEL：调整延时器输入信号电平。

以上数字延时器的电路结构如图 5-32 所示，下面对各部分的功能进行说明。

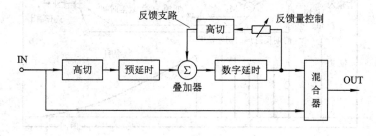

图 5-32　延时电路结构

- 高切：模仿声反射时高频成分的丢失状态。
- 预延时：产生与主声间隔大于 40～50 ms 的声音。
- 数字延时：产生多次回声（产生层次感）。
- 反馈支路：先将延时信号返回，再与预延时信号相加，然后进行延时后送出，产生层次范围，反馈量越大，效果愈强。

·混合器：将延时信号与原信号按比例混合，可输出带有回声等效果的信号。

延时器一般为单通道设备，用于扩声系统时，要根据需要确定延时器的数量。如果某扩声通道左、右声道信号需要相同的延时时间，可以用一台延时器串入系统；如果对话筒信号进行延时效果处理，可将延时器并在调音台上（通过 AUX 和 RET 端口），延时器的数量与不同延时的话筒的数量对应；对话筒信号进行处理时，还可将延时器接入调音台输入通道的 INSERT 端口或直接串入话筒中，其所需数量与延时处理的话筒一一对应。实际上，除非有特殊要求，在演出中有一两台延时器就可以了（用于扩声通道的房间延时器除外）。

在扩声系统中对延时器进行调整时，音响师通常是根据临场监听的效果来决定各参量大小的。

5.4.3　数字混响器的工作原理

在闭室内形成的直达声、前期反射声和混响声中，除直达声外，前期反射声和混响声都经过了延时，而混响声的延时时间最长，并且是逐渐衰落的。为了模拟闭室内的音响效果，就需要产生上述不同的延时声，特别是混响声。因此首先要对主声信号进行不同的延时，然后将各信号进行混合，从而模拟出闭室内的声响效果。图 5 - 33 为以数字延时器为基础的数字混响器原理图。

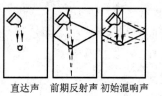

直达声　前期反射声　初始混响声　　　混响声

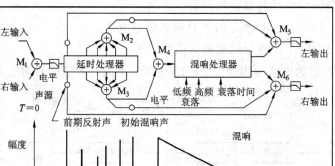

图 5 - 33　数字混响器原理

从图中可以看到，延时器起着非常重要的作用。将经过较短延时的信号取出后作为前期反射声，它与主声的间隔通常小于 50 ms；从经过多次不同延时的信号中取出一部分混合成初始混响声（有时人们进一步把前期反射声和混响声之间的部分叫做初始混响声），它实际上是声音的中期反射声，使声音有纵深感；将初始混响信号再经混响处理后就形成混响信号。这里的混响处理主要还是起延时作用。它将初始混响再进行适当延时，同时模拟混响声的衰落（即混响的持续时间）以及多次反射的高频丢失现象，由于低频信号有绕射现象，所以混响声中低频成分要多一些。混响声也可看成是声音的后期反射声，它使声音有浑厚感。最后将直达声、前期反射声、初始混响及混响信号混合，作为数字混响器的输出，这样就产生了模拟闭室声响的效果。也就是说，经数字混响器处理后，产生的混响声具有闭室混响声的特点，这些特点具体如下：

（1）混响声与主声分开，时间间隔在 50 ms 以内，且逐渐衰落，余音弱而且模糊；

（2）混响声与主声结合后产生延续感；

（3）混响声能产生明显的空间纵深感和声场环境感；

（4）混响声在主声之后，使声音变得丰满、圆润、浑厚、活泼。

5.4.4　多效果处理器的应用

近年来出现的多效果处理器设备，以数字混响器为基础，不仅有上述数字混响器所具有的功能（有些高档产品还有数字延时器的功能），而且具有产生多种特殊效果的功能，在现代扩声系统中得到普遍使用。目前，多效果处理器（以下简称效果器）主要分为两大类：一类是日本型的效果器，它们对音色处理的幅度大，有夸张的特性，听起来感觉强烈，尤其受到歌星和业余歌手的欢迎，这类效果器主要用来对娱乐场所的声音或流行歌曲演唱进行效果处理；另一类是欧美型的效果器，它们的特点是对音色进行真实、细腻的混响处理，可以模拟欧洲音乐厅、DISCO 舞厅、爵士音乐、摇滚音乐、体育馆、影剧院等的声响效果，但其加工修饰的幅度不够夸张，人们听起来会感觉到效果不很明显，这类效果器在专业艺术团体演出时使用较多。下面分别给出实例，使读者对两类效果器有初步了解。

1. YAMAHA EXP 100 效果器

日本 YAMAHA 公司生产了多种型号的档次不同的效果器，EXP 100 价格适中，满足一般歌舞厅效果处理的要求。

图 5 - 34 所示为 EXP 100 效果器前面板示意图，各功能键钮操作如下所述。

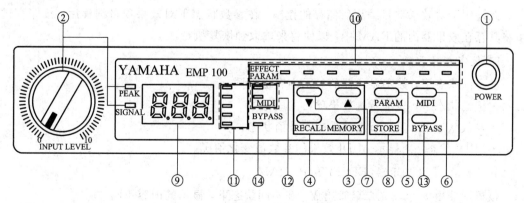

图 5 - 34　EXP 100 效果器前面板

1）电源开关（POWER）

这是一个按键，按一下效果器开启，再按一下则关闭。当处于开启状态时，除非重新设置，否则效果器执行上次关机前选择的效果程序。

2）输入电平控制（INPUT LEVEL）

该旋钮用来调整输入信号电平，调整时应使信号显示器（SIGNAL）常亮，而峰值显示器（PEAK）不应闪亮或只是偶尔闪一下。

3）记忆状态键（MEMORY）

此键用来控制效果器的记忆状态，并通过增（▲）减（▼）控制键选择效果项目（1～150），这 1～150 个效果项目是已存储在效果器内的可执行效果程序。

4）恢复键（RECALL）

此键控制效果程序的执行。在记忆状态下，用（▲）或（▼）键选好所要的效果项目，按下恢复键，使该项目对应的效果程序进入实际运行状态。

5）参数状态键（PARAM）

此键控制效果器进入选择参数状态，此时再利用（▲）或（▼）键，可以对效果项目的参数值进行重新编程。

6）MIDI 状态键（MIDI）

此键用来启动 MIDI 状态，并可通过（▲）或（▼）键选项。在 MIDI 状态下，效果器可以接受外部 MIDI 信号（如合成器送入的信号）对效果器信号处理系统的控制。此功能主要用于节目制作。

7）增（▲）和减（▼）控制键

在记忆、参数和 MIDI 三种状态下，此键的功能各不相同：

·记忆状态下，（▲）或（▼）控制键用来选择效果项目；

·参数状态下，（▲）或（▼）控制键用来调整参数值，并对所选效果项目进行编程；

·MIDI 状态下，（▲）或（▼）控制键用来进行效果器对 MIDI 效果项目变化的控制。

8）储存键（STORE）

此键用于对效果项目编程后储存的控制。在参数状态下对效果项目编程后，按储存键可将其存在效果器内的 RAM 中，以便将来选取和恢复执行。

9）数字式显示器

在不同状态下，数字显示器的显示内容也不同。

·记忆状态下，显示所选效果项目的序号；

·参数状态下，显示所选效果的参数值状态；

·MIDI 状态下，显示 MIDI 效果的参数值变化情况。

10）效果/参数显示器（EFFECT/PARAM）

该显示器由 8 个发光二极管组成。在不同状态下，显示的内容不同。

·记忆状态下，显示所选效果项目的种类，对应显示器上方标示；

·参数状态下，显示所选参数的种类，对应显示器下方标示。

（1）参数种类显示器

在参数状态下进行参数调整时，该显示器指示哪种参数正在被选取。

（2）MIDI 项目和记忆显示器

MIDI 状态下，此显示器指示 MIDI 效果项目是否工作，其参数序号在数字显示器中显示。

（3）旁路控制键（BYPASS）

按一下旁路键，旁路显示器闪亮，此时效果器进入旁路状态，输入信号被直接送至输出端，不经任何效果处理；再按一下旁路键，即取消旁路状态。

（4）旁路显示器（BYPASS）

效果器处于旁路状态时，该显示器亮。

图 5 - 35 为 EXP 100 效果器的后面板（背板）示意图。其中部分端口的功能如下所述。

① DC 12 V IN——直流电源输入端。EXP 100 效果器配有专门的外接直流电源，工作电压为 12 V。

② INPUT——输入端口。EXP 100 效果器采用单通道输入方式。

③ OUTPUT LEVEL——输出电平控制。EXP 100 效果器的输出信号电平只有两种固定的选择，即 -20 dB 和 -10 dB。

④ OUTPUT L/R——输出端口。EXP 100 效果器采用双声道输出方式，即左（L）、右（R）声道立体声输出。

⑤ MIDI IN——MIDI 信号输入端口。

⑥ FOOT SW——脚踏开关（FOOT SWITCH）连接端口。此端口用于接入脚踏板，可实施两种控制：

• BYPASS——旁路。利用脚踏开关控制效果器的旁路状态，与前面板的旁路键功能相同。

• TAP TEMPD——敲打节拍。利用脚踏板控制节拍。

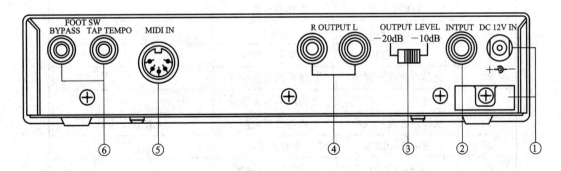

图 5 - 35　EXP 100 效果器后面板

以上介绍了 EXP 100 效果器各控制键钮和接线端口的功能。在扩声系统中使用时，效果的选择及参数的调整要根据临场需要而定，以取得理想的聆听效果为准。MIDI 状态通常用于音乐制作，脚踏开关也是为了方便控制效果器，在扩声系统中极少使用。

EXP 100 效果器预先设置的效果程序很多，其项目清单列于表 5 - 1 中，供参考。

表 5 - 1 EXP 100 效果器预先设置效果项目的清单

序号	功　能	通道名称	备　　注
概述(一般部件)			
1	混响	厅堂混响 1	
2	混响	厅堂混响 2	
3	混响	房间混响 1	房间中等大小,硬墙壁
4	混响	房间混响 2	
5	混响	声音混响 1	
6	混响	声音混响 2	独声或和声均可
7	混响	板混响 1	较柔和,适用于弦乐
8	混响	板混响 2	
9	早反射	厅堂早反射	直接早反射
10	早反射	随机早反射	声较粗
11	早反射	可调早反射	
12	早反射	弹性早反射	
13	延迟	立体声延迟 1	强调立体声效果,轻微延迟
14	延迟	立体声延迟 2	
15	和声	立体声和声	
16	加强音	加强音	
17	交响音	交响音	比和声更柔和,更优雅
18	立体声音高	立体声选通 1	
19	立体声音高	立体声选通 2	
20	三连音音高	主音高	
21	三连音音高	第七音符	
22	立体声音高+混响	立体声选通混响 1	
23	立体声音高+混响	立体声第八音选通	
24	立体声音高→混响	立体声选通混响 2	两者联合效果
25	交响音+混响	交响音混响	
26	延迟+混响	立体声延迟混响	
27	延迟→早反射	延迟早反射 1	
28	延迟→早反射	延迟早反射 2	
29	和声→延迟	延迟和声 1	
30	和声→延迟	延迟和声 2	

序号	功　能	通道名称	备　注
关键（主要部件）			
31	混响	适用于钢琴演奏厅	可产生自然混响
32	加强音	快速旋转音话筒	
33	加强音	慢速旋转音话筒	
34	混响	适用于教堂	好像从空荡荡的教堂发出的
35	延时＋混响	出现神秘的古琴声	形成古老、幽远的意味
36	延时	主弦 1	
37	延时→早反射	主弦 2	使声音更深远、透澈
38	混响	打击铜管乐混响	尖而短
39	延时	立体声延时 3	120 节拍/分钟
40	延时＋混响	立体声回声	
41	延时＋混响	短延时混响	强烈、突发
42	交响音	交响音拉长声（装饰音）	
43	立体声音高	立体声选通 3	
44	交响音＋混响	交响音壁	形成音墙效果
45	和声	颤动和声	直接连接乐器，效果最强烈
46	和声	环绕和声	
47	和声→延时	全景和声	
48	加强音	模仿加强音	
49	延时→早反射	贝司音早反射	使声音更雄厚
50	三连音音高	三和弦	适于独声，可产生奇效
吉　他			
51	立体声音高	音高转换和声	
52	交响音＋混响	弦交响	
53	立体声音高→混响	硬结构房间	
54	早反射	主要早反射	用于疯狂激烈的声音
55	和声→延时	深度延时和声	
56	延时＋混响	爵士乐吉他声	
57	延时＋混响	20 世纪 60 年代吉他声	
58	延时→早反射	传音爵士乐	声音热切，全方位传音
59	交响音	琶音交响音	
60	加强音	吉他加强音	
61	三连音音高	第 2 档	
贝　司			
62	三连音音高	音高转换、贝司和声	
63	加强音	贝司加强音	

续表二

序号	功　能	通道名称	备　注
鼓　类			
64	混响	房间气氛	
65	混响	厅堂气氛	
66	混响	明朗的气氛	
67	混响	紧凑的气氛	使声音丰满
68	混响	硬结构的房间	
69	混响	撞击音混响	使乐声热切
70	延时→早反射	撞击门效果	
71	混响	紧绷音混响	
72	延时→早反射	紧绷门音	
73	立体声音高＋混响	铙钹音混响	
74	早反射	可调整门音	
打　击　乐			
75	早反射	打击门音	
76	早反射	可调整的打击门音	
77	加强音	打击乐加强音	
78	立体声音高	双立体声音高	可制造出欢快的打击乐声
79	混响	打击乐混响	
80	混响	打击乐房间	
81	早反射	打击乐早反射	
82	早反射	重复颤音	
83	立体声音高	多打击乐音	
84	延时→早反射	少数民族打击乐	如脚鼓等
声音的、声乐的			
85	混响	声音混响	
86	立体声音高＋混响	流行声乐混响	使声音逼真
87	立体声音高	双声转换	
88	早反射	浴室	
89	延时＋混响	卡拉 OK	
声　音　效　果			
90	三连音音高	立体声音高下降	
91	三连音音高	立体声音高升高	
92	三连音音高	半音阶滑音（延长音）	
93	三连音音高	三连音滑音	
94	三连音音高	整音滑音	
95	三连音音高	三连音升高	
96	三连音音高	琶音	
97	立体声音高	深度选通混响	
98	＋混响	长隧道	约 12 s 长
99	加强音	弯曲音	
100	加强音	单一"嗡"音	只发这种音

2. DSP 256 效果器

DSP 256 是一种欧洲型效果器，由 Digtech 厂生产。这种效果器是一种性能优良的专业多效果处理器，是现代专业扩声系统中常用的设备。

图 5 - 36 为 DSP 256 效果器的控制面板（前面板）示意图，各键钮功能简介如下：

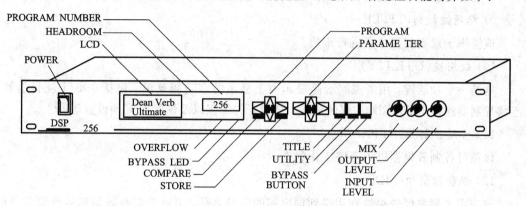

图 5 - 36　DSP 256 效果器前面板

1）电源开关（POWER）

该按钮控制设备的开启与关闭。开启时，DSP 256 效果器恢复与上次关机时相同的效果程序。

2）效果内容显示器（LCD）

这是一个两行 16 字符的液晶显示器，用于显示当前程序的标题和效果以及应用参数。

3）输入电平显示器（HEADROOM）

该显示器由四个发光二极管组成，用于显示输入信号电平。可用输入电平调整钮（INPUT LEVEL）设置输入信号的电平，当电平为最佳信号电平时，绿色发光二极管亮。红色二极管偶尔闪亮，表示信号电平达到峰值。

4）程序序号显示器（PROGRAM）

这是一个三段数字显示器，显示所选效果程序（项目）的序号。

5）过载显示（OVERFLOW）

此发光管用于指示效果器的过载状态。发光管亮时表示效果器因输入电平太大而过载，应适当减小输入信号电平。

6）旁路显示（BYPASS LED）

此发光管用于指示效果器的旁路工作状态。

7）程序控制键（PROGRAM）

这组键共有四个，用来控制效果程序的选择：

· 左边按键为比较键（COMPARE），用来对正在编辑的效果程序和原效果程序进行比较。

· 中间两键为增减控制键（上增下减），用来改变和选择项目序号（1~256）。

· 右边按键为存储键（STORE），用来将新编辑的效果程序存入所选的项目序号。

8）参数控制键（PARAME TER）

这组键也有四个，用来调整原效果程序的参数：

·左右两键用来选择下一个效果参数，停止在一个有用的功能或移到下一个标题。

·上下两键用来改变选择的效果参数值、有用参数值或标题。

9）标题键控制（TITLE）

该键用于对当前程序名进行编辑。

10）效用键（UTILITY）

这是一个功能键，用来控制液晶显示器上显示的多功能菜单，包括 100 个项目选择，连续控制器连接 MIDI 图示、程序传送、脚踏开关编程以及恢复原有预设置等。

11）旁路控制钮（BYPASS）

该钮可控制效果器进入旁路工作状态。

12）混合控制钮（MIX）

该钮用来调整经效果处理后送到输出端的信号电平，也就是调整效果信号与原信号的混合比例。顺时针旋转，加大效果信号比例；反之减小。

13）输出电平控制钮（OUTPUT LEVEL）

该钮用来调整效果器总输出电平的大小，以与下级设备匹配。

14）输入电平控制钮（INPUT LEVEL）

该钮用来调整输入效果器的信号电平。调整时要注意观察输入电平的显示。

DSP 256 效果器端口功能（背板）如图 5 - 37 所示。现对部分端口的功能作一简单介绍。

（1）INPUT——效果器输入端口。DSP 256 为左（LEFT）、右（RIGHT）两个声道输入，当使用单通道声源时，只需接入左声道（MONO）。

（2）OUTPUT——效果器输出端口，分左（LEFT）、右（RIGHT）两声道输出。

（3）FOOTSWITCH——脚踏开关接入端口。

（4）MIDI IN——MIDI 信号输入端口。

（5）MIDI OUT/THRU——MIDI 信号输出/通过端口。

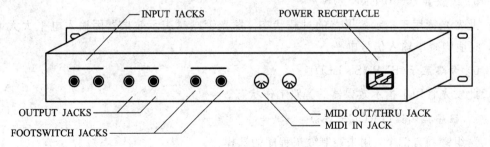

图 5 - 37　DSP 256 效果器背板

DSP 256 效果器具有多种效果，其内容如下：

（1）厅堂　　　　　　　　　　　　（3）跳跃效果

（2）动感效果　　　　　　　　　　（4）爵士乐效果

（5）大教堂效果

（6）去左路效果

（7）和弦/延时效果

（8）法兰回声混响效果

（9）厅堂低音合唱效果

（10）溅水声回响效果

（11）返回声效果

（12）体育馆声响效果

（13）歌剧院声响效果

（14）剧场声响效果

（15）一般教堂声响效果

（16）圆形剧场声响效果

（17）大理石装饰的大厦声响效果

（18）晚霞效果

（19）金属板声响效果

（20）早期反射效果

（21）满场房间效果

（22）空场房间效果

（23）游泳池效果

（24）台阶式广场效果

（25）西班牙舞乐效果

（26）低沉的左右双声效果

（27）渐强的返回和 4 阶效果

（28）渐弱回声

（29）旋转效果

（30）1 和 1/2 第二音程效果

（31）返回和 4 阶 250 毫秒效果

（32）返回和 4 阶 300 毫秒效果

（33）返回和 4 阶 375 毫秒效果

（34）加强回声效果

（35）欢快的 16 分音符效果

（36）延时半秒效果

（37）活泼的华尔兹效果

（38）美好的延迟效果

（39）薄法兰声响效果

（40）乒乓合唱效果

（41）150 秒用 30/100

（42）225 秒用 20/100

（43）立体声像 2 效果

（44）弱延迟效果

（45）最低部弦音效果

（46）缸内合唱效果

（47）丰富的法兰效果

（48）中弦合唱效果

（49）缓慢柔和效果

（50）细长舞台效果

（51）"Leslic"效果

（52）快速扫描

（53）动物法兰效果

（54）筒形法兰效果

（55）动物法兰 2 效果

（56）合唱室效果

（57）合唱延时效果

（58）拍手合唱效果

（59）法兰延时效果

（60）游泳效果

（61）快速半音阶延时效果

（62）转动管风琴效果

（63）法兰独奏效果

（64）法兰抖动效果

（65）歌剧效果

（66）乐器合成效果

（67）简捷的合成效果

（68）钢琴合奏效果

（69）谐音效果

（70）快速合成的低音效果

（71）击键声由远而近、由近渐远的效果

（72）缓慢的弦乐效果

（73）音调被提高半音的效果

（74）吉他独奏 1 效果

（75）丰厚的低音效果

（76）吉他延时效果

（77）吉他合成效果 1

（78）吉他合成效果 2

（79）水中荡桨效果

（80）立体声像 1

（81）金属吉他均衡效果

（82）鬼门效果

（83）环境陷阱效果

（84）深陷阱效果

（85）大陷阱效果

（86）地狱之门效果

（87）大共鸣房间效果

（88）暗淡的共鸣房间效果

（89）密室效果

（90）大密室效果

（91）延时混响效果

（92）霹雳声混响效果

（93）延时混响

（94）左回声效果

（95）右回声效果

（96）100毫秒回响效果

（97）400毫秒回响效果

（98）200毫秒快速选通效果

（99）绝对选通效果

（100）350毫秒选通

（101）右通道合唱混响

（102）延迟的室内追逐效果

（103）合唱效果

（104）低频提升效果

（105）中频提升效果

（106）高频提升效果

（107）参考设置1

（108）参考设置2

（109）参考设置3

（110）弯曲状厅堂效果

（111）口声混响（口哨回响）

（112）渐弱回响效果

（113）慢动作效果

（114）空场法兰效果

（115）强立体声效果

（116）水晶厅堂效果

（117）大合唱效果

（118）城市上空效果

（119）渐弱口声效果

（120）轻微法兰效果

（121）普通混响效果

（122）惊弓之声效果

（123）耳语声效果

（124）细长房间效果

（125）地下室效果

（126）酒吧间效果

（127）厅堂合唱效果

（128）线路直通

5.5　听觉激励器

听觉激励器（简称激励器）是近年来出现的音频信号处理设备。它依据"心理声学"理论，在音频信号中加入特定的谐波（泛音）成分，增加重放声音的透明度和细腻感等，从而获得更动听的效果。

5.5.1　听觉激励器的基本原理

任何音响系统都会使用多种设备，每种设备都有一定的失真，且这些设备级联之后，积累的失真相当可观。当声音从扬声器中重放出来时，会失掉不少频率成分，其中主要是中频和高频中丰富的谐波成分。它虽然对信号功率几乎没有影响，但人耳的感觉却大不一样。这种声音给人的感觉是缺少现场感和真实感，缺少穿透力和明晰度，缺乏高频泛音和细腻感等。尽管利用均衡器可以对某些频率进行补偿，但它只能提升原信号所包含的频率成分，而听觉激励器却可以结合原信号再生出新的谐波成分，创造出原声源中没有的高频泛音。

可见，听觉激励器的设计是基于这样一种设计思想的：在原来的音频信号的中频区域加入适当的谐波成分，以改善声音的泛音结构。

听觉激励器由两部分组成：一部分使信号不经处理直接送入输出放大电路得到直接信号；另一部分设有专门的"激励"电路，产生丰富可调的谐波（泛音），在输出放大电路中与直接信号混合。电路结构如图 5-38 所示。在谐波发生器中产生一个 1 kHz 到 5 kHz 的"随机噪声"，利用延时原理将这段频率的噪声泛音叠加在声源中，使其加入谐波成分。在中频泛音段开始激发，增强了中频泛音和高频泛音的强度，从而使声源的音色结构得到改善。

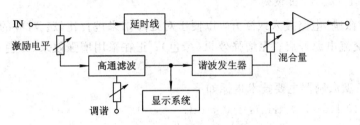

图 5-38 听觉激励器电路结构

由于谐波的电平比直接信号电平低得多，且主要在高频部分，因此不会增加信号的功率，但听起来却感到十分清晰、明亮且有穿透力，效果惊人，这就是"激励"的含义。

5.5.2 听觉激励器实例

听觉激励器是美国 Aphex Systems 公司率先出品的。其系列产品包括 Aphex-Ⅱ 和 Aphex-C 等多种型号。前者为高档专业级设备，性能优良，但价格较高；后者为较新的改进型设备，效果良好且价格较低，广泛用于各类音响系统中。下面对 Aphex-C 型激励器进行简单的介绍。

Aphex-C 型激励器有两个相互独立的通道，可以分别控制，也可用作立体声的左右声道。此时应注意两通道调整的一致性。各通道的输入/输出的额定操作电平是 -10 dBm，接线端口设在背板上。其前面板如图 5-39 所示，各键钮功能如下所述。

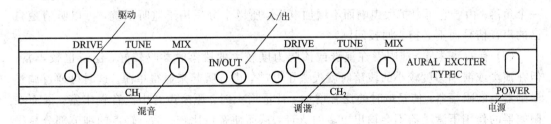

图 5-39 Aphex-C 激励器前面板

1) DRIVE——驱动控制

此旋钮用来调节送入"激励"电路的输入电平（即激励电平），用一只三色发光二极管指示电平大小是否恰当。若绿色发光太强（或无色），表示激励电平不够，未能驱动"激励"电路，故激励的效果不大；若红色太浓，表示激励过度，会引起失真；黄色代表激励适中。

2）TUNE——调谐控制

此旋钮用来控制激励器的基频，用于扩大铙钹最高声响与人声及较低音器乐的声音范围。调谐控制与驱动控制互有影响，在调谐校定后，要重新调整驱动控制。

3）MIX——混音控制

此旋钮用来调节"激励"电路产生的谐波（泛音）信号混入量，从而改变混入节目中的谐波信号对声音的增强效果。混音控制可由零调至最大。它可增加优质音响系统的自然效果，或在劣质的呼叫/公共扩声系统中增强声音的清晰度。

4）IN/OUT——入/出控制

此键可将"激励"电路接入或断开，以便于对处理结果进行比较。对应的发光二极管指示三种状态：交流电源开启；无增强效果（绿色）；正在采用增强效果（红色）。此键同时控制两个通道。

Aphex-C型激励器主要技术指标如下：

（1）频响（10 Hz～100 kHz）：±0.5 dB；

（2）噪声：-90 dBV；

（3）总谐波失真：小于0.01%；

（4）操作电平：-10 dBm；

（5）最高输入/出电平：±14 dBm。

5.5.3　激励器在扩声系统中的应用

在扩声系统中，听觉激励器通常是串接在扩声通道中的，一般接在功率放大器或电子分频器（如果使用的话）之前、其他信号处理设备之后，此时听觉激励器应按立体声设备使用，即其两个通道分别用做立体声的左/右声道。下面是听觉激励器在几个方面的应用。

（1）在剧院、会场、广场、Disco舞厅和歌厅等场合使用激励器可以提高声音的穿透力。虽然拥挤的人群有很强的吸音效果并产生很大的噪音，但激励器能帮助声音渗透到所有空间，并使歌声和讲话声更加清晰。

（2）现场效应：在现场扩声时使用听觉激励器，能使音响效果较均匀地分布到室内每一个角落。由于它可以扩大声响而不增加电平，所以十分适用于监听系统，可以听清楚自己的声音信号而不必担心回授问题。

（3）有的演奏员、演唱者在演奏或演唱力度较大的段落时共鸣较好，泛音也较丰富；但在演奏或演唱力度较小的段落时就失去了共鸣，声音听起来显得单薄。这时可通过调整激励器上的限幅器，使轻声时的泛音增加。音量增大时，原来声音中泛音较丰富，因而在限幅器的作用下激励器不会输出更多的泛音，从而使音色比较一致，轻声的细节部分显得更清晰鲜明。

（4）在流行歌曲演唱中使用激励器，既可以突出主唱的效果，使歌词清晰，歌声明亮，又能保持乐队和伴唱的宏大声势。

（5）一个没有经过专门训练的普通歌唱者，泛音不够丰富，利用激励器配合混响器，可以增强泛音，使其具有良好的音色效果。

（6）人对频率为 3～5 kHz 一段的声音最为敏感，而此段频率的声音对方向感和清晰度也最重要，使用激励器能产生声像展宽的效果。

此外，激励器在现场录音中也有很好的用途。现场录音时，在卡座前接入激励器，可以使声轨更加开放，空间感更强，各种乐器的音色更加清晰、突出，歌词更易听清楚，而且更具有真实感。此法用于磁带复制也具有非常好的效果。当然，激励器也常用于乐曲制作等其他录音系统。

听觉激励器主要用来改善声音的音色结构，为其适当增加泛音，因此要求音响师要有音乐声学方面的知识，对音色结构有深刻的理解，这样才能对激励器使用自如，否则就会适得其反，产生副作用。

5.6　其他处理设备

在前面几节中，比较详细地介绍了现代音响系统中常用的信号处理设备，这些设备不仅广泛应用于各种扩声系统中，有些也是录音系统常用的设备。实际上在现代专业音响设备中，特别是在大型扩声系统或录音制作系统中，还有许多其他信号处理设备。下面再简单介绍几种常见的信号处理设备，供读者了解。

5.6.1　监听处理器

监听处理器是专门为扩声系统的舞台返送监听而设计的处理设备。在这种设备内部，通常设有多频段均衡器、陷波滤波器、限幅器以及高通滤波器。均衡器和陷波器能够过滤有害信号，降低反馈机会，提高系统增益；而限幅器和高通滤波器则用来保护功率放大器和扬声器。

5.6.2　噪声门

前已述及，有些压限器设有"噪声门限"，用以消除无信号时的噪声。在专业音响设备中还有专门的噪声门设备，它与压限器的"噪声门限"的功能基本相同。噪声门实际上是一个门限可调的电子门限电路，只有输入信号电平超过门限时，才能形成信号通路，否则电路不通，信号被拒之"门"外。利用噪声门对弱信号"关闭"的功能，可有效地防止话筒之间的串音。但需注意，噪声门只能降低或消除门限以下（可视为无信号状态）的噪声（信号），而不能提高门限以上有信号传输时的信噪比。

5.6.3　声反馈抑制器

在剧院、歌舞厅等场所的扩声过程中，如果处置不当很容易产生声反馈现象。所谓声反馈是指通过音箱放出的声音又传入话筒（也称话筒回授），使某些频率成分的信号产生正反馈，在音箱中发出刺耳的啸叫声。出现这种现象时，如果不及时进行控制处理，极易损坏音箱的高音单元。声反馈抑制器就是专门用来抑制声反馈现象的设备。它的基本原理是利用移相器来消除反馈频率，从而达到抑制声反馈的目的。声反馈抑制器一般都具有多个抑制声反馈的通道，可消除多个反馈频率，从而使传声的增益得到提高，使整个声场的声压级提高，声场响度增大。

在扩声系统中，声反馈抑制器一般串接于调音台与压限器之间，也可并接在调音台上。

5.6.4 移频器

移频器也是用来抑制声反馈现象的设备，与声反馈抑制器不同的是，它是对扬声器送出的声音信号的频率进行提升（移频）处理，使声频增加 5 Hz（或 3 Hz、7 Hz），使其相对于原话筒声音的频率发生偏移，无法构成正反馈，也就不会产生声反馈现象。

与声反馈抑制器相同，移频器在扩声系统中也是串联在调音台与压限器之间或并接在调音台上。

由于移频器的低频调制畸变较大，因此它只适用于以语音为主要内容的扩声系统；而声反馈抑制器畸变小，可用在音乐扩声系统中。

5.6.5 立体声合成器

立体声合成器是一种可以在单声道非立体声源中产生逼真的"假立体声"效果的信号处理设备。它将非立体声源信号分成多个频率段，将其中一部分频段放在立体声的一个声道上，另一部分频段放在立体声的另一个声道上，从而产生"假立体声"效果。

立体声合成器大多用在录音制作系统中。

以上只对这些信号处理设备作了简要介绍，在专业音响中，还有一些专门对音响系统进行实时分析和测试的仪器和设备，由于篇幅有限，这里就不一一介绍了，如果需要，读者可参阅有关资料。

本 章 小 结

音频信号处理设备是现代音响系统中的重要组成部分，本章主要讨论了图示均衡器、压缩/限幅器、数字延时器、多效果处理器、电子分频器和听觉激励器等扩声系统中常用的信号处理设备的原理及作用，并通过设备典型实例，介绍了它们的使用情况。在这些设备中，图示均衡器和多效果处理器是扩声系统中使用最多的信号处理设备，几乎所有的演出或娱乐场所的扩声系统都会选用。和其他音响设备一样，音频信号处理设备的生产厂家很多，并且有多种不同的型号和档次，但它们的基本原理和使用大同小异。在实际中选择哪类设备和型号，要根据具体要求和投资情况而定。按照常规，均衡器、效果器、压限器应该选用，对于歌舞厅等还应考虑使用激励器。

本章只概括介绍了一些常见设备，要想更多地了解其他类型的设备，并熟练使用，读者还需阅读有关资料。

思 考 与 练 习

5.1　音响系统中使用音频信号处理设备的目的是什么？

5.2　图示均衡器的原理是什么？其名称因何而来？

5.3　压缩/限幅器在扩声系统中的主要作用是什么？其压缩比率应如何选取？

5.4　扩声系统中为什么要使用电子分频器？它在系统中是如何连接的？

5.5　数字延时器有哪两种主要用途？简述数字延时器的基本原理。

5.6　多效果处理器有哪两大类型？主要用于哪种场合？

5.7　听觉激励器是怎样提高音响效果的？在扩声系统中它通常是如何连接的？

第 6 章 数字网络音频扩声系统

数字化和网络化给人们的生活带来了翻天覆地的变化，已成为科技发展的主潮流，也是各个领域的发展方向。

受到数字化和网络化的影响，音响专业领域的技术发展也发生了巨大的变化，各种数字网络音频系统应运而生，各种新型音频设备不断问世。本章将以 C - MARK 音响数字系列产品为例，简要介绍数字网络音频扩声系统。

6.1 概　　述

C - MARK 音响数字系列产品中的 AudioNet 数字网络音频平台是一种将硬件和软件以及通信协议集成为一体的专业音响设备，是集矩阵切换、音频传输、综合音频处理、远程控制等多功能于一体的应用平台，它由多种不同的传输功能模块、音频处理模块及操作软件组成，用户可以根据系统的要求灵活选择。

AudioNet 数字网络音频系统采用国际音频设备制造公司公认的 CobraNet 标准网络音频技术，完全依从 IEEE802.3×EtherNet 标准规定，是一种全新的数字化网络音频信号传输手段。音频的数据流和控制信号可以通过双绞线以快速以太网 100BASE － T 标准格式的方式入网，每条网线可传输 64 路 48 kHz/24 bit，优于 CD 标准音质的数字音频流，即经济、实用、简捷，又可利用廉价的 CAT5 100 Mb/s 双绞线传输多路高质量的音频信号。一般情况下其传输距离为 100 m，采用光纤传输接口，其最大传输距离可以达到 60 km，且没有任何衰减，彻底解决了普通扩声系统远距离传输信号衰减过大，线路铺设复杂，电磁干扰大的难题。

6.1.1 数字音频技术

所谓数字音频技术是把模拟声音信号通过采样、量化和编码过程转换成数字信号后传输，设备接收后再将这些数字音频信号加工和处理，还原为模拟信号，获得连续的声音。这实际上也就是 A/D(模拟/数字)，D/A(数字/模拟)的转换过程。

数字音频既可以通过软件在计算机上实现，也可以通过硬件来实现，C - MARK 音响数字系列产品 RS1200 软件和网络音频传输器/处理器就是软、硬件实现的例子。

AudioNet 采用独特的智能取样技术(Intelligent Sampling)，能确保数字码流输出的精确性。原始 PCM 信号流经滤波器后，进入高效能 DSP 芯片以 AudioNet 自有的软件做频率同步取样处理。

数字滤波器的设计，使得脉冲响应与频率响应精确化。经过优化后，音频码流紧接着以异步频率技术，阻断原本内部频率误差，完成 192 kHz/24 bits 数码信息升频。音频经由独立的信道，进入两只高效能转换器（Dual－Mono－DAC），得出模拟信号。而数字/模拟转换芯片的频率信号则获取高精确频率产生器，该频率产生器无干扰，紧密隔离，且由高精确电源供电。

High Bit 设计确立了两声道分离优化技术，其动态范围大，失真小，并将时基误差产生的人为噪音压抑至最低而不可测得。数字音频的传输方式采用独特的 PCM 技术，原始信号经 AudioNet 的智能取样技术处理后，送入输出传送器，即低时基误差、低干扰感应的 LVDS(低电压差动信号传输)数据链路。经由 AudioNet 特有的 High Bit 接口，升频所有的信号至 192 kHz/24 bits。而原有模式则使信号升频至 96 kHz/24 bits。两者能提供最佳的 PCM 数字信号输出。

6.1.2　网络音频平台

AudioNet 数字网络音频扩声系统由网络音频传输器、网络音频处理器、网络音频接口、网络音频数字功放、矩阵数字功放、网络有源音箱等组成。系统设备通过 CobraNet 网络接口与网络音频接口（EtherNet Switches)进行连接，具有相当高的灵活性。在已经搭建好的 CobraNet 音频网络中，无需手动拔插改变硬件设备的连接方式，在电脑中打开 RS1200 软件，通过鼠标点击一下各模块间所需要的连线，然后点击编译就代替了设备间的音频连接线。同样，如果需要一台均衡器，只需用鼠标将均衡模块拖放到 RS1200 软件桌面即可，其他功能模块的添加也是这样。这样就可对 CobraNet 音频网络中的所有音频信号的音频处理方案和参数进行设置或实时控制，实现音频信号传输、处理的全数字化。网络音频平台将数字处理器和计算机平台进行了最合理与优化的组合，将音响设计和应用集于一身，使得音响工程设计师在进行音响工程系统设计的时候，充分享受了计算机网络带来的便利。

6.1.3　CobraNet 技术

CobraNet 是通过以太网传输高质量数字音视频流的技术。CobraNet 以其良好的互通性、低成本、可靠性、稳定性、可预见等特性，并通过良好的商业运作机制迅速的占领了以太网音视频传输市场。自从 PeakAudio 公司发布第一块 CobraNet 模块以来，到目前为止，得到了包括 Peavey、Crestaudio、QSC、Crown、Bose、BOSCH、YAMAHA、EAW 等四十多家国际一流音视频设备公司的支持。

CobraNet 已经是事实上的行业标准。CobraNet 很好的利用以太网解决了音视频信号远距离传输难题，利用一根五类线，可以把多路的音视频信号传至远端，由于其传输完全遵循以太网协议，信号的中继可以利用现有的以太网设备(如交换机)；如果所使用的交换机支持光纤接口，利用一根单模光纤可以把超过 500 路的音视频信号传输到几十千米以外。

CobraNet 允许设计者创建大型网络结构来实现数以千路的数字音视频信号在以太网上传输。通过 CobraNet，可以很方便设计大型项目中的复杂管线。

6.1.4 网络音频平台的技术结构

AudioNet 网络音频平台是集矩阵切换、音频传输、综合音频处理、远程控制等多功能于一体的应用平台，能满足大型音频系统的各种要求；网络音频平台由多种网络音频传输器和网络音频处理器及操作软件组成，用户可以根据系统的要求灵活选择。网络音频平台的技术结构如图 6-1 所示。

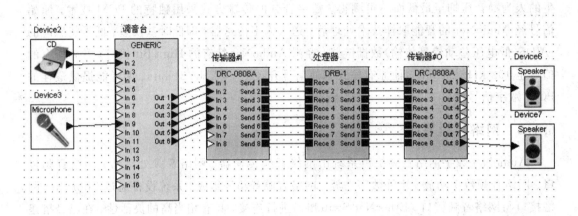

图 6-1　网络音频平台的技术结构

网络音频平台采用网络传输多路高质量数字音频信号的技术，由软件、硬件和协议等组成。利用 CobraNet 技术，许多高质量的音频信号和控制信号可以一起通过一根 CAT-5 电缆或光纤传输，并且可以将模拟域的音频处理转移到数字域中实现。与传统的 Ethernet 网相比，CobraNet 网络真正解决了音频数据传输的实时性问题。音频信号和控制信号传输连接如图 6-2 所示。

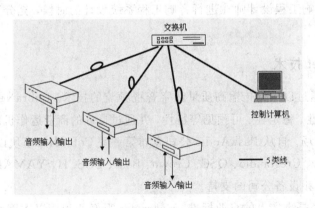

图 6-2　音频信号和控制信号传输连接图

在 CobraNet 中，单一音频信号音频通道的采样率为 48 kHz，分辨率为 20 bit，8 个音频通道组合成一个数据包。音频通道示意图如图 6-3 所示。

网络音频数据包协议/应用格式如图 6-4 所示。

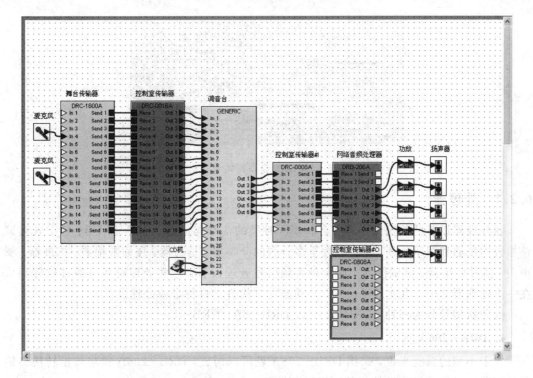

图 6-3　音频通道示意图

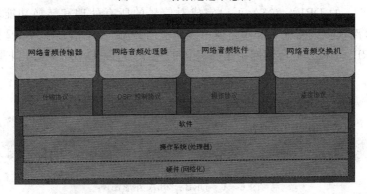

图 6-4　网络音频数据包协议/应用格式

6.2　AudioNet 网络音频平台工作原理

音频网络平台的硬件包括处理器(DRB 设备)和传输器(DRC 设备)。处理器为音频网络平台提供一个对信号进行操作和处理的环境;传输器就是音频的输入/输出接口,也就是能够进行 A/D、D/A 的数模转换设备。模拟和数字音频信号的处理就是通过这两种设备来完成的,DRB 设备连接示意图如图 6-5 所示。

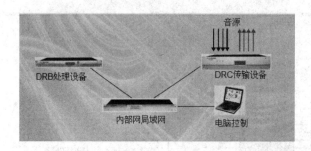

图 6 - 5　DRB 设备连接示意图

6.2.1　处理器

在处理器设备的数据库中存有各种不同种类的信号路由器、信号显示器、数字式可调整参数均衡器和图示均衡器、2 分频至多分频的分频器、延时器、压缩限幅器、扩展器、噪声门、信号发生器、测试仪等 100 余种音频信号处理设备，这些处理设备可通过软件集成在一个处理器之中。也就是说，一个处理器可以代替上百种音频处理设备。

处理器型号分为三种：DRB - 206A、DRB - 8A、DRB - 1。

1. DRB - 206A

对于小型的系统来说，采用 DRB - 206A 就可以构成，DRB - 206A 是集数模转换传输和处理器为一体的最小型的音频网络平台设备。

这个仅有 1U 的 DRB - 206A 可以完成对信号的所有处理和转换功能。一个 DRB - 206A 可提供 2 路模拟线路输入和 6 路模拟线路输出、6 路数字信号输入和 2 路数字信号输出。可以说 DRB - 206A 是音频网络平台整体的一个缩影。DRB - 206A 外形图如图 6 - 6 所示。

图 6 - 6　DRB - 206A 外形图

2. DRB - 8A

对于一般的系统，可用 DRC 传输器加 DRB - 8A 处理器来完成。DRB - 8A 是自带 8 个模拟输出的处理器，它的声音处理能力和通道比 DRB - 206A 要强大。

DRB - 8A 具有对转换成数字信号的音频信号进行处理的功能。这个仅有 1U 的 DRB - 8A 可以完成对信号的所有处理和转换功能。一个 DRB - 8A 可提供 8 路数字信号输入和 8 路模拟线路输出，其背板图如图 6 - 7 所示

图 6 - 7　DRB - 8A 背板图

3. DRB-1

DRB-1 是音频网络平台上的数字处理器。对于大型的系统，要用 DRB-1 来完成，它的处理器和数模转换传输设备是分离的，只能处理网络上的数字信号，有很强大的网络处理能力。

DRB-1 是音频网络平台里处理功能最强大的处理器，它与 DRB-8A 和 DRB-1 的结构组成几乎是完全一样的，它们的主要区别在于 DRB-1 可以同时处理 8 个数字输出和 8 个数字输入信号，没有模拟输出和输入接口。DRB-1 的外形图如图 6-8 所示。

图 6-8　DRB-1 外形图

6.2.2　传输器

传输器属于数/模（A/D）、模/数（D/A）转换设备，它的功能是将音频信号转换成可供 DRB 设备处理的数字信号。系统通过传输器把音频信号转化成数字信号，然后通过处理器实现对音频信号的处理，处理后的信号还要再转化成模拟信号，以便输出到音频放大器进行放大。音频网络平台的硬件系统完成了从音源输入到音源输出再到功放输入之间的所有声音处理。

传输器分为 6 种型号：DRC-1600A、DRC-1204A、DRC-0808A、DRC-0412A、DRC-0202A、DRC-0016A。下面以 DRC-0808A 为例介绍传输器的基本情况。

DRC-0808A 具有 8 个通道模拟平衡式输入和 8 个通道模拟平衡式输出用来连接模拟音频信号，它为模拟音频信号的数字处理搭建了桥梁。DRC-0808A 外形图如图 6-9 所示。

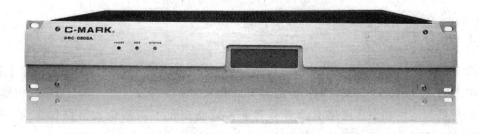

图 6-9　DRC0808A 外形图

1. DRC-0808A 面板介绍

（1）电源灯：电源状态指示 LED（红色）。

（2）网络灯：网络状态指示 LED（绿色），若 DRC 与网络正常连接，则该灯常亮，反之，该灯为灭。

（3）状态灯：DRC 工作状态指示灯（黄色），若 DRC 工作正常，则该灯常亮，反之，该灯为灭。

（4）液晶显示：LCD 界面显示如图 6-10 所示。

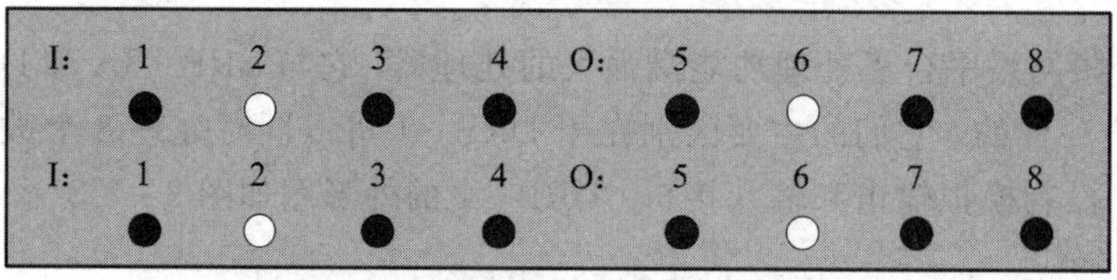

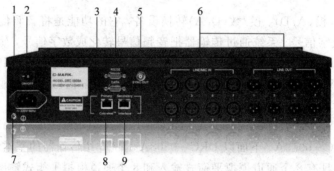

I："1，2，3，4，……"—输入通道数，排列在液晶的左侧；
O："1，2，3，4，……"—输出通道数，排列在液晶的右侧；
"○，●"—模拟音频信号，符号"○"表示音量低于底限(−58 dB)，"●"表示音量高于底限

图 6-10　DRC-0808A LCD 界面图

2. DRC-0808A 背板

DRC-0808A 背板包含有电源、数据、时钟等各种接口，其背板图如图 6-11 所示。

1—电源插座；2—电源开关；3—GPIO(保留)；4—RS232 口(保留)；5—同步时钟输出；
6—平衡式音频输入输出接口；7—保护接地；8—RJ45 口(主)；9—RJ45 口(备)

图 6-11　DRC-0808A 背板图

6.2.3　软件工作原理

软件是网络音频系统的灵魂，整个网络音频平台系统和整个音响系统完全依赖于软件而存在。RS1200 软件是针对 DRC 传输器和 DRB 处理器而设计的，它为 DRC 传输器、DRB 处理器与网络功放、网络有源音箱等硬件设备提供了图形化数字操作平台。使用 RS1200 软件配合硬件设备使用，可实现数字音频信号的处理、分配与控制。

RS1200 软件由两种不同的图形化模块组成：硬件路由关系设置模块和 DSP(数字音频处理)处理模块，可分别保存为 .rs 文档与 .dsp 文档。路由关系设置模块用于实现数字音频信号的分配与控制功能，DSP 模块用于实现数字音频信号处理功能的图形化操作与实时控制，如图 6-12 所示。

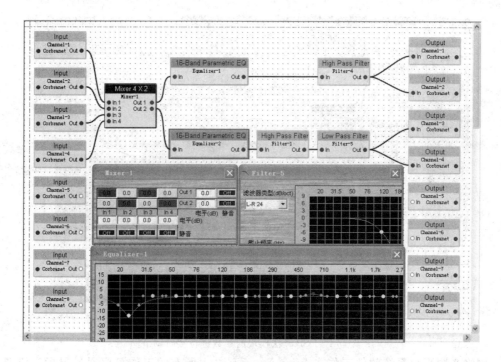

图 6 - 12　音频信号处理图形化操作与实时控制图

　　在路由关系设置模块中可以进行设备管理和设备的路由设置等操作，包括增加删除设备、建立设备间连线等，可实现软件界面连接关系与硬件需求连接关系之间的映射；在完成文档的编辑之后，点击下载，硬件设备即可完成软件指定的路由方案。此模块还可以对话音放大设备的输入增益进行动态控制，如图 6 - 13 所示。

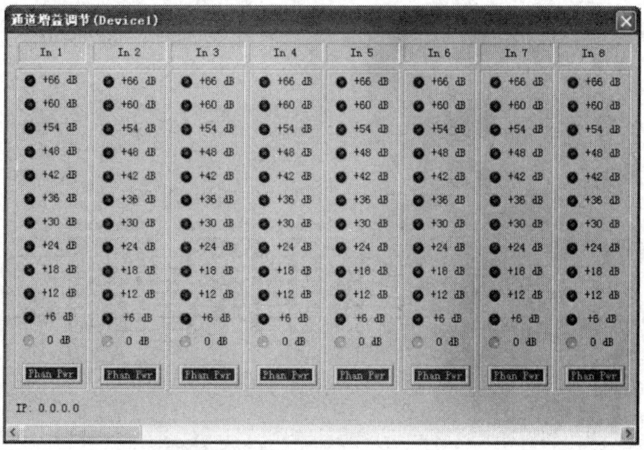

图 6 - 13　输入增益动态控制图

　　在 DSP 模块界面中可根据用户的需求对 DRB 设备内部 DSP 功能进行设置，并将命令下载到 DRB 设备。在执行下载后，还可对 DSP 算法模块的参数进行实时的调节，如图 6 - 14 所示。

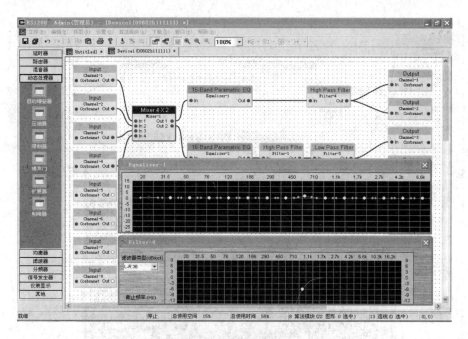

图 6-14 DSP算法模块的参数进行实时调节图

网络音频平台系统软件工作在 Windows 系统中,所有的工作只要通过鼠标和键盘在计算机屏幕上就可以完成。在软件中含有数百种虚拟的设备,可供使用者任意的组合和调用,从而设计和创造出一整套声音系统。在软件的菜单中可以调出诸多设备,就像已经购买了许多的音响设备一样。在设备准备好后,将这些设备用线连接起来,图 6-15 和图 6-16分别给出了设备连接与 DSP 模块连接作业图。

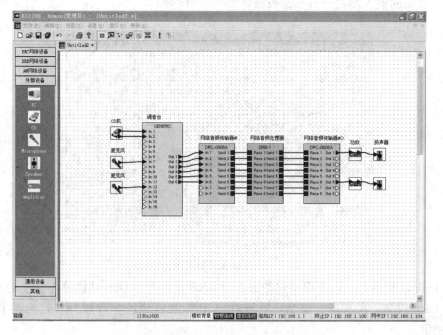

图 6-15 设备连接图

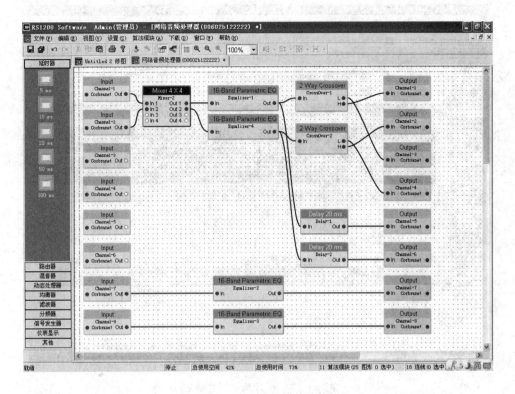

图 6 - 16 DSP 处理模块连接图

当整个音响系统都设计好后，并不是马上就可以应用，还要经过最为重要的一个步骤——编译(compile)。编译的作用就是使所调用的设备和设计的系统不再是虚拟的，而成为一个真实存在的音频系统。编译成功之后，还需要再进一步的调整，也就是调整每一个调用的设置，就像调整普通的硬件设备一样。音频网络平台另一个优点就是很直观的再现了设备。通过双击设备的图标可打开设备对其进行调整，例如，双击 31 段均衡器，弹出图 6 - 17 所示 31 段均衡器处理图。

由图 6 - 17 可以看到，它和普通模拟设备的均衡器几乎完全一样，频率推杆也都非常真实。音频网络平台软件里，所有的设备都是以这种形式出现的，这样的界面生动而形象的把每个设备展现在使用者眼前，并且非常便于操作。在对每个设备进行调整之后，音响系统就可以按照所设计的功能通过系统进行处理和传输了。

AudioNet 数字音频系统的显示功能也是非常有用的，它实时准确地显示信号的动态。通过一台笔记本就能对系统中所有的网络设备进行集中控制和管理，并且能同时监视所有通道输入输出电平显示，而且响应速度也非常的快，这对现场调试是非常重要的。同时，由于一台处理器可以在笔记本上保存无数个场景，调用不同的场景可以实现不同的功能，非常的方便，这些是模拟设备所望尘莫及的。

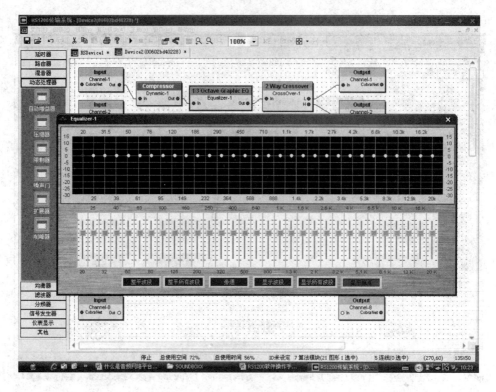

图 6 - 17　31 段均衡器处理图

6.3　网络音频平台的连接

6.3.1　以太网连接

　　网络音频平台 DRB 处理器和 DRC 传输器都必须和以太网交换机连接，通过以太网交换机来互相传送数字音频信号。这使得声音的远程传输成为了可能。图 6 - 18 给出了 2 台 DRC - 0202A 传输器和一台 DRB - 1 处理器远距离传输和控制的连接示意图。

　　由图 6 - 18 可以看到，在第一地并不需要音频网络平台处理器，而只要将 DRC 传输器连接到 SWITCH 上就可以通过以太网输入和输出声音了，在第二地将音频网络平台 DRB 处理器也一同连接到 SWITCH 上，整个系统的声音（包括第一地）都是由这个处理器进行处理，对音频网络平台的设置和控制，可以在第三地进行。由此看来，音频网络平台 DRB 处理器、DRC 传输器的设置控制的 PC 机只要通过 SWITCH 连接到以太网，就可以任意的搭配形成完整系统，实现不同的功能。由图 6 - 18 可以看到，在第一地与第三地之间和第三地与第二地之间使用了光纤，这可以大大减少远距离传输带来的损耗，同时具有很强的抗干扰性。两个 SWITCH 也可用网线连接。

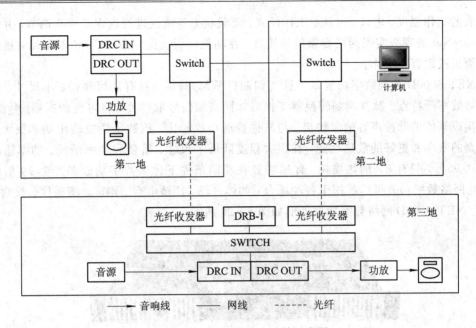

图 6 - 18　以太网多点连接示意图

6.3.2　无线网络连接控制

音频网络平台具有的强大的功能之一，就是可实现无线网络控制功能。网络连接如图 6 - 19 所示。

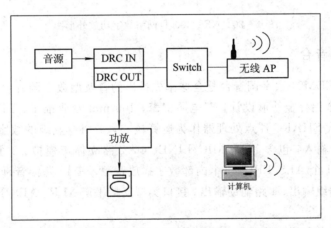

图 6 - 19　无线控制网络连接示意图

由图 6 - 19 可知，使用无线网络极大地方便了使用者对整个音响系统的搭建与控制，增强了系统的灵活性与方便性，使操控人员在一定范围内摆脱了地域的限制。

6.3.3　网络数字功放

NET 6000D 是比较常见的网络数字功放，该功放集普通模拟信号输入、CobraNet 网络数字信号输入、数字 DSP 处理和数字功率放大器于一体，桥接输出可达 6000W，可使用 PC 通过一根网线（CAT - 5）同时传输网络数字音频信号和监控信号或者使用 RS485 接口对功放的工作温度、电流、电压、工作模式、负载状态等情况进行远程监控和调节，并可通过 CobraNet 处理板实现网络音频信号接收。在功放面板上配置有 LCD 液晶显示，也可以通过面板按键直接操作。

NET 6000D 系列数字功放基于脉宽调制（PWM）技术，具有高可靠性、小尺寸、低重量和高效率等特点。脉宽调制转换器工作时如同高频信号取样器，将可变的振幅（声音）信号转换成等值的脉冲声音信号输出。与其他普通功放相比，该数字功放输出功率更大、具有更高的效率和更好的散热性能，在很大程度降低了尺寸、重量和功率消耗。功率输出有效率达 95%，只有 5% 的热损耗。普通功放在相同条件下比该数字功放多产生 10 倍的热量。此网络数字功放可广泛用于各种场合：如体育场、广播电台、剧院、演播厅、教堂、影院等。NET 6000D 网络数字功放外形如图 6-20 所示。

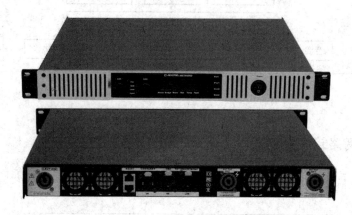

图 6-20　NET 6000D 网络数字功放外形图

6.3.4　数字调音台

C-MARK CDM24 数字调音台是全球率先推出的普及型数字调音台 CDM12 的 24 路扩展型号，采用全铝合金外形设计，双电源引擎，100 mm 专业推子、TFT 大屏幕彩色显示屏，运用第四代 SHARC 浮点处理器作为运算核心，采用专业级的数字音频算法，可同时支持 24 路混音输入，包含 16 路 MIC/LINE、4×2 路立体声模拟、2 个 SPDIF 同轴、2 个 SPDIF 光纤、1 个 AES/EBU、1 个内部数字播放音源，其 12 路混音母线，包括主输出、监听输出、4 路编组输出、4 路辅助输出，接口类型支持平衡 XLR、AES/EBU 和 SPDIF 光纤及同轴。

CDM24 面向大众的设计理念，延续了 CDM12 的网络化、多功能、易操作、高性价比以及时尚的外形设计等诸多优点，同时在数字接口、音效处理、安全稳定性等方面做了进一步的优化和升级，每个 MIC 输入具备独立的 +48V 幻象电源开关及相位倒转开关。并具有高通滤波、3 段全参量 EQ、噪声门、压限与扩展、自动增益 AVC、延时、去风声等完善的通道处理能力。更适合于各类演艺、会议、录制等场合使用。CDM24 数字调音台外形如图 6-21 所示。

图 6 - 21 CDM24 数字调音台外形图

6.3.5 K 系列网络有源音箱

K 系列网络有源音箱是一款集网络传输、全 D 类数字功放和带有远程控制及监测为一体的全频音箱,具有高效率高声能输出、出色的音质、完善的保护功能和良好的电磁兼容特性。K 系列网络有源音箱低音和中高音分别用两个独立 D 类功放推动,其监控软件可在 PC 端远程对有源音箱的工作温度、负载两端电压、电流进行监控,并可实现增益调节和远程开关机功能。这一系列的音箱采用 CobraNet 技术,具有备份模拟输入接口及 CobraNet 网络输入接口。音频传输、控制、监测,仅通过一根 CAT5 网线连接完成,可直接接入 AudioNet 网络音频平台。K 系列网络有源音箱外形如图 6 - 22 所示。

图 6 - 22 K 系列网络有源音箱

K 系列网络有源音箱常用型号有:

(1) K12 为两分音 12 英寸低音＋44T 高音。

(2) K15 为三分音 15 英寸低音＋75T 中音＋44T 高音。

(3) K15M 为两分音 15 英寸低音＋44T 高音。

(4) K30 为三分音双 15 英寸低音＋75T 中音＋44T 高音。

(5) K18 为 18 英寸超重低音。

6.4 户外扩声系统实例

采用以 C‐MARK AudioNet 网络音频矩阵为核心的户外扩声系统,可以大大简化系统的配置,扩大控制范围及功能,节省系统的安装时间,并提高系统的稳定性和可靠性。

6.4.1 扩声系统设计思路

户外扩声系统要满足音频信号远距离传输的信噪比、电源电压波动范围、灯光系统对音响系统干扰、系统的集中控制与管理、备份传输系统以及系统防雨等方面的要求。根据实际情况,户外扩声系统有多种构成方式。如可选用 C‐MARK AudioNet 网络音频矩阵与 LND32 大型线阵音箱相结合的方式。LDW 大型线阵音箱由双 12 英寸低音加 75T 高音组成，采用钕铁硼喇叭，重量轻，功率大，采用插针式吊装结构，既牢固又吊装便捷，专利设计的线性高音，构成了平行波，可消除在中高频位置的声干涉现象。

此套系统设备有多项专利技术为后盾，更有世界著名声学软件设计公司德国 SDA 为 C—MARK LND32 支持的 EASE Focus 声学设计软件作现场效果模拟，可指导安装现场音箱的吊装、音箱之间的角度调整、音箱之间的增益调整等，最大限度地保证了系统方案的合理性与优化性。设计不仅实现了整个系统运行稳定、技术先进、网络化的控制与管理的目标，更印证了数字音频网络系统必将取代传统模拟音频系统的趋势。

6.4.2 设备的选用

户外扩声系统中使用了 C—MARK 网络音频设备 DRC—0808A 8 进 8 出网络音频传输器 1 台，DRC—1600A 16 进网络音频传输器 1 台，DRC—0016A 16 出网络音频传输器 3 台，DRB—1 网络音频处理器 2 台，DRE—24 网络音频接口 1 台，CDM24 数字调音台 2 台，LND32A 大型有源线阵音箱 24 只，FT10 有源低音音箱 12 只，FT04A 有源音箱作为返听及台唇补声音箱各 8 只。

该系统中，设备的具体连接方式如图 6-23 所示。

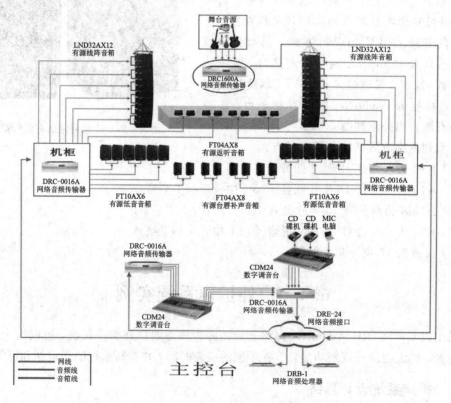

图 6-23　户外扩声系统设备连接图

该户外扩声系统中扬声器全部使用有源音箱，并使用 AudioNet 网络音频矩阵系统进行音频的传输处理。使用传统的连接方法需要使用大量的音频电缆，由于大型户外演出现场人员多、情况复杂，这将会给扩声系统带来不稳定的因素，而且大量周边设备会增加安装与调试时间，并使系统的抗干扰能力明显下降，带来传输特性的劣化。特别是与展会的灯光系统混合布置时，更易出现明显可闻的干扰噪声。AudioNet 网络音频矩阵系统的使用完美解决了此类问题，长距离的设备之间采用网线传输数字信号，高质高效。网络音频处理器的使用完全替代了大量的模拟周边设备，在 RS1200 软件中就可完成系统的搭建及调试，系统信号路由方式的软件设备连接图如图 6-24 所示。

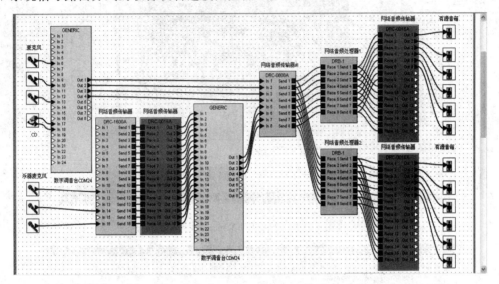

图 6-24　RS1200 软件设备连接图

6.4.3　设备的安装与调试

所有扩声设备的合理安装是取得良好扩声效果的基本保证，而 LND32 线阵音箱是整个安装过程中的重点。既要声音层次清晰，清亮悦耳，低频丰满有弹性，又要保证声压覆盖均匀，无声反馈和声干涉现象。使用 EASE Focus 声学设计软件作现场效果模拟，完美再现了最终声场效果，及时发现系统的弱点与不足，并在 AudioNet 网络音频矩阵上做了相应的调整，规避了可能出现的一些问题。EASE Focus 声学设计软件界面如图 6-25 所示。

在音频处理上，C-MARK AudioNet 网络音频矩阵包含有各种不同种类的信号混音器、路由器、电平显示表、参量均衡器、图示均衡器、2 分频至多分频的分频器、延时器、压缩限幅器、扩展器、噪声门、信号发生器等 100 余种音频信号处理模块，只需要将控制电脑接入网络音频系统中，便可以轻松而简单地实现所有预想的功能。各类音频处理界面如图 6-26 所示。

由图 6-26 可以看到，丰富的音频处理设备可自由选用，设计和设置都可在软件内进行，方便直观。网络音频矩阵里，所有的设备都是以这种形式出现的，这样的界面生动而形象的把每个设备展现在操作者面前，并且非常便于操作。

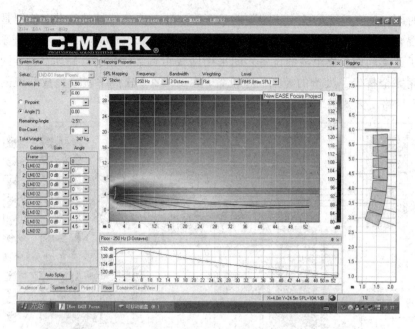

图 6 - 25　EASE Focus 软件界面

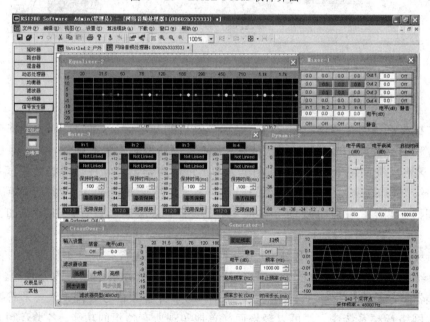

图 6 - 26　各类音频处理界面

6.4.4　无线网络控制系统

音频网络平台具有的强大的功能之一，就是可实现无线网络控制功能。网络连接如图 6 - 27 所示。

由图 6 - 27 可知，使用无线网络极大地方便了使用者对整个音响系统的搭建与控制，增强了系统的灵活性与方便性，使操控人员在一定范围内摆脱了地域的限制。

通过本案例可以看到，随着我国经济的发展，人们在生活、工作中对音响系统的要求

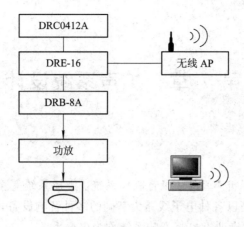

图 6 - 27　网络连接图

也越来越高，而在现场扩声这个重要的场合也对音响系统提出了更高的要求。如何能做到系统连接家电化，控制智能化，传输、监控、维护网络化等问题，就摆在了每一个音响工作者的面前。C - MARK AudioNet 网络音频矩阵的推出，较好地解决了以上问题。它将数字处理器和计算机网络平台进行了最合理与优化的组合，将音响系统设计、应用和调试集于一身，使得音响工程设计师在进行音响系统的设计、安装、调试时，充分享受了计算机网络带来的高效与便利。

本 章 小 结

本章着重介绍数字网络音频扩声系统的概念、CobraNet 关键技术、硬件及软件平台工作原理，还介绍了网络音频平台的连接以及户外扩声系统实例。其目的就是要给读者一个全新的扩声系统，便于对数字网络音频扩声系统从原理到运用有一个系统地掌握。

思 考 与 练 习

6.1　什么是数字音频技术？

6.2　什么是网络音频平台？

6.3　什么是 CobraNet 技术？

6.4　AudioNet 网络音频平台的技术结构是什么？

6.5　AudioNet 网络音频平台的硬件设备主要包括哪几种？

6.6　数字网络音频传输器的主要功能是什么？

6.7　数字网络音频处理器中都包括了哪些功能？

6.8　RS1200 主要能实现哪些功能？

6.9　C - MARK 网络音频设备主要有哪些？

6.10　网络音频平台有几种连接形式？

6.11　网络音频系统有哪些优点？

第 7 章　扩声系统设计

现代音响系统包括了扩声系统、录音制作系统、广播系统等多种不同类型的系统。各类音响系统的基本单元是以各种电子线路为基础的多种音响设备，以及典型电声器件——拾音器和扬声器。因此在专业上也将音响系统称为电声系统。

音响系统中，扩声系统是日常所见最多、用途最广的一种。音乐厅、剧院等专业演出场所需要扩声，歌舞厅、Disco 舞厅等娱乐场所也需要扩声等等。在这一章中，将通过实例介绍上述室内(厅堂)扩声系统的设计。

7.1　扩声系统设计概要

这里所说的系统设计主要是指室内扩声系统的功率要求、所需设备的选择和设备之间的连接等。

7.1.1　室内扩声系统的功率要求

扩声系统的输出功率取决于房间的体积，墙壁、地板、天花板的声学特性，平均噪声电平，系统和重放节目的频率范围以及扬声器系统的效率等许多因素。对其进行精确设计是一件相当复杂的工作，一般是很难做到的。这里仅简单介绍利用图表或近似公式对功率进行估算的简易方法。

1. 用曲线图决定放大器的功率

图 7-1 所示的曲线可用来粗略估算在不同体积的房间扩声时对放大器功率的要求。

图中，曲线 A 适用于采用高效率号筒式扬声器的低噪声语言扩音；如果噪声电平高而又使用号筒式扬声器，则曲线 B 适用；曲线 B 也适用于使用纸盒式扬声器而电平不高的场合；当噪电平较高且使用纸盆式扬声器时，用曲线 C；噪声电平低时，曲线 C 也适用于一般的音乐扩声；对于音质要求较高以及范围大的扩声，则选用曲线 D。

2. 用近似公式估算功率

对不同体积的房间，要得到高质量的重放声场，需要约 96 dB 有效峰值的声压级(重放声场的动态范围约 60 dB)。扬声器系统发射的声功率近似为

$$W \approx \frac{V}{620}$$

式中：W——以有效峰值声压为单位的发射声功率，

　　　V——以立方米为单位的房间体积。

上式是根据 0.4 s 左右的混响时间来近似推算的。

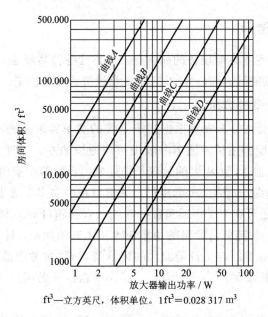

ft³—立方英尺，体积单位。1ft³＝0.028 317 m³

图 7-1　放大器输出功率和房间体积的关系

例如：在 62 m³ 的房间里要使重放声场达到 96 dB 的有效峰值声压级，重放出 60 dB 动态范围的音乐信号，需要约 100 mW 的声功率。如果扬声器系统效率为 1%（一般扬声器系统的效率约为 0.2%～1%），为了避免有效峰值被衰减，则至少需要 10 W 的放大器功率；若是立体声系统，则左右声道中每一声道需要 5 W 的电功率。但是两通道中的信号和功率对于立体声信号来说是不相同的，所以每个声道至少应有 7.5 W 的电功率。在实际应用中，为了保证不削波，每一通道应使用 10～15 W 的功率放大器。如果希望得到 100 dB 的有效峰值声压级，所需功率应为上述功率的 2.5 倍，而且扬声器系统的额定功率要与之相适应。如果扬声器系统的效率为 0.5%，则上述功率还应提高一倍。

必须指出，利用上述两种方法估算的扩声系统功率，仅仅是满足使人能基本听清楚这个最低要求所需的功率值。对于现代音响扩声系统，要求其能应付音乐高潮到来时的峰值，以避免对瞬时峰值的削波而造成瞬态互调失真，因此在设计扩声系统时要有更大的功率容量，这是必须要考虑的。特别是歌舞厅（尤其是 Disco 舞厅）等娱乐场所，由于其背景噪声较大，另一方面人们要求有更强劲的音响效果，因此要求扩声系统功率在上述估算基础上必须大幅度增加。

实际上，在设计扩声系统的功率容量时，音响技术人员习惯于将厅堂的三维空间简化为二维空间，即按厅堂的面积来估算功率容量。根据经验，按照有效峰值声压级的要求，一般每平方米选取 3～5 W 的电功率（即扬声器系统的连续功率，纯低音音箱功率不计在内）。对音乐厅、剧院等专业演出场所，背景噪声较低，要求有 96 dB 有效峰值声压级，通常取下限即可；对歌舞厅等场所，背景噪声较大，且要有较强的音响效果，要求有 105 dB 有效声压级，但由于其高度有限（高度尺寸小于宽度尺寸），也可按 3 W 或略大设计；对于高度较大的歌舞厅应适当增加功率；对 Disco 舞厅，因为要有强劲的动感效果，因此要求有 110 dB 以上的有效峰值和声压级。通常其功率容量要在上述基础上加倍，应取到 6～10 W/m² 左右。对于高度较低的 Disco 舞厅可适当减小功率容量。

7.1.2 音响设备的选择

目前市场上流行的专业音响设备的品牌很多，而且各种品牌也有不同的档次，其价格差异也较大。在对设备进行选择时，可根据需要及经济条件来决定。

1. 音箱和功率放大器的选择

在进行扩声系统设计时，首先要根据扩声系统的功率容量来决定所用音箱的总功率，然后将总功率按比例分配到主扩声通道和辅助扩声通道的左、右两个声道（体积较小的厅堂可设计一个辅助扩声通道，体积大的且较长的厅堂可设计两个或两个以上的辅助扩声通道），从而确定音箱的数量。通常，所选主扩声通道音箱的功率应适当大于辅助扩声通道音箱的功率。如果需要，还可在主扩声通道配一对纯低音音箱（Disco 舞厅还应在辅助扩声通道适当选用纯低音音箱）。纯低音音箱的功率应大于主音箱功率，且不计入系统功率容量。在有些品牌的音箱中，有专门与主音箱配对的纯低音音箱（参考产品说明）。此外，对于音乐厅、剧院、大型高档歌舞厅、Disco 厅等，主扩声音箱最好采用三分频音箱，并且可外接电子分频器。

不同国家、不同厂家生产的二分频或三分频的音箱，由于箱体设计结构及使用单元不同，各有其特点，以下举例说明。

JBL 音箱：力度大、穿透力强、中高音强劲。其 47、48 系列产品为专业级设备，MR系列产品在一般歌舞厅中用得较多；

BOSE（博士）音箱：频响宽、动态大、功率足，专业扩声和娱乐扩声中都有使用；

PEAVEY（百威）音箱：音色结构坚实有力、清亮悦耳、低音弹性好、节奏感强，用于Disco 舞厅比较理想；

EV 音箱：音色清晰、透明、自然，在扩声系统中也常使用。

此外，还有许多其他品牌的音箱，根据价位及其特点，亦可以考虑选用。

功率放大器的选择是有一定要求的。首先要根据厅堂的性质、环境和用途来选择不同类型和功率的功率放大器。一般情况下，音乐厅、剧院及以演唱为主的歌舞厅，扩声系统应选用频率响应范围宽、失真度小、信噪比大、音色优美的高品质功率放大器，对于娱乐性的歌舞厅、Disco 厅应选择大功率的功放。其次要根据音频功率信号传输的距离远近选用定压式或定阻式功放。对于背景音乐系统或会议系统等远距离分散式扬声器系统，需要选用定压式功放。对音乐厅、剧院、歌舞厅、Disco 厅等扩声系统选用定阻式功放。另外，还应根据音箱的功率来配置功率放大器，功放功率应大于音箱功率。

2. 话筒和调音台的选择

不同的话筒，其指向性、频响特性和灵敏度等也不尽相同，在选择话筒时，要根据其拾音对象而定。一般在没有特殊要求的情况下，大多使用动圈式心形或超心形指向话筒；对于话筒的频响特性则要参考乐器或歌唱者的频率特性，例如，男声与女声应使用不同的话筒，这样才能充分表现声源原有的特点。通常在话筒产品介绍中均列有其主要用途，以便选购者参考。在演出中，为得到合奏合唱的整体效果，除采用动圈话筒按乐器、声部拾音外，还应适当选用电容式话筒对整场进行拾音。对于舞台上活动范围较大的演出，应配备手持式或领夹式无线话筒。

在选择调音台时，首先应根据演出规模确定调音台输入通道的路数，然后根据扩声环境来确定调音台的输出通道。通常，在音乐厅、剧院等专业演出场所，应选用有多个输入通道(至少二十四路以上)、带编组输出(并可考虑矩阵输出)及多路辅助输出的大型专业调音台；在一些高档次的具有专业演出功能的大型歌舞厅等场所，也可以考虑使用上述调音台；在一般的娱乐场所，选用十二路以上不带编组输出的调音台即可。

3. 其他设备的选择

调音台、功率放大器和音箱即可组成一个简单的扩声系统，但欲得到好的音响效果，还必须配以信号处理设备。

首先，均衡器和效果器是必不可少的。在专业或大型扩声系统中应选用双 31 段图示均衡器和高档次的效果处理器；一般娱乐场所的扩声系统也可以选择 15 段均衡器和一般效果处理器。

其次，大型和高档次的扩声系统还应使用压限器、电子分频器以及数字延时器等设备。

至于听觉激励器，主要用在歌舞厅等扩声系统；除非特殊需要，一般专业演出很少使用听觉激励器。

对于其他信号处理设备，可根据需要进行选择。在特别大型的演出中，其扩声系统几乎囊括了所有信号处理设备。

需要指出的是，在选择设备时，应依据设备的品质而定，而不应只选择同一品牌的设备，因为各厂家都有突出的产品，只有选择品质优良的产品，才能使系统有好的性能价格比。

7.1.3 设备之间的互连

1. 效果器的连接

扩声系统中大多数音响设备都采用串接的连接方式，但效果器通常有四种连接方式：

(1) 利用调音台的 AUX(辅助输出)和 RTN(立体声返回)端口将效果器并接在调音台上，这是扩声系统中最常用的方式，就效果器而言，通常使用一入一出的工作方式，一入双出也行，但很少使用双入工作方式。

(2) 将效果器输入端口接在调音台 AUX 端口，其输出端接入调音台任一输入通道的 LINE(线路)输入端，则成为调音台新的声源。这种连接方法，效果器一般也采用一入一出的工作方式，一入双出方式也可，但要占用两路输入通道。需要注意的是，在调音台上接效果器的输入通道与接效果器的辅助输出相对应的 AUX 旋钮应置于关闭状态，否则又会把信号送入效果器而形成正反馈，产生啸叫，以致损坏扬声器系统。

(3) 将效果器接入调音台的 INSERT(插入)端口，只对演唱话筒进行效果处理。一入一出处理一路话筒，双入双出可处理两路话筒。这种联系方法，常在卡拉 OK 厅中用来对歌声进行处理，以免影响 LD、VCD 已在制作中处理过的音乐伴奏的效果。

(4) 将效果器串接在扩声系统中，通常接在调音台与均衡器之间，这样全部音频信号都会经过效果器。这种方法一般只用在环境音乐的制作和播放系统中。

此外，在扩声系统中对信号进行效果处理的数字延时器与效果处理器的接法相同，常采用与调音台并联的方式。

压限器可以并在调音台上，也可以串接在调音台输出通道，通常并联方式用得较多。

2. 连接线与接插件

在专业扩声系统中，连接音响设备的连接线主要有两大类：一类是用于连接功率放大器与音箱的平行传输线，俗称"金银线"、"音箱线"或"喇叭线"；另一类是用来连接其他设备的双芯屏蔽电缆，俗称"话筒线"。两种线缆的芯线都由多股铜合金线组成，在专业上用导线截面积的平方毫米来衡量线缆的粗细，线缆越粗，阻抗越小，对信号的衰减也越小。

专业扩声系统所用的接插件也主要有两大类：一类为 XLR 型接插件，俗称"卡侬接插件"，分为 K 系列和 J 系列；另一类为 1/4 英寸直插件，有立体声和单声道两种。两类插件的结构示于图 7-2 中，下面列出其具体的接线方法。

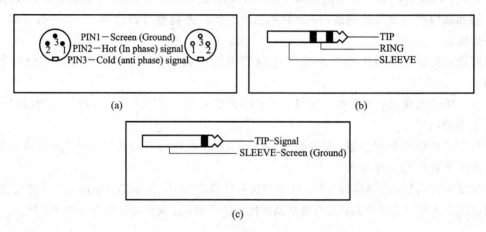

图 7-2　接插件结构图

(a) XLR 型；(b) 立体声直插件；(c) 单声道直插件

图 7-2(a)为 XLR 型插件结构，它是一种平衡式插件，其接线方法如下：

端"1"(PIN1)接屏蔽(Screen)，即接地(Ground)；

端"2"(PIN2)接热信号(Hot-signal)，即接信号"＋"极(in phasa)；

端"3"(PIN3)接冷信号(Cold-signal)，即接信号"－"极(anti phasa)。

图 7-2(b)为立体声直插件结构，有两种用法，接线方法如下：

·用作平衡式(Balanced)连接插件

"尖"(TIP)接热信号，即接信号"＋"极；

"环"(RING)接冷信号，即接信号"－"极；

"套"(SLEEVE)接屏蔽，即接地。

·用作连接立体声信号

"尖"接左声道信号；

"环"接右声道信号；

"套"接屏蔽(地)。

图 7-2(c)为单声道直插件结构，也有两种用法，即用作非平衡(Unbalanced)或单声道插件，两种用法接线方法相同：

"尖"为信号接线端；

"套"为屏蔽端。

目前，我国市场上的线缆和接插件既有进口产品也有国产产品，国内正规厂家生产的产品完全能够满足要求，而且价格较低。进口高档产品的品质优良，传输特性好，接触牢靠（接触损耗小），但价格昂贵。在扩声系统中，所选线缆和接插件的价位一般应当占到设备总投资的 10% 左右。

3. 设备互连

在扩声系统设计中（其他音频系统也一样）普遍存在设备的互连问题。如果连接不当，轻者会使系统指标下降，严重时甚至导致设备和系统不能正常工作。下面就互连中的阻抗匹配、电平匹配、平衡与非平衡以及连接线缆的屏蔽层接地等问题分别加以讨论。

1）阻抗匹配

在音响系统中，几乎所有设备都采用跨接方式，即设备的输出阻抗设计得很小，输入阻抗却很大。这是由于在系统中，除非信号作远距离传输，一般都当做短线处理。而且信号电平低，要求信号能高质量地传输，且负载的变化基本不影响信号的质量。当将信号源设计为一个恒压源，或者说负载远大于信号源内阻抗时，能满足上述要求。这实际是电路中的恒压传输方式。信号源内阻低，信号源消耗的功率就小，输出同一电平值时，要求信号源的开路输出电压也较低。最主要的是，信号源内阻低，可以加大信号的有效传输距离，改善传输的频率响应。

事实上，专业音响设备的阻抗都是按上述原则设计的，设备互连采用跨接方式，这就是音响设备的阻抗匹配。在对扩声系统进行设计时，一般不必考虑阻抗问题。但当一台设备的输出端需要连接多台设备时，即一个信号源驱动几个负载时，必须采用有源或无源音频信号分配器，以满足设备阻抗匹配的要求（若为两台设备，一般可直接并在前级设备的输出端）。

现代音频功率放大器的输出阻抗都很小（指定阻式功放，以下若无特殊说明均为指定阻式功放），以使功放能适应扬声器阻抗的变化，从而达到优良的瞬态响应。许多优质功放的阻尼系数都在数十以上，有的达到几百（阻尼系数定义为负载阻抗与功放内阻抗之比）。

实际上，功放与音箱是按照功放标称的输出阻抗和音箱标称的输入阻抗来连接的。功放的输出阻抗有 4 Ω 和 8 Ω 两种，既可接 4 Ω 音箱，也可接 8 Ω 音箱。接 4 Ω 音箱时，功放的输出功率较 8 Ω 时大（在产品说明书中有说明）。两只 8 Ω 音箱可并接在功放输出端，此时为 4 Ω 工作状态。必须注意，音箱并接时，阻抗会减小，其并联等效阻抗不得小于功放标称的最小输出阻抗（有些功放还标有 2 Ω 阻抗），否则会造成功放负载过荷而无法正常工作。

此外，功率放大器的 4 Ω 输出与 8 Ω 输出对传输线的阻抗要求是不一样的。当采用 4 Ω 负载阻抗时，所要求的传输线阻抗为 8 Ω 的 1/2。在高质量的扩声系统中考虑适当的储备，4 Ω 输出时的传输阻抗不得超过 0.2 Ω（不计放大器内阻），若传输线小于 100 m，则要求其截面积不小于 9 mm²。要减小其截面，需用 8 Ω 输出来代替 4 Ω 输出。由于只允许传输线的传输阻抗为 0.2 Ω，因此还应要求传输线两端的接触电阻更小。选用可靠性高和接触面大的接插件也相当重要。

2）电平匹配

音响设备互连时，电平的匹配也同样重要。如果匹配不好，或者会使激励不足，或者会发生过载而产生严重的失真。这两种情况都会使系统不能正常工作。

音响设备一般都有额定输出电平或额定输入电平、最小输出电平或最小输入电平、最大输出电平或最大输入电平,通常都按有效值计算。要做到电平匹配,就是不仅要在额定信号状态下匹配,而且在信号出现尖峰时,也不发生过载。优质系统峰值因数至少应按10 dB 来考虑(峰值因数定义为信号电压峰值与有效值之比,以分贝为单位)。

音响系统中的电平,一般是指电压电平。所谓电压电平,是一个电压与一个参考电压之比的常用对数乘以 20,单位为分贝,即

$$电压电平 = 20 \lg \frac{U}{U_{参考}} \ (dB)$$

这里参考电压可以是不相同的,按照 IEC 规定,最好以 1 V 为参考电压,也可以以 1 mV 或以 1 μV 为参考电压,对应电压电平的单位分别记为 dBV、dBmV、dBμV。

此外,还使用 dBm,即以在 600 Ω 电阻负载上产生 1 mV 功率时的电压为参考电压,也就是以 0.775 V 为参考电压。但 dBm 只限于负载为 600 Ω 时的特定情况,这是需要注意的。有些厂家在负载不是 600 Ω 时仍认为参考电平为 dBm 是不确切的。国外有些厂家也有将 dBm(dB 0.775 V)用 dBs 或 dBu 表示的,在阅读产品说明书时需加以注意。

如果电平不能直接匹配,就应采取适当的变换方法,使电平达到匹配,如采用变压器或者电阻分压网络。变换时,也要同时考虑到阻抗匹配。

实际上,现代音响设备都是按标准设计的,只需在设备选型及系统调音时加以注意,即可满足电平匹配的要求。

3) 平衡与不平衡

音响设备通常有平衡和不平衡两种连接方式。如果一台设备的输入端或输出端对于一个参考点(通常是指"地")具有相同的内阻抗,并且旨在传输对于该参考点来说数值相等但极性相反的信号,则这个端子是平衡的,称为平衡输入或平衡输出,否则就是不平衡的。当有共模干扰存在时,由于两个平衡端子上所受到的干扰信号数值相差不多,而极性相反,所以干扰信号在平衡传输的负载上可以互相抵消,因此平衡电路具有较好的抗干扰能力。在专业音响设备中,一般除音箱馈线外,大多采用平衡输入、输出。而非专业设备,为了降低成本,经常采用不平衡输入、输出。

根据平衡与不平衡关系,音响之间的互连主要有下列几种方式:

(1) 从平衡输出到平衡输入,如图 7 - 3(a)所示。

(2) 从平衡输出到不平衡输入,如图 7 - 3(b)所示。

(3) 从不平衡输出到平衡输入,如图 7 - 3(c)所示。

(4) 从不平衡输出到不平衡输入,如图 7 - 3(d)所示。

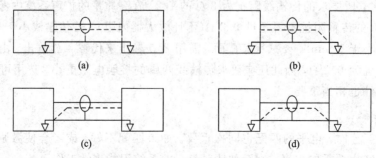

图 7 - 3 音响互连方式

4) 屏蔽

为了安全，设备的金属外壳应当妥善接地。所谓妥善，一是接地电阻应尽量小，二是不能因为接地而引入干扰噪声。所以音响系统不能与舞台灯光、照明、动力设备等共用地线系统。这样做的目的是防止发生公共阻抗干扰。此外，设备接地时应采用一点接地，或称为"星"形接地的方式，如图 7 - 4 所示；而不能像图 7 - 5 那样接成链形，也不能接成环形。接成链形，会发生公共阻抗干扰；接成环形，不仅会发生公共阻抗干扰，还会产生"地环路"。因为当空间中的交变电磁场（主要是工频电磁场）穿过"地环路"时，按照法拉第电磁感应定律就会在环路中激发出感应电动势，形成干扰。

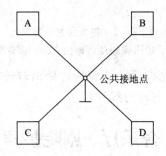

图 7 - 4　星形接地

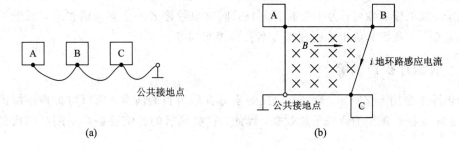

(a)　　　　　　　　　　　　　　(b)

图 7 - 5　不妥接地方式

（a）链形接地；（b）环形接地

检验设备接地是否正常的方法很简单，就是在设备接地线中串入一节干电池和一个小电珠（见图 7 - 6），看小电珠是否发亮。如果发亮，说明有多点接地或有地环路存在。

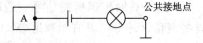

图 7 - 6　接地方式检验

当设备互连用的信号电缆的屏蔽层接地时，应注意尽量避免或减小地环路电流的影响。一般对平衡输入、输出，只将屏蔽层在一端接地，这样可以避免由于互连而形成地环路。由于输入阻抗大于输出阻抗，故屏蔽层通常在输入的一侧接地，这样感应噪声电平较低。当输入输出都是不平衡的时候，则应将屏蔽层两端都接地，这样虽产生地环路电流，但该电流不流经负载，如图 7 - 7 所示。

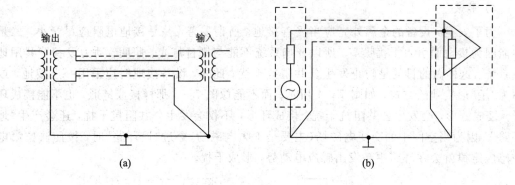

图 7 - 7 屏蔽层接地方法

（a）变压器平衡输入、输出屏蔽层接地法；（b）非平衡输入、输出接地法

此外，在工程布线时，为减少干扰，应将传输距离较长的连接话筒的电缆和连接音箱的馈线穿入金属管道，并且不得与电力线平行。

7.2 音乐厅、剧院扩声系统

在这一节及下一节里，我们将举出音乐厅、剧院、歌舞厅及 Disco 厅等场所的扩声系统的例子，仅供读者参考。为了带有普遍性，同时也给读者一个思考的机会，系统中对设备不限定型号，我们只给出系统连接方案及音箱布局等。

7.2.1 音乐厅扩声系统

音乐厅主要用于交响乐、轻音乐、民族乐等音乐节目的演奏，所以对扩声系统的要求很高，必须保证有理想的音乐重放效果，因此，这些场所的音响设备均采用高档次的专业级产品。

图 7 - 8 为音乐厅扩声系统设计参考方案，它只表示出了各设备之间是如何跨接的。

扩声音箱的布局是扩声系统设计的重要环节。音乐厅在建筑结构上是有严格要求的，一般比较宽，且长度不是很大。主扩声音箱应摆放在舞台口两侧，并根据音箱传声的指向性，使左右声道音箱摆放有一定角度，使中前排的中间听众席为最佳听音区，为了得到较好的立体声效果，通常还要在舞台下正中央布置辅助扩声音箱，如图 7 - 9 所示。这样，就使扩声系统具有左、中、右三个声道。辅助扩声所需信号一般取自调音台的编组输出，也可由矩阵或辅助输出提供。有些调音台还专门设有单声道（MONO）输出，供单声扩声通道使用。

为了使舞台上的演出人员能够实时听到自己的演奏情况，还必须在舞台上设置监听音箱，专业上称之为舞台返送音箱（音箱产品中有专门的带有一定倾斜度的舞台返送音箱）。舞台返送音箱应按需要布置在舞台上，并且面向演出人员，以使每一位演奏者能清晰地听到整个乐队的演奏。每只音箱的功率一般为 $150\sim250$ W，选用 $4\sim6$ 只（根据乐队规模和舞台大小），总功率不计入扩声功率，并为单声道传送。所需信号同样可由调音台的编组、辅助、矩阵或单声道输出提供。

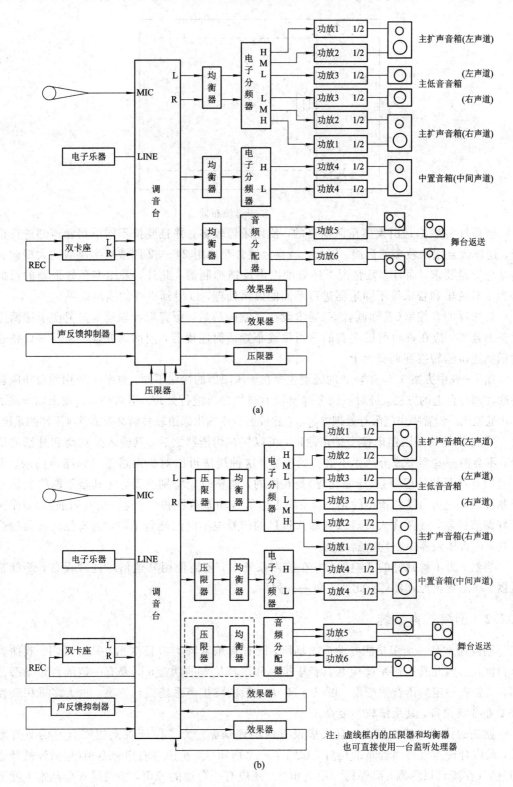

图 7 - 8　音乐厅扩声系统方案

（a）方案 1；（b）方案 2

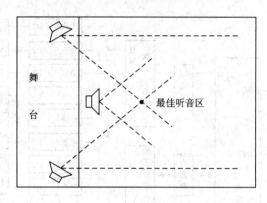

图 7 - 9　扩声音箱布局

音乐厅一般都是由大型乐队演奏的，使用乐器较多，并且要按不同乐器和声部进行拾音，这样就会用到较多的话筒。因此，调音台通常要选用 24～32 路或更多路数的大型调音台才能满足要求，而且多数情况下还要配以声反馈抑制器。此外，采用多台效果器的目的是为了对弦乐和管乐等不同乐器进行不同的效果处理，以得到更好的演出效果。

音乐厅的音控室（或称调音室）通常设在厅堂的最后，距离舞台较远。为了便于话筒等设备的连接，应在舞台前后左右的适当位置布置话筒连接器，使话筒或电子乐器等设备通过话筒连接器转接到调音台上。

图 7-8 中方案 1 与方案 2 的区别主要在于压限器的接法不同：方案 1 采用两台压限器并联在调音台上的方法，可对不同声源设置不同的参数进行处理，但对调音台输出端所接的扩声通道无法设置噪声门限等处理参数，它比较适合于输出通道较多而又要节省压限器的系统。

方案 2 是将压限器串接于扩声通道，可以接在均衡器之后，其输入是均衡和补偿的信号，不会使一些频率成分产生不必要的压缩。这种接法可以对扩声通道设置噪声门限，但它对所有声源的处理参数（压缩比等）是相同的，调整时应特别注意，尤其是不能将弱信号限制在门限之外。需要指出的是，当系统工作信号动态范围很大（例如交响乐演奏），而又不好调节控制，或调音人员难以在输入过量的信号电平时跟随调节时，为避免均衡器过载失真，应将压限器串在均衡器之前。

当然，为了得到好的音响效果，在扩声系统中，还需使用其他信号处理设备，例如扩展器、动态哑声处理器等，此处不再一一列举。

7.2.2　剧院扩声系统

剧院通常是一个多功能专业演出场所，既有音乐歌舞类节目演出，又有话剧、戏曲类节目演出。因此其扩声系统应兼具音乐扩声和语言扩声的功能，既要有一定的音乐动态范围，又要有一定的语音清晰度。图 7 - 10 为一般剧院扩声系统设计方案，也大多采用高档次专业音响设备，其系统较为复杂。

剧院的体积一般比较大，且大多设有两层观众席。为了保证观众能够有好的听音效果，就应合理布置扩声音箱的位置，如图 7-11 所示。主扩声左右声道音箱（包括纯低音音箱）摆放在舞台口两侧，除保持一定夹角外，还应有一合适的仰角，使两层观众基本上能听到主音箱的声音。为得到更好的立体声效果及语音扩声清晰度，通常还在舞台口的眉沿上方安装中置音响，使主扩声具有左中右三个声道。辅助扩声音箱一般安装在耳光室内侧或

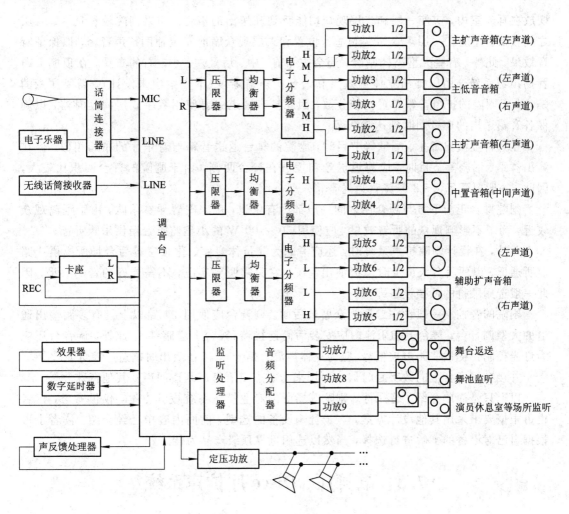

图 7 - 10　剧院扩声系统方案

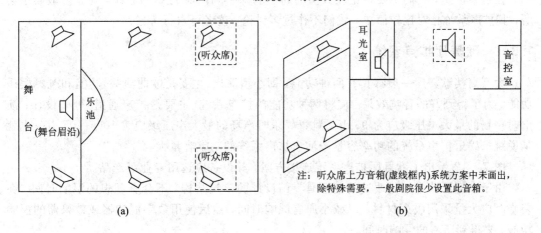

图 7 - 11　剧院音箱布局

（a）俯视图；（b）侧视图

摆放在耳光室内，应使一层和二层观众均能听到其送出的声音。如果剧院较长且一、二层之间较低，还应在一层观众席两侧适当位置和二层观众席前安装辅助扩声音箱，以保证听音效果。此外，有些大型高档剧院，还会按照前、中、后及左、中、右的布局，在顶棚上布置扬声器系统，用以提高立体声效果和语音扩声清晰度（本方案中未设计）。需要注意的是，由于剧院的扩声音箱布置比较分散，因此扩声通道中要使用数字式房间延时器，以确保各音箱送出的声音同时到达观众席。

在舞台上演出音乐、唱歌等节目时，剧院的舞台返送音箱与音乐厅的布局相似，但在演出舞蹈、话剧等节目时，应将返送音箱摆放在舞台两侧。由于剧院的舞台面积比较大，因此，一般要配置 6～8 只舞台返送音箱。

剧院舞台正前下方与观众席之间一般都设有乐池，用来安置伴奏乐队，由于距离观众较近，为了不影响观众的听音效果，应使用 50～100 W 的小型监听音箱供乐队听音。

此外，在设计剧院扩声系统时，还应考虑为演员休息室、化妆室等后台场所提供一路监听通道，以便后台人员及时掌握演出情况。它只需听到实况，不需要好的音响效果，因此一般选用廉价的低档设备即可。

剧院的音控室一般设在二层观众席最后面。调音台应使用 24 路以上且有多路输出通道的大型调音台，舞台上和乐池内应安装话筒连接器（舞台上应暗装）。此外，调音台还应为灯光控制台提供一路声控信号（应为立体声混合信号），以备演出时制造声控灯光效果。

并接在调音台上的数字延时器主要用来为歌声或语言声制造回声及其他特殊效果。

以上只是简单介绍了音乐厅、剧院等场所的专业扩声系统设计方案，仅供参考，读者也可根据要求采用其他设计方案。至于音响设备的选型，前面内容中已经介绍，读者也可根据自己对设备的了解进行选择，当然以选用世界顶级产品为佳。

7.3 歌舞厅、Disco 厅扩声系统

在这一节里，我们主要讨论较大型的高档歌舞厅、Disco 厅扩声系统，对于一般娱乐场所，其扩声系统相对比较简单，我们不作过多讨论，读者可自行考虑。

7.3.1 歌舞厅扩声系统

大型高档歌舞厅一般都具有两种功能，即小型演出（主要是歌曲演唱）功能和跳舞娱乐功能。为了得到好的音响效果，应将两种功能的扩声系统（主要是扩声通道）分开设计，演出时声场的最大声压级应为 95 dB，跳舞娱乐时声场的最大声压级应为 100～105 dB，也就是说跳舞娱乐扩声系统的功率容量较演出扩声系统的功率容量大。

图 7-12 示出了歌舞厅扩声系统连接方案，其设备应选用专业级产品。

由于歌舞厅通常都是改造的而不是专门设计的建筑结构，不会有理想的混响时间。在装修时应大量采用吸声材料，以减小原有混响时间，然后使用数字混响器或效果器的混响功能，来得到所需的混响时间。

在歌舞厅，有些演唱者是业余歌手，为了取得好的演唱效果，应在主扩声通道配置一台听觉激励器（通常只需在扩声系统的主扩声通道配置一台听觉激励器即可）。

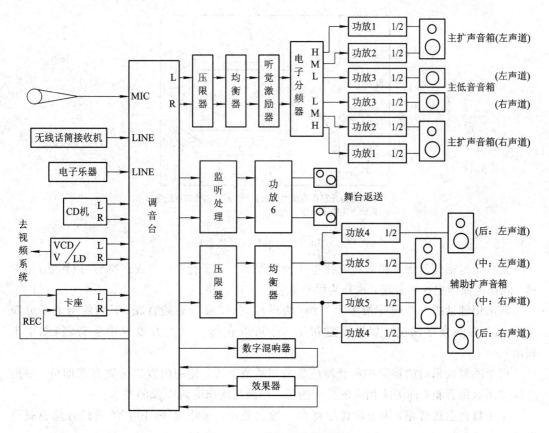

图 7 - 12　歌舞厅扩声系统

　　歌舞厅应使用 16 路以上并有多个输出通道的调音台,以方便对演出扩声和跳舞娱乐扩声的控制。此外,调音台还应提供一路信号,作为灯光控制台的声控信号。

　　就声源设备而言,除配置卡座和 CD 机外,歌舞厅几乎都配有 LD 或 VCD 机。因此,除扩声系统外,歌舞厅还应设计一套视频重放系统,可将 LD 或 VCD 机视频信号通过大屏幕投影和彩色电视机播放出来(关于视频设备及其系统设计可参阅有关专著)。当然,作为乐器拾音,话筒是必不可少的。通常,歌舞厅还会配置 1~2 套无线话筒供主持人或演唱者使用。

　　为了较好地实现观众自娱演唱的卡拉 OK 功能,还应为扩声系统配置可对音乐进行变调处理的变调器。变调器通常串接在 LD(或 VCD)机与调音台之间,如图 7 - 13 所示。

图 7 - 13　变调器的跨接

　　歌舞厅中,演出时的音箱布局与剧院类似,用于跳舞娱乐时的音箱应布置在舞池四周,如图 7 - 14 所示。

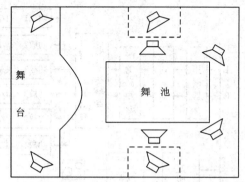

注：虚线框内音箱作为演出辅助扩声音箱，需要时再配置，
系统方案中未画出。

图 7 - 14　大型歌舞厅音箱布局

主音箱包括纯低音音箱和可连接电子分频器的中高音音箱，摆放在舞台（或称歌坛）两侧，既作为演出主扩声音箱，也作为跳舞娱乐主扩声音箱。

演出用辅助扩声音箱一般采用一组（两只）二分频或三分频音箱（不必使用电子分频器），吊装在观众席两侧。如果厅堂很宽，还可以在舞台口上方设置中置音箱（图中未画出）。

用于跳舞娱乐时的辅助扩声音箱应吊装在舞池上方，使用内置二分频音箱即可。演出时应关闭这组音箱，即关闭相应的扩声通道，以满足演出时对声像的要求。

至于舞台返送音箱，因为歌舞厅舞台一般比较小，采用 2 只 100 W 返送音箱也就可以了。

以跳舞娱乐为主的大众舞厅和以自娱演唱为主的卡拉 OK 厅，其音箱通常也采用周围布局的方式，如图 7 - 15(a)和(b)所示。

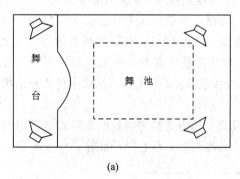
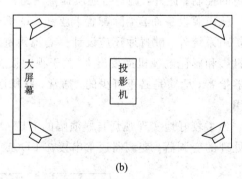

(a)　　　　　　　　　　　　　　　　　　(b)

图 7 - 15　大众舞厅和卡拉 OK 厅音箱布局
(a) 舞厅音箱布局；(b) 卡拉 OK 厅音箱布局

舞厅和卡拉 OK 厅的扩声系统比较简单，作为练习，读者可参考上述歌舞厅方案自行设计，此处不再举例。

至于人们常说的 KTV 包房，其扩声系统就更简单了，一般只要在包房内配置一台有变调功能的卡拉 OK 功率放大器和一对高保真音箱即可。对于面积较大的豪华 KTV，可使用一台卡拉 OK 伴唱机和两台纯功率放大器（也可只有一台，但要注意阻抗），推动 4 只音箱,音箱按前面 2 只后面 2 只布置。当然,KTV 中还应配置一套点歌系统。KTV 设备的跨接方式如图 7 - 16 所示。

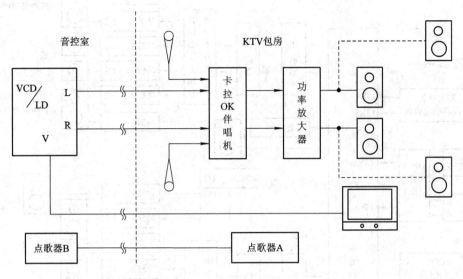

图 7 - 16　KTV 设备跨接

7.3.2　Disco 厅扩声系统

Disco 厅的主要功能是跳 Disco 舞,为了具有震撼的动感和强烈的节奏感,其最大声压级比歌舞厅的最大声压级要大,一般取到 105～110 dB。同时也会使用较多的纯低音音箱。

图 7 - 17 为 Disco 厅扩声系统的设计方案,供读者设计时参考。

与歌舞厅一样,Disco 厅基本也是在原有建筑上改造的,但应注意选择空间较高的厅堂,否则会有压抑感。

Disco 厅一般可选用 12 路左右的调音台作为主控调音台,同时还必须配置一台 Disco 调音台,串接在主控调音台上。Disco 调音台是一种 Disco 厅专用调音台,它的原理与一般调音台的基本原理相同,但其输入通道通常只有两组立体声输入,用来连接立体声电唱机和变速 CD 机,而且两组输入可通过控制面板上专门设置的衰减器推子进行"软切换"(所谓软切换,就是通过调整切换推子可以使一组输入逐渐变弱的同时使另一组输入逐渐增强,直至替代那一组输入,这类似于视频技术中的"淡入淡出"),这样可以方便地变换两组立体声输入的信号而不间断音乐。主控调音台主要用来连接有线和无线话筒以及卡座等声源设备,同时,主控调音台还应提供一路信号作灯光控制台的声控信号。

如果欲使 Disco 厅兼有演出功能,还必须专门设计一套演出扩声系统(包括舞台返送),其设计方法与歌舞厅相似。此外,为了连接多支话筒以满足演出需要,此时的主控调音台应选用具有更多输入通道的大型调音台。当然,也可以为 Disco 厅配置一套视频系统,这样可以加强娱乐的气氛。

Disco 厅的音箱也应布置在舞池四周,如图 7 - 18 所示,它与歌舞厅的音箱布局相似。所不同的是,Disco 厅还应多使用 2～4 只(也可更多,视规模而定)纯低音音箱(一般应比主低音音箱功率小)作为辅助低音扩声音箱,并吊挂在舞池上方。

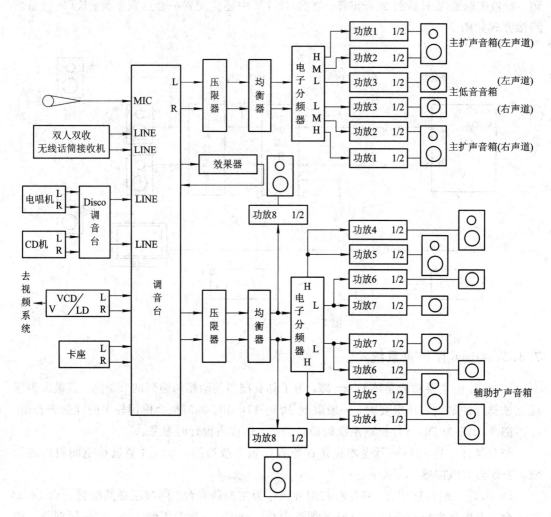

图 7 - 17　Disco 厅扩声系统

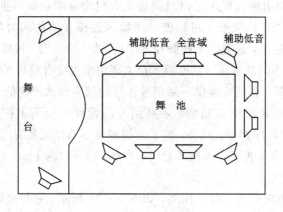

图 7 - 18　Disco 厅音箱布局

7.4　背景音乐系统

通常，人们在进入饭店、酒楼、商场等场所时，都会听到柔和的音乐声，它们大多是通过安装在顶棚上的吸顶式扬声器播放出来的，这就是所谓的背景音乐系统。

一般的背景音乐系统是由吸顶式扬声器和扩音机作为主要设备组成的扩声系统。吸顶式扬声器通常由安装在小型箱体内或开放式的全音域纸盆扬声器构成。这里所说的扩音机实际上是集前置电压放大和后级功率放大于一体的放大器设备，其前置放大器相当于一个小型调音台，具有音调控制功能和多个输入端口。后级功率放大器可分为两种输出方式，即定阻式输出和定压式输出，分别称为定阻式扩音机和定压式扩音机。有些扩音机还带有卡座和调谐器(调谐器实际上是不带功放和扬声器的"收音机")，可直接播放磁带节目和接收无线广播节目。

对于要求有较高档次的背景音乐系统，可选用一台普通的小型调音台作为前置电压放大，使用定阻式或定压式纯功率放大器来推动扬声器工作，并选择独立的卡座、CD 机和调谐器等设备作为声源。

背景音乐系统设计的关键，在于扬声器在厅堂顶部的合理布置和扩音机(或功放)与吸顶式扬声器的连接，而且扬声器与扩音机有多种连接方式。下面我们对背景音乐系统的基本问题进行讨论。

7.4.1　厅堂背景音乐系统的声场

背景音乐系统均采用分散声场，即吸顶式扬声器按一定间距均匀地安装在厅堂顶部，如图 7 - 19 所示。

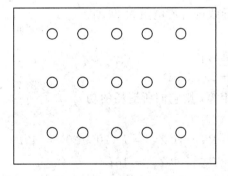

图 7 - 19　吸顶式扬声器布局

一只吸顶式扬声器有 5～25 W 的功率即可。对于厅堂顶部较低或扬声器间距较小的系统，可选用功率小一些的吸顶式扬声器，而对于厅堂顶部较高或扬声器间距较大的系统，则选用功率大的吸顶式扬声器。其要求是使厅堂的声场均匀，同时不致使声音太大。选择吸顶式扬声器时，还应考虑背景噪声影响。对背景噪声较大的场所，如酒楼、商场等，应使用较大功率的吸顶式扬声器；对背景噪声较小的场所，如饭店大堂，可使用小功率的吸顶式扬声器。

7.4.2　扩音机与扬声器的配接

由于扩音机构造不同，扩音机输出一般有两种形式，即定阻式和定压式。

1. 定阻式扩音机的匹配

定阻式扩音机的匹配必须满足下列条件。

（1）扬声器所得功率总和应等于或略小于扩音机额定功率，而扬声器额定功率总和必须大于（至少应等于）扩音机的输出功率，以防扬声器过荷而损坏。通常所说的负载总功率是指扬声器实际功率总和，而不是扬声器额定功率（标称功率）之和。

（2）扬声器连接好以后，负载总阻抗应等于扩音机输出总阻抗。若条件有限，相差不得超过 10%，此时，应使负载总阻抗稍大于而不是小于扩音机输出阻抗，以防扩音机因过载而使功放管衰老或烧毁。

（3）每只扬声器的实际功率不超过其额定功率，最好不超过其额定功率的 80%。这样声音虽然轻些（不很明显）但是音质优美，且不易使扬声器损坏。

对于扩音机来说，同样，在接负载时，其所需功率应考虑留有余量。也就是说，扬声器所需功率维持在扩音机额定功率的 $70\%\sim80\%$，这样对扩音机有好处。当然所需功率等于扩音机额定功率也是可以的，而且对一般功率不太大的扩音机，实际中也是这样做的。

定阻式扩音机是采用变压器来决定其输出阻抗的。变压器抽头不同，得到的阻抗也不同，一般有 $4\ \Omega$、$6\ \Omega$、$8\ \Omega$、$12\ \Omega$、$16\ \Omega$、$32\ \Omega$、$100\ \Omega$、$125\ \Omega$、$150\ \Omega$、$200\ \Omega$、$250\ \Omega$、$500\ \Omega$ 等等，其中 $32\ \Omega$ 以下的通称为低阻抗输出，$100\ \Omega$ 以上的通称为高阻抗输出，而且高阻抗输出扩音机比低阻抗输出扩音机的传输效率要高。为了说明这个问题，我们来看一个例子。

设有一只扬声器，阻抗为 $16\ \Omega$，接在距扩音机一定距离时，每根传输导线的直流电阻为 $20\ \Omega$，如图 7-20 所示。

图 7-20　扩音机负载阻抗

此时，整个线路总阻抗为：

$$Z_{总}=20+16+20=56\ \Omega$$

在串联电路中，电流相等，则它们所消耗的功率为

$$P_{线}=I^2Z_{线}=I^2(20+20)=40I^2$$
$$P_{扬}=I^2Z_{扬}=16I^2$$

所得总功率为

$$P_{总}=P_{线}+P_{扬}=40I^2+16I^2=56I^2$$

所以扬声器所得功率为总功率的 $\dfrac{P_{扬}}{P_{总}}=\dfrac{16I^2}{56I^2}=29\%$。也就是说，有 71% 的功率消耗在传输线上，只有 29% 的功率到达扬声器，传输效率很低。

如果采用高阻输出，效率又将如何呢？还是上面的例子：

当输出阻抗为 $250\ \Omega$ 时，

$$Z_{总}=20+250+20=290\ (\Omega)$$

所以

$$\frac{P_扬}{P_总} = \frac{250I^2}{290I^2} = 86\%$$

即效率为 86%。

当输出阻抗为 500 Ω 时，

$$Z_总 = 20 + 500 + 20 = 540 \ (\Omega)$$

所以

$$\frac{P_扬}{P_总} = \frac{500I^2}{540I^2} = 93\%$$

即效率为 93%。

可见，在同样距离下，输出阻抗越高，效率越高。下面我们分别讨论低阻抗和高阻抗输出时，扬声器如何与扩音机配接。

1）低阻抗输出

（1）一般情况下扬声器与扩音机的匹配。所谓一般情况，是指所用扬声器的功率或阻抗各不相同。

① 串联：即各扬声器相互串联。

此时

$$Z_串 = Z_1 + Z_2 + \cdots = \sum Z_i$$

$$P_串 = P_1 + P_2 + \cdots = \sum P_i$$

$$P_{si} = \frac{Z_i}{Z_串} \times P_{sc}$$

而且应该满足：$Z_串 = Z_{sc}$，$P_串 \geqslant P_{sc}$，$P_{si} \leqslant P_i$。

式中：$Z_串$——整个线路扬声器总阻抗，$Z_i = Z_1$，Z_2，…为每只扬声器的阻抗；

$P_串$——整个线路扬声器的额定功率总和，$P_i = P_1$，P_2，…为每只扬声器的额定功率；

P_{si}——每只扬声器在线路中实际所得的功率；

P_{sc}——扩音机输出功率或输送到该线路的音频功率；

Z_{sc}——扩音机输出阻抗。

例 7 - 1 一台 15 W 扩音机，输出阻抗为 4 Ω、8 Ω、12 Ω，有两只扬声器分别为 $P_1 = 5$ W，$Z_1 = 4$ Ω，$P_2 = 10$ W，$Z_2 = 8$ Ω，接成串联，应如何连接？

解：$Z_串 = Z_1 + Z_2 = 12$ Ω，$Z_{sc} = Z_串 = 12$ Ω

$P_串 = P_1 + P_2 = 15$ W，$P_{sc} = P_串 = 15$ W

$P_{s1} = \dfrac{Z_1}{Z_串} \times P_{sc} = 5$ W，$P_1 = P_{s1} = 5$ W

$P_{s2} = \dfrac{Z_2}{Z_串} \times P_{sc} = 10$ W，$P_2 = P_{s2} = 10$ W

可以将两只扬声器串联，负载线接至 $0 \sim 12$ Ω，如图 7 - 21 所示。

② 并联：即各扬声器相互并联。

$$\frac{1}{Z_并} = \frac{1}{Z_1} + \frac{1}{Z_2} + \cdots = \sum \frac{1}{Z_i}$$

$$P_并 = P_1 + P_2 + \cdots = \sum P_i$$

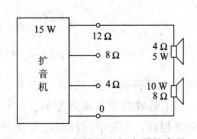

图 7 - 21 一般情况下扬声器的串联

$$P_{si} = \frac{Z_{并}}{Z_i} \times P_{sc}$$

而且应该满足：$Z_{并} = Z_{sc}$，$P_{并} \geqslant P_{sc}$，$P_{si} \leqslant P_i$。

式中：$Z_{并}$——整个线路扬声器总阻抗；

$P_{并}$——整个线路扬声器额定功率总和。

对于例 7 - 1，将两只扬声器接成并联是否可行呢？结论是不行。因为功率分配不平衡（读者可自己计算）。P_2 实际所得功率小于它的额定功率，可以使用，只是声音轻些；但 P_1 实际所得功率远大于 P_1 的额定功率，不满足 $P_{s1} \leqslant P_1$ 的条件，所以不能并联使用。

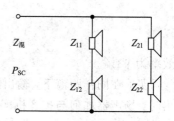

图 7 - 22　一般情况下扬声器的混联

③ 混联：上述两种方法的优点在于简单，但有时无法与扩音机匹配，必须串、并联同时使用，称为混联。其连接方式如图 7 - 22 所示。

$$\frac{1}{Z_{混}} = \frac{1}{Z_{\mathrm{I}}} + \frac{1}{Z_{\mathrm{II}}} + \cdots = \frac{1}{Z_{11} + Z_{12} + \cdots} + \frac{1}{Z_{21} + Z_{22} + \cdots} + \cdots = \sum_i \frac{1}{\sum\limits_j Z_{ij}}$$

$$P_{混} = P_{11} + P_{12} + \cdots + P_{21} + P_{22} + \cdots = \sum_{\substack{i=1,2,\cdots \\ j=1,2,\cdots}} P_{ij}$$

$$P_{sij} = \frac{Z_{ij} \times Z_{混}}{Z_i^2} \times P_{sc}$$

而且应该满足：$Z_{混} = Z_{sc}$，$P_{混} \geqslant P_{sc}$，$P_{sij} \leqslant P_{ij}$。

式中：$Z_{混}$——整个线路扬声器总阻抗；

$P_{混}$——整个线路扬声器额定功率总和；

i——并联支路序号；

j——每支路内串联扬声器的序号。

例 7 - 2　有四只扬声器，阻抗分别为 $Z_{11} = 3\ \Omega$，$Z_{12} = 5\ \Omega$，$Z_{21} = 8\ \Omega$，$Z_{22} = 16\ \Omega$，接在 $P_{sc} = 50\ \mathrm{W}$ 扩音机上，如图 7 - 21 所示，求总阻抗和各扬声器实际所得功率。

解：

$$\frac{1}{Z_{混}} = \frac{1}{Z_{11} + Z_{12}} + \frac{1}{Z_{21} + Z_{22}} = 6\ \Omega$$

$$P_{s11} = \frac{Z_{11} \times Z_{混}}{Z_{\mathrm{I}}^2} \times P_{sc} = \frac{Z_{11} \times Z_{混}}{(Z_{11} + Z_{12})^2} \times P_{sc} = 14\ \mathrm{W}$$

$$P_{s12} = \frac{Z_{12} \times Z_{混}}{Z_{\mathrm{I}}^2} \times P_{sc} = \frac{Z_{12} \times Z_{混}}{(Z_{11} + Z_{12})^2} \times P_{sc} = 23.5\ \mathrm{W}$$

$$P_{s21} = \frac{Z_{21} \times Z_{混}}{Z_{\mathrm{II}}^2} \times P_{sc} = \frac{Z_{21} \times Z_{混}}{(Z_{21} + Z_{22})^2} \times P_{sc} = 4.15\ \mathrm{W}$$

$$P_{s22} = \frac{Z_{22} \times Z_{混}}{Z_{\mathrm{II}}^2} \times P_{sc} = \frac{Z_{22} \times Z_{混}}{(Z_{21} + Z_{22})^2} \times P_{sc} = 8.35\ \mathrm{W}$$

在实用中可分别选择 15 W、25 W、5 W 和 10 W 的扬声器。

（2）特殊情况下扬声器与扩音机的匹配。所谓特殊情况是指各扬声器的功率 P 和阻抗 Z 完全相同，实用中这种情况使用较多。

① 串联：

此时，

$$Z_串 = nZ$$

$$P_串 = nP$$

$$P_s = \frac{P_{sc}}{n}$$

同时应满足：$Z_串 = Z_{sc}$，$P_串 \geqslant P_{sc}$，$P_s \leqslant P$。

式中：n——所接扬声器的个数；

　　　P_s——扬声器所得功率。

② 并联：

此时，

$$Z_并 = \frac{Z}{n}$$

$$P_并 = nP$$

$$P_s = \frac{P_{sc}}{n}$$

同时应满足：$Z_并 = Z_{sc}$，$P_并 \geqslant P_{sc}$，$P_s \leqslant P$。

③ 混联：各并联支路内所串接的扬声器个数相等，如图 7 - 23 所示。

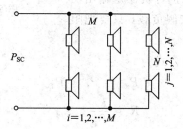

图 7 - 23　特殊情况下扬声器的混联

此时，

$$Z_混 = \frac{N}{M} \times Z$$

$$P_混 = (M \times N)P$$

$$P_s = \frac{P_{sc}}{M \times N}$$

同时应满足：$Z_混 = Z_{sc}$，$P_混 \geqslant P_{sc}$，$P_s \leqslant P$。

式中：M——并联支路数；

　　　N——各并联支路串接扬声器个数。

（3）分头连接。对利用上述各种方法计算出来的阻抗通常取一种特殊数值，扩音机上没有这样的输出阻抗，而且任意两抽头间阻抗也不容易恰好相配。在这种情况下，可采用分头连接。但需注意，分头连接只适用于扬声器个数不多的情况。所选的扩音机阻抗与扬声器阻抗之间的关系为

$$Z_{si} = \frac{P_{si}}{P_{sc}} \times Z_i$$

同时应满足：$\sum_i P_i \geqslant P_{sc} \geqslant \sum_i P_{si}$，$P_{si} \leqslant P_i$。

例 7 - 3 一只 15 W、16 Ω 和一只 125 W、8 Ω 的扬声器接至 25 W 扩音机，应如何连接？

解：取

$$P_{s1} = 12.5 \text{ W}, \quad P_{s2} = 12.5 \text{ W}$$

$$Z_{s1} = \frac{P_{s1}}{P_{sc}} \times Z_1 = \frac{12.5}{25} \times 16 = 8 \text{ Ω}$$

$$Z_{s2} = \frac{P_{s2}}{P_{sc}} \times Z_2 = \frac{12.5}{25} \times 8 = 4 \text{ Ω}$$

可将 15 W、16 Ω 扬声器接至扩音机的 0～8 Ω 端，而将 12.5 W、8 Ω 扬声器接至 0～4 Ω 端，如图 7 - 24 所示。

在作分头连接时，还应注意变压器的导线截面是否可以通过所需的电流。

（4）假负载。当扬声器所得的总功率远小于扩音机额定输出功率时，为了使扩音机正常工作和保护扬声器的安全，应接假负载来消耗多余功率。如果扬声器总功率已达到扩音机额定输出功率的 80% 以上，就不需要再接假负载，只要把阻抗匹配好即可使用。

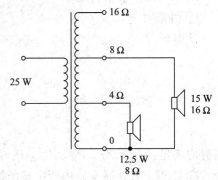

图 7 - 24 扬声器分头连接

在低阻情况下求假负载的公式为

$$P_{假} = P_{sc} - P_{总}$$

$$R = \frac{P_{sc}}{P_{假}} \times Z_{sc}$$

例 7 - 4 有一台 25 W 的扩音机，只有一只 10 W、8 Ω 扬声器，如何配接？

解：首先用分头连接公式计算扬声器应接的位置

$$Z_1 = \frac{10}{25} \times 8 = 3.2 \text{ Ω}$$

然后计算假负载。设将假负载接至扩音机的 0～16 Ω 端，则

$$P_{假} = 25 - 10 = 15 \text{ W}$$

$$R = \frac{25}{15} \times 16 = 26.7 \text{ Ω}$$

因此，可将扬声器接至扩音机的 0～3.2 Ω 端，如果没有，也可接至 3.5 Ω 或 4 Ω 端；假负载接至 0～16 Ω 端，其阻值为 26.7 Ω，可用 30 Ω 代替，功率为 15 W 以上，如图 7 - 25 所示。为了安全，一般实际所用假负载功率为计算功率 $P_{假}$ 的 1.5～2 倍。

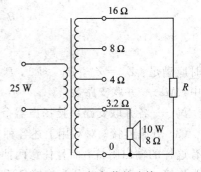

图 7 - 25 假负载的连接

2）高阻抗输出

与低阻抗输出一样，扬声器和高阻抗输出的定阻式扩音机配接时，也有串联、并联、混联等多种方式。所不同的是，高阻抗输出时，各扬声器是通过线间变压器与扩音机相连

的。线间变压器的初级阻抗是通过计算得到的，而次级阻抗即为扬声器的额定阻抗，通过变压器进行阻抗变换，从而达到阻抗匹配的目的。

（1）一般情况下扬声器与扩音机的配接。

① 串联：各线间变压器初级串接，扬声器和扩音机的阻抗和功率的关系为

$$Z_i = \frac{P_{si}}{P_{sc}} \times Z_{sc}$$

$$P_{串} = P_1 + P_2 + \cdots = \sum_i P_i$$

同时应满足：$Z_{串} = Z_{sc}$，　$P_{串} \geqslant P_{sc} \geqslant \sum_i P_{si}$，　$P_{si} \leqslant P_i$。

式中：Z_i——每个扬声器所接线间变压器的初级阻抗；

　　　P_{si}——每个扬声器所得功率；

　　　P_i——每个扬声器的额定功率；

　　　Z_{sc}——扩音机输出阻抗；

　　　P_{sc}——扩音机额定输出功率。

例 7-5　一台 30 W 扩音机，输出阻抗为 500 Ω，一只 25 W 扬声器，一只 5 W 扬声器，如何用串联法配接？

解：根据上述公式可得

$$P_{串} = P_1 + P_2 = 25 + 5 = 30 \text{ W} = P_{sc}$$

并取

$$P_{s1} = P_1 = 25 \text{ W}, P_{s2} = P_2 = 5 \text{ W}$$

则

$$Z_1 = \frac{25}{30} \times 500 = 417 \text{ Ω}, Z_2 = \frac{5}{30} \times 500 = 83 \text{ Ω}$$

因此，25 W 扬声器线间变压器的初级阻抗为 417 Ω，5 W 扬声器线间变压器的初级阻抗为 83 Ω，串接后接至扩音机的 0~500 Ω 端，如图 7-26 所示。

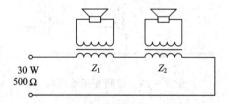

图 7-26　线间变压器串联

② 并联：各线间变压器初级并接，扬声器和扩音机的阻抗和功率的关系为

$$Z_i = \frac{P_{sc}}{P_{si}} \times Z_{sc}$$

$$P_{并} = P_1 + P_2 + \cdots = \sum_i P_i$$

同时应满足：$Z_{并} = Z_{sc}$，　$P_{并} \geqslant P_{sc} \geqslant \sum_i P_{si}$，　$P_{si} \leqslant P_i$。

将例 7-5 改为并联，则有

$$P_{并} = P_1 + P_2 = 25 + 5 = 30 \text{ W} = P_{sc}$$

$$P_{s1} = P_1 = 25 \text{ W}, P_{s2} = P_2 = 5 \text{ W}$$

$$Z_1 = \frac{30}{25} \times 500 = 600 \text{ Ω}, Z_2 = \frac{30}{5} \times 500 = 3000 \text{ Ω}$$

因此，25 W 扬声器线间变压器的初级阻抗为 600 Ω，5 W 扬声器线间变压器的初级阻抗为 3000 Ω，并联后总阻抗为 500 Ω，接至扩音机 0～500 Ω 端，如图 7 - 27 所示。

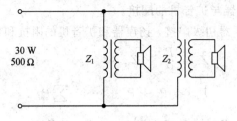

图 7 - 27 线间变压器并联

③ 混联：

$$Z_{ij} = \frac{P_{sij} \times P_{sc}}{P_{si}^2} \times Z_{sc}$$

$$P_{混} = P_{11} + P_{12} + \cdots + P_{21} + P_{22} + \cdots = \sum_{i,j} P_{ij}$$

式中：P_{si}——第 i 个并联支路串接扬声器所得功率之和。

同时应满足：$Z_{混} = Z_{sc}$，$P_{混} \geqslant P_{sc} \geqslant \sum_{i,j} P_{ij}$，$P_{sij} \leqslant P_{ij}$。

例 7 - 6 有四只扬声器，接成混联，如图 7 - 28 所示，接在一台输出阻抗为 500 Ω 的扩音机上，求各线间变压器初级阻抗。

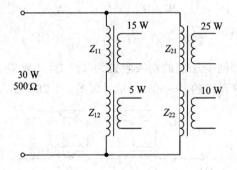

图 7 - 28 线间变压器混联

解：

$$P_{混} = P_{11} + P_{12} + P_{21} + P_{22}$$
$$= 15 + 5 + 25 + 10 = 55 \text{ W} = P_{sc}$$

取

$$P_{sij} = P_{ij}$$

$$Z_{11} = \frac{15 \times 55}{20^2} \times 500 = 1040 \ \Omega$$

$$Z_{12} = \frac{5 \times 55}{(15+5)^2} \times 500 = 340 \ \Omega$$

$$Z_{21} = \frac{25 \times 55}{(25+10)^2} \times 500 = 550 \ \Omega$$

$$Z_{22} = \frac{10 \times 55}{(25+10)^2} \times 500 = 225 \ \Omega$$

各线间变压器初级阻抗即为上述计算值。

（2）特殊情况下扬声器与扩音机的配接。

① 串联：扬声器和扩音机的阻抗和功率的关系为

$$Z = \frac{Z_{sc}}{n}$$

$$P_{串} = nP$$

$$P_s = \frac{P_{sc}}{n}$$

式中：n——串接扬声器的个数；

P——各扬声器的额定功率。

同时应满足：$P_{串} \geqslant P_{sc} \geqslant nP_s$，$P_s \leqslant P$。

② 并联：扬声器和扩音机的阻抗和功率的关系为

$$Z = nZ_{sc}$$

$$P_{并} = nP$$

$$P_s = \frac{P_{sc}}{n}$$

同时应满足：$P_{并} \geqslant P_{sc} \geqslant nP_s$，$P_s \leqslant P$。

③ 混联：扬声器和扩音机的阻抗和功率的关系为

$$Z = \frac{M}{N} \times Z_{sc}$$

$$P_{混} = (M \times N) \times P$$

$$P_s = \frac{P_{sc}}{M \times N}$$

式中：M——并联支路数；

N——各并联支路串接扬声器个数。

同时应满足：$P_{混} \geqslant P_{sc} \geqslant (M \times N) \times P_s$，$P_s \leqslant P$。

（3）假负载的使用。假负载的使用按功能可分为以下两种情况：

① 负担多余功率。

与低阻情况下类似，当扬声器所得总功率远小于扩音机额定输出功率时，要用电阻来承担多余部分功率。计算公式与低阻情况基本相同，只是此时 Z_{sc} 为各扬声器公用的输出阻抗，而不再另接抽头。

例 7 - 7　一台 150 W 扩音机，输出阻抗为 250 Ω，只有两只 25 W、16 Ω 的扬声器，如何配接？

解：采用并联方式，先求出每只扬声器线间变压器初级阻抗。

设 $P_s = P$

由于只有两只 25 W 扬声器，所以

$$P_{并} = 2 \times 25 = 50 \text{ W} < P_{sc}$$

不满足 $P_{并} \geqslant P_{sc}$。

虽然扬声器功率相等，但不能使用特殊情况下的计算公式，必须按照一般情况下的配接公式计算：

$$Z_1 = Z_2 = \frac{150}{25} \times 250 = 1500 \ \Omega$$

$$P_{假} = P_{sc} - P_{总} = 150 - 50 = 100 \ \text{W}$$

$$R = \frac{150}{100} \times 250 = 375 \ \Omega$$

因此，每只扬声器的线间变压器初级阻抗为 1500 Ω，而假负载为 375 Ω。将它们并联后接至扩音机 0～250 Ω 端，如图 7-29 所示。假负载功率应大于 100 W。

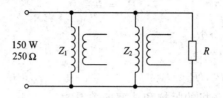

图 7-29 利用假负载承担多余功率

② 在负载回路中代替扬声器。

图 7-30(a)适用于扬声器的并联方式，图 7-30(b)适用于扬声器的串联方式，假负载 R 的阻抗和功率应与扬声器 Y 相等(高阻时，应与线间变压器初级阻抗相等)。利用这种方法，可以方便地关闭相应的扬声器。

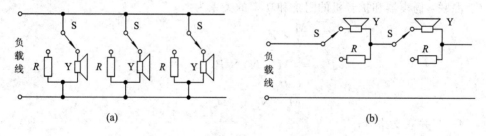

图 7-30 用假负载代替扬声器

假负载最好使用线绕电阻，不要使用电灯泡，因为电灯泡的阻值随着电压的增高或降低而变化很大，容易造成扩音机在低压过载。

以上我们讨论了扬声器与定阻式扩音机的几种接法。在实际应用中，通常用到的是功率、阻抗都相等的扬声器的串联、并联，以及一般高阻情况下的并联，有时也偶尔用到混联，其他的连接方法很少使用。

2. 定压式扩音机的匹配

功率较大的扩音机，在功率放大部分都装有深度负反馈回路，因此它的输出电压基本上不随负载的增减发生变化，可以看做是一个定值，这种扩音机称为定压式扩音机。

定压式扩音机的基本公式为

$$U = \sqrt{P \times Z}$$

式中：U——扩音机输出电压；

P——扩音机额定功率；

Z——扩音机输出阻抗。

只要扬声器所得功率总和不超过扩音机额定输出功率，就可以按照接电灯的方法，将扬声器一只只连接起来，也就是说各扬声器采用并联的方法连接于扩音机输出端。但此时应注意扩音机输出电压和扬声器的承受电压，它们之间需要通过线间变压器连接，如图7-31所示。这时的线间变压器为电压变压器，各引线端用电压来标示。

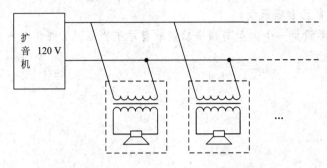

图 7-31　扬声器与定压式扩音机的配接

由于扬声器与定压式扩音机配接比较简单，且定压式扩音机输出功率一般比较大，可以连接多只扬声器；此外，市面上还有已经配好线间变压器的吸顶扬声器或小型扬声器箱（即音箱，为了与前述专业音箱有所区别，这里用扬声器箱称之）与定压式扩音机配套，使用者只需说明所需要的定压式扩音机的输出电压（通常是 120 V 或 240 V）和吸顶式扬声器或扬声器箱的功率，即可购得配套产品。因此，目前背景音乐系统大多采用这种连接方法。

顺便指出，采用背景音乐系统的设计方法，还可组成校园等场所的有线广播系统和会议室等场所的扩声系统。有线广播系统一般使用小型扬声器箱并适当配置高音喇叭（即号筒式高音扬声器），室外应使用防雨扬声器箱。会议室扩声系统应使用中高音吸顶扬声器，以满足语言清晰度的要求，并使用前述小型调音台的连接方式。目前市面上还有专门的会议音响系统配套设备可供使用。

在饭店、商场等场所，背景音乐系统通常还会和消防等报警系统连接，组成安全示警系统。关于这方面的内容，有兴趣的读者可参考有关产品及资料。

本 章 小 结

本章着重讨论了厅堂扩声系统的功率要求及经验取值、设备选择及互连等扩声系统设计方面的基本知识，并通过例题，介绍了音乐厅、剧院、歌舞厅、Disco 厅和背景音乐等扩声系统的一般性设计，包括不同系统的音箱布局。特别需要注意的是，音箱布局是系统设计的一个十分重要的环节，其原则是使声场尽量均匀。这里还需要说明一点，音响系统的供电虽然不属于音响方面的内容，但在实际应用中必须加以注意，有条件的情况下，最好采用 1:1 隔离变压器为音响系统单独供电，否则应使用交流净化稳压电源，其功率容量应在所用音响设备总耗电功率的 50% 以上。

思 考 与 练 习

7.1　音响师是如何依经验选择音箱功率的？

7.2　扩声系统中的信号处理设备通常是如何连接的？

7.3 音响系统应选择哪一种接地方式?

7.4 专业音响系统的接插件有哪两类,如何区别它们的接线端子?

7.5 根据自己对专业音响设备的了解,为本章中各扩声系统方案选择合适的设备(厅堂的长、宽、高可自己合理假设)?

7.6 结合实际设计一个大型高档多功能歌舞厅扩声系统,并作简要说明?

第 8 章　扩声系统的调音技巧

所谓调音，是指音响操作人员对音响系统中所用音响设备的功能键钮按要求进行预先设置或实时操作的过程。和音响系统一样，调音也可分为录音系统调音和扩声系统调音等。对录音系统实施调音的音响操作人员通常被称为录音师，而扩声系统的音响操作人员习惯上称之为调音师，二者也可统称为音响师。本章主要讨论扩声系统的调音技巧。

调音可以说是技术与艺术的结合。所谓技术，是要求音响操作人员必须熟悉和掌握各种音响设备的特性和功能，并要具备一定的声学知识等；所谓艺术，是要求音响操作人员应该具有一定的乐理知识和艺术修养，了解音乐及演唱者的特点等。只有将二者完美地结合，才能成为一名称职的音响师，在调音中取得理想的音响效果。

8.1　音　质　的　评　价

音质的评价是对声音本质的评价，但对声音本质的评价是通过人对声音的主观评价而得出的。主观评价难免牵涉到诸多因素，如个人爱好、传统习惯、文化层次、音乐修养、专业特长、素质高低等。因此，音质评价是较为复杂的。

8.1.1　音质评价的参量

从描述声音主观属性出发，专家们经过研究、实践，确定了一些音质评价的常用术语作为主观参量和音质评价用语来对音质进行评价。表 8-1 是常用的主观参量及音质评价用语。

表 8-1　常用的主观参量及音质评价用语

主观参量	音质评价用语	评价用语解释
清晰度	清晰—模糊、浑浊	清晰：节目可懂度高，乐队乐器层次分明，有清澈见底的感觉
平衡度	平衡—不平衡	平衡：节目各声部比例协调，立体声左、右声道的一致性好，声像正常
丰满度	丰满—单薄、干瘪	丰满：中、低音充分，高音适度，响度合适，有温暖、舒适感，有弹性
力度	坚实有力—力度不足	有力度：声音坚实有力，能反映原声源的动态变化

续表

主观参量	音质评价用语	评价用语解释
圆润度	圆润—毛糙	圆润：优美动听，有"水分"，有光泽但不尖糙，主要用以评价人声和某些乐器
明亮度	明亮—灰暗	明亮：高、中音充分，听感明朗、活跃
柔和度	柔和—尖硬	柔和：声音松弛有度，不发紧，高音细腻不刺耳，听感悦耳、舒服
融合度	融合—松散	融合：整个音响交融在一起，和谐而有层次，整体感好
真实感	真实—失真	真实：声音逼真；失真：声音破、炸、染色等
临场感		临场感：重放出的声音使人有"身临其境"的感觉
立体感	立体—单一	立体感：声音有空间感，不仅声像方位基本准确，声像群分布正确，而且有宽度和纵深感

《厅堂音质主观评价方法的建议》是我国音质主观评价专家经多年研究和实践提出来的，它选取了六个主要的评价参量，并将它们分为五个级别，如表8-2所示。

表8-2　听音评价术语Ⅰ

	优	良	中	较差	很差
清晰度	层次清晰，透明度好，语言的每个字都听得清	较清晰、透明，个别字听不清	一般（无特殊感觉），少数字听不清但都可以听懂	轻度模糊，轻度浑浊，能吃力地听懂	模糊、浑浊、很难听懂
丰满度	丰满、温暖、有弹性	较丰满、弹性尚好	一般	水分不足，有点单薄	干瘪、单薄
亲切感	演员与观众有交流，传神	有一定程度的交流	一般	无交流	遥远（如在幕后演奏）、紧迫
平衡感	声部平衡、协调，声像方位无偏斜	平衡尚好	一般	有时不够平衡，有时不够协调，声像有时偏斜	声部不平衡，声像在舞台之外或来自侧墙、后墙
环境感	场所印象逼真，空间感好	有一定程度的空间感	一般	空间感不够	场所印象差，无空间感
响度	适宜、舒服	无不良感觉	有时太响或有时不足	太响或不足	如雷贯耳、受不了、出不来，难以评价音质

听音评价音质的用语还有很多，下面给出听音评价术语Ⅱ供读者参考，见表8-3。

表 8-3 听音评价术语 Ⅱ

听音评价术语	技术含义分析	有关的技术指标							
		频率特性	谐波畸变	互调畸变	指向性	瞬态特性	混响	响度	瞬态互调畸变
声音发破	有严重谐波及互调畸变，有"噗"声，已切削平顶，畸变大于10%		✓	✓					
声音发硬	有谐波及互调畸变，能被仪器明显看出，畸变3%~5%		✓	✓					
声音发炸	高频或中高频过多，存在两种畸变	✓	✓	✓					
声音发沙	有中高频畸变，有瞬态互调畸变		✓	✓					✓
声音毛糙	有畸变，中高频略多，有瞬态互调畸变		✓	✓					✓
声音发闷	高频或中高频过少，或指向性太尖而偏离轴线	✓			✓				
声音发浑	瞬态不好，扬声器谐振峰突出，低频或中低频过多	✓	✓			✓			
声音宽厚	频带宽，中低频或低频好，混响适度	✓					✓		
声音纤细	高频及中高频适度且畸变小，瞬态好且无瞬态互调畸变	✓		✓		✓			✓
有层次	瞬态好，频率特性平坦，混响适度	✓				✓	✓		
声音扎实	中低频好，混响适度，响度足够	✓					✓	✓	
声音发散	中频欠缺，中频瞬态不好，混响过多	✓				✓	✓		
声音狭窄	频率特性狭窄(例如只有150 Hz~4 kHz)	✓							
金属声	中高频个别点突出高，畸变严重	✓	✓	✓					

续表

听音评价术语	技术含义分析	有关的技术指标							
		频率特性	谐波畸变	互调畸变	指向性	瞬态特性	混响	响度	瞬态互调畸变
声音圆润	频率特性及畸变指标均好，混响适度，瞬态好	✓	✓	✓			✓		
有"水分"	中高频及高频好，混响足够	✓					✓		
声音明亮	中高频及高频足够，响应平坦，混响适度	✓				✓			
声音尖刺	高频及中高频过多	✓							
高音虚	缺乏中频，中高频及高频指向性太尖锐	✓			✓				
声音发暗	缺乏高频及中高频	✓							
声音发干	缺乏混响及中高频	✓							
声音发直	有畸变，中低频有突出点，混响少，瞬态差	✓	✓	✓		✓	✓		
平衡或谐和	频率特性畸变小	✓	✓	✓					
轰鸣	扬声器谐振峰严重突出，畸变及瞬态均不好	✓	✓	✓		✓			
清晰度高	中高频及高频好，畸变小，瞬态好	✓	✓	✓		✓			
有透明感	高频及中高频适度，畸变小，瞬态好	✓	✓	✓		✓			
有立体感	频响平坦，混响适度，畸变小，瞬态好	✓	✓	✓		✓	✓		
有现场感或立体感	频响好，特别是中高频畸变小，瞬态好	✓	✓	✓		✓			
丰满	频带宽，中低频好，混响适度	✓					✓		
柔和	低频及中低频适量，混响度好	✓	✓	✓					
有气魄	响度足，混响好，低频及中低频好	✓				✓	✓		

8.1.2　音质评价的分析

通过上述主观参量及音质评价用语和听音评价术语表可以看出，音响系统的客观技术指标与音质有着直接的关系，也直接影响着主观评价的各种参量。下面我们通过六个评价用语来分析主观评价与客观技术指标的关系，混响时间和传输频率特性是两个主要技术指标。

（1）清晰度。观众厅和舞厅的混响时间要合适，混响时间过长就会出现浴室效应，一片嗡嗡声，使声音变得浑浊、模糊，听不清任何细节，严重影响清晰度。当然，明显的回声、颤动回声和其他谐振现象也会严重破坏声音的清晰度；传输频率特性的好坏直接影响声音的清晰度，缺乏中、高音会使声音的明亮度、清晰度下降，低频过多就会使声音变得浑浊不清。同时，还应减小音响系统的失真，失真过大就会产生大量谐波，使声音发糙、不清晰。

（2）丰满度。如果观众厅或舞厅的混响时间偏短，尤其是低频段的混响时间比中频段还要短，则在这样的房间里听音，其丰满度不会太好。当然，如果音响系统的传输频率特性差，缺乏中低音，声音就会变得干瘪、很飘，更谈不上音质的丰满了。如果低频段的声压级不足，或低频延伸不够，声音也会发硬、发紧，也实现不了音质的丰满。

（3）亲切感。传输频率特性差，中频不足，就会使声音像蒙上了一层雾，声音发灰、发闷，就好像在隔壁的房间里发出的声音，是不会有亲切感的。如果传输频率特性差，其中高音不足，使声音缺乏正常人声发出的高频部分，也会使人感到缺乏在身边发声的感觉，没有交流感。另外，观众厅和舞厅的混响时间太长会使声音太干。低频的混响时间相对于中频段要长一些，这样厅内会有一定的回荡感，语言清晰、亲切。

（4）平衡感。左、右扬声器，主扬声器和辅助扬声器之间的输出功率关系要合适，相位要正确，否则就会破坏平衡感。如果采用高、中、低音箱，就要注意各种音箱的安装、布置，不要使声音的各频段在不同的位置发声，否则就会破坏点和线声源，从而破坏了声像的平衡。另外，房间声学结构的对称性也会影响声音的平衡感。

（5）环境感。声场结构、混响时间和早期反射声都会影响声音的环境感。混响时间太短，声音太干，没有空间感；混响时间太长，声音混成一团，也没有良好的空间感。同时，扬声器的布置及声功率的均匀分配对声音的环境感都有影响。

（6）响度。音响系统重放应有合适的声压级，交际舞厅一般在 $80\sim85$ dB 左右为好，人少时还可低一些。声压级太大、声音太响会使人感到烦躁，缺乏美的感受；太小会使人听得吃力，也缺乏美感。但迪斯科舞厅内要有足够的声压级，低频要有足够的能量，有震撼感，不过中高频要控制，不能使人耳感到受不了。同时，声场均匀度应当良好，否则有的地方太响，有的地方声音太轻。失真度也应当比较小，因为在合适的声压级下才有良好的效果。

听音评价音质时，应选择优秀的声源作为听评的节目源。对业余者来说，特别应选择自己熟悉的节目，这样，在不同的组合里就比较能听出音质的差别；还必须要注意区分艺术质量与技术质量。

8.2 各种乐器的频率特征

就调音而言,卡座、CD机等声源设备播放的节目都是经过前期艺术加工和技术处理后的节目源,调音时通常只要对其进行适当的频率补偿和给予合适的音量就可以了,相对来说比较简单。而对由多种乐器构成的乐队的演奏及演唱者的演唱,由于乐器和演唱者在频率范围及音色等方面的特征各不相同,要通过调音来表现它们的特色和节目的特点,难度就比较大。作为调音师,要想通过调音将乐器及演唱者的特征充分表现出来,首先就要对它们的频率、音色等方面的特征有所了解。

8.2.1 乐器及演唱者的频率范围

各种乐器及男女声所占有的音频带宽,即频率范围或音域是不同的,图 8-1 和图 8-2 中分别示出各种管弦乐器及男女声的频率范围和各种民族乐器的频率范围。

8.2.2 乐器的频率特性

各种乐器,不但其频率范围有异,而且它们表现出的频率特性也各不相同。下面我们以管弦乐器为例,简单介绍其频率特性。

弦乐器:基音的中心频率为 261 Hz 时影响音色的丰满度;6~10 kHz 影响明亮度和清透度;提升 1~2 kHz 可使拨弹声音清晰。

钢琴:25~50 Hz 为钢琴低音共振频率;64~125 Hz 为常用低音区;2~5 kHz 影响临场感。

低音鼓:低音为 60~100 Hz,敲击声为 2.5 kHz。

小鼓:250 Hz 的频率影响鼓声的饱满度;5~6 kHz 影响临场感。

手风琴:琴身声为 240 Hz,声音饱满。

通通鼓:240 Hz,声音饱满。

手鼓:共鸣声频为 200~240 Hz,临场感为 5 kHz。

风琴:240 Hz 音色饱满,临场感为 2.5 kHz。

踩镲:200 Hz 声音铿锵有力,似铜锣般声音;6~10 kHz 音色尖锐。

低音吉他:700 Hz~1 kHz 提高拨弦声音;60~80 Hz 增强其低音声量;2.5 kHz 为拨弹声泛音。

木吉他:琴身共振频率为 240 Hz;低音弦 80~120 Hz;2.5 kHz、3.75 kHz、5 kHz 影响音色的清晰度、透明度。声音随着频率的增加而变得单薄。

电吉他:240 Hz 声音丰满;2.5 kHz 声音明亮。

小号:120~240 Hz 影响音色的丰满度;5~8 kHz 影响音色的清脆度。

男歌手:64~523 Hz 为基音区。

女歌手:160~1200 Hz 为基音区。

语音:120 Hz 影响丰满度;"隆隆"声 200~240 Hz;齿音 6~10 kHz;临场感 5 kHz。

交响乐:8 kHz 影响明亮度。要使声音突出,将 800 Hz~2 kHz 提升 6~8 dB。

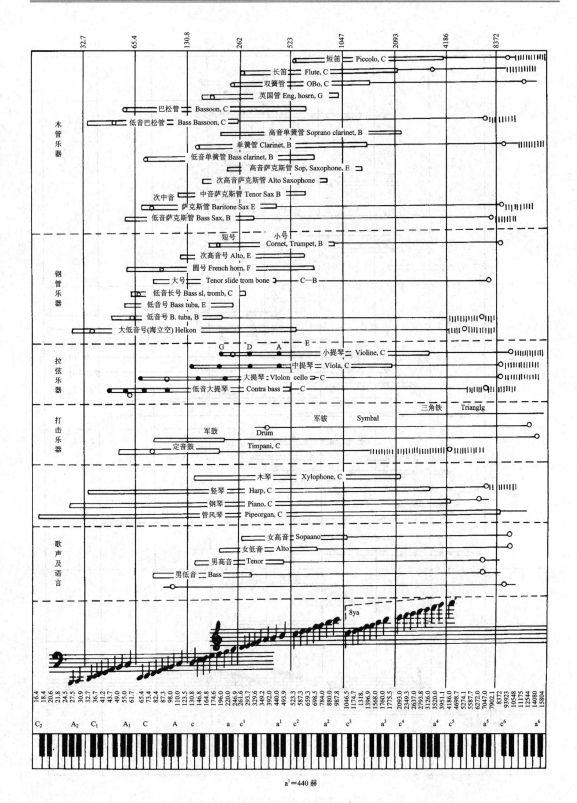

图 8-1　各种管弦乐器的频率范围

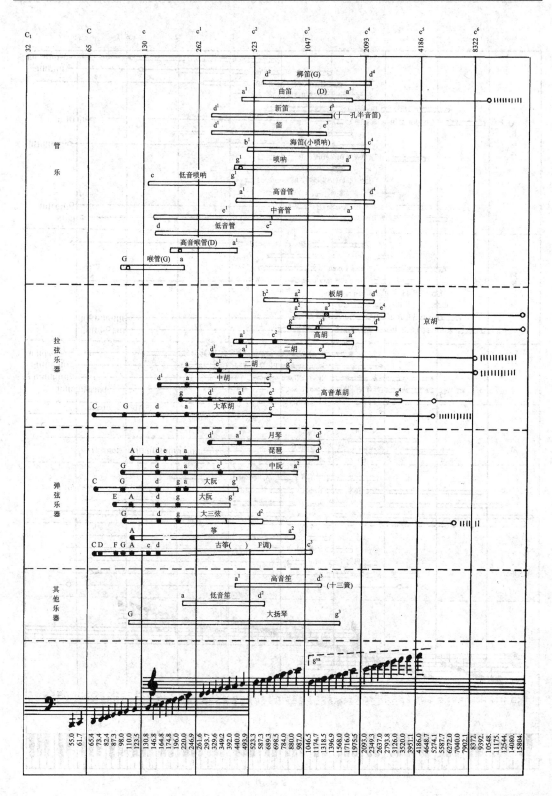

图 8-2 各种民族乐器的频率范围

小型乐队：提升 1～3 kHz 可增强效果。如果将整个声音频段的聆听感分为三段，则 LF——影响丰满度和浑厚度；MID——影响音色的明亮度；HF——影响音色的清晰度和表现力。

8.2.3 声源频率对音色的影响

作为声源的各种乐器和男女声，它们的音域及频率特性各有不同，而一个声源的频率特性对其音色的影响很大，也就是说，一个声音的频率成分与音色的质量有着重大关系。现将声音的不同频率对音色的影响及常用声源影响音色的频率分别列于表 8-4 和表 8-5 中，供读者参考。

表 8-4 各种不同频率对音色的影响效果

频 率	过 低	丰 满	过 高
16～20 kHz	韵味失落	人体颅骨传导感受力强	宇宙声感
	色彩失落	声音具有韵味和色彩	不稳定感
	音色缺乏表现力	音色富于表现力	
12～16 kHz	失掉光彩	"金光四溅"	发毛、刺耳
10～12 kHz	乏味、失去光泽	金属声强烈	光噪
8～10 kHz	平淡	S 音明显通透	尖锐
6～8 kHz	暗淡	透明	齿音重
5～6 kHz	含糊	清晰度高	尖利
4～5 kHz	音源变远	响度感强	声源变近
4 kHz	模糊	穿透力强	咳音重
2～3 kHz	朦胧	明亮度增强	呆板
1～2 kHz	松散、音色脱节	通透感强	跳跃感
800 Hz	松弛感	强劲感	喉音重
500 Hz～1 kHz	收缩感	声音的轮廓明朗	声音向前凸出
300～500 Hz	空洞	语音力度	电话声音色
150～300 Hz	软绵绵	声音力度强	生硬
100～150 Hz	单薄	丰满度增强	浑浊"哼声"
60～100 Hz	无力	浑厚感强	低频共振声出现"轰"声
20～60 Hz	空虚	空间感良好	低频共振声出现"嗡"声

表 8 - 5 常用声源影响音色的频率

声 源	明显影响音色的频率
小提琴	200～440 Hz 影响丰满度；1～2 kHz 拨弦声频带；6～10 kHz 影响明亮度
中提琴	150～300 Hz 影响力度；3～6 kHz 影响表现力
大提琴	100～250 Hz 影响音色的丰满度；3 kHz 影响音色明亮度
贝司提琴	50～150 Hz 影响音色丰满度；1～2 kHz 影响音色明亮度
长笛	250 Hz～1 kHz 影响丰满度；5～6 kHz 影响音色明亮度
黑管	150～600 Hz 影响音色的丰满度；3 kHz 影响明亮度
双簧管	300 Hz～1 kHz 影响音色的丰满度；5～6 kHz 影响音色明亮度；1～5 kHz 提升音色，使之明亮华丽
大管	100～200 Hz 丰满、深沉感强；2～5 kHz 影响明亮度
小号	150～250 Hz 影响丰满度；5～7.5 kHz 影响明亮度、清脆感
圆号	提升 60～600 Hz 音色圆润、和谐、自然；提升 1～2 kHz 音色辉煌
长号	提升 100～240 Hz 提高丰满度；提升 500 Hz～2 kHz 音色辉煌
大号	30～200 Hz 影响力度和丰满度；提升 100～500 Hz 音色深沉、厚实
钢琴	27.5～48.6 Hz 音域影响频率；音色随频率增加而变得单薄；20～50 Hz 是共振峰频率（箱体）
竖琴	32.7～3136 Hz 是音域频率；小力度拨弹音色柔和；大力度拨弹音色泛音丰满
萨克斯管	600 Hz～2 kHz 影响明亮度，提升此频率可使音色华彩清透
萨克斯管 b	100～300 Hz 影响音色的淳厚感，提升此频率,可增强音色的表现力
吉他	提升 100～300 Hz，增加丰满度；提升 2～5 kHz，增强音色的表现力
低音吉他	60～100 Hz 低音丰满；60 Hz～1 kHz 影响力度；2.5 kHz 是拨弦声频
电吉他	240 Hz 是丰满度频率；2.5 kHz 是明亮度频率；拨弦声 3～4 kHz
电贝司	80～240 Hz 是丰满度频率；600 Hz～1 kHz 影响力度；2.5 Hz 是拨弦声频率
手鼓	200～240 Hz 是共鸣声频率；5 kHz 影响临场感
小军鼓（响弦鼓）	240 Hz 影响饱满度；2 kHz 影响力度（响度）；5 kHz 影响响弦音频
通通鼓	360 Hz 影响丰满度；8 kHz 为硬度频率；泛音可达 15 kHz
低音鼓	60～100 Hz 为低音力度频率；2.5 kHz 是敲击声频率；8 kHz 是鼓皮泛音声频
地鼓（大鼓）	60～150 Hz 是力度音频，影响丰满度；5～6 kHz 是泛音频率
钹	200 Hz 铿锵有力度；7.5～10 kHz 音色尖利
镲	250 Hz 强劲、铿锵、锐利；7.5～10 kHz 尖利；12～15 kHz 镲边泛音"金光四溅"

续表

声　　源	明显影响音色的频率
歌声(女)	1.6～3.6 kHz 影响音色的明亮度,提升此频率可以使音色鲜明通透
歌声(男)	150～600 Hz 影响歌声力度,提升此频率可以使歌声共鸣感强,增强力度
语音	800 Hz 是危险频率,过于提升使音色发"硬"发"棱"
沙哑声	提升 64～261 Hz,可以改善
女声带噪音	提升 64～315 Hz、衰减 1～4 kHz 可以消除女声带杂音(声带窄的音质)
喉音重	衰减 600～800 Hz 可以改善
鼻音重	衰减 60～260 Hz,提升 1～2.4 kHz 可以改善
齿音重	6 kHz 过高可产生严重齿音
咳音重	4 kHz 过高可产生咳音严重现象(电台频率偏离时的音色)

8.3　乐器的特点与话筒拾音

8.3.1　乐器的声功能

　　不同的乐器,不但频率范围、频率特性及音色表现等各有特点,而且其声功能也不相同,表现出的声压或声强也各有差异。我们分别将不同人声和不同乐器的声压级和声功能的具体数值汇于表 8-6、表 8-7 和图 8-3 中,这些参数可对音响师在拾音、扩声和调音过程中提供具体的帮助。

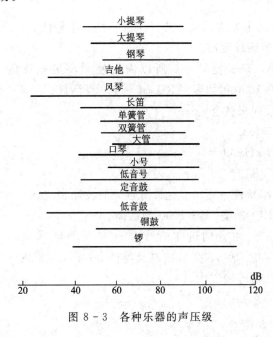

图 8-3　各种乐器的声压级

表 8 - 6   歌唱演员的声强(Mic 在距声源 30 cm 处测得)

不同人声	声压/dB	声功能/mW
女高音	90～112 89～98	1200～200 000 1000～12 000
女中音	83～90	228～1260
男高音	85～104 85～92	400～28 500 400～1830
男中音	86～96 78～105	456～4560 81～39 900
男低音	78～96	81～4560

表 8 - 7   几种民族乐器的声强(Mic 在野外距声源 1.5 m 处测得)

乐器名	声压/dB	声功能/mW
唢呐	80～98	2850～180 000
笛	54～74	7～710
二胡	51～77	4.25～1325

8.3.2　话筒拾音

由于各种乐器的频率特性、音色表现及声功能不同,因此音响师在对乐器拾音和扩声调音中就要根据乐器的特点对话筒型号进行选择,对话筒与声源的距离、高度和角度进行不同的处理。下面我们就依据不同乐器的特点列出对乐器拾音的话筒位置。

1. 小提琴(Violine)

小提琴是管弦乐队的主旋律乐器。其音律流畅性、连贯性好,音色的泛音结构比较均衡,富于表现力,音色美感程度高。

提琴声功能比较小,音量比较小,所以需要使用高灵敏度的话筒拾音,最好使用 CRI—3 型或 AKG - C—1000 型以及 AKG - C—409 型话筒。

音域:G、D、A、E 四根弦 g～e。

基音:196～1318.5 Hz。

泛音:可扩展到 12 kHz 以上。

动态范围:42～92 dB。

基音频率:要求频率特性平直,不允许有较大的波峰和波谷。

最佳话筒:采用 CRI—3 型、C—1000 型话筒。

距离:录音为 1～2 m,扩声时近 1 m。

角度:与琴码成 15°角,在 15°角以内高频特性好;在 15°角以外声音柔和。

小提琴群:控制在 35°范围以内。

2. 中提琴(Viola)

中提琴比小提琴低 5 度音。

基音：123.47～763.59 Hz。

泛音：10 kHz 以上。

动态范围：45～93 dB。

共振峰：200 Hz、600 Hz、1.6 kHz。

拾音：使用电容话筒。

距离：1.5～2 m（录音），0.8～1 m（演出）。

亦可选用无线话筒。

3. 大提琴（Violin cello）

音域：$C_2 \sim C_5$。

基音频率：65～520 Hz。

泛音频率：8 kHz。

共振峰：350 Hz、600 Hz。

话筒拾音：选用 CR 型话筒，优质 CD 型话筒亦可使用。

话筒距离：20～50 cm。

动态范围：50～95 dB。

话筒方向：话筒对准琴码。

4. 贝司提琴（Contra bass）

音域：$E_1 \sim C_4$。

基音频率：41～261.63 Hz。

泛音频率：可扩展至 7 kHz 以上。

主要频带：70～250 Hz（基音），100 Hz 时是圆形辐射。

动态范围：93～95 dB，100 Hz 以上辐射角度为 ±15°。

话筒的角度：对准琴码。

话筒的距离：5～20 cm。

话筒可选用 CR 型话筒和优质 CD 型话筒。

高频可适当地进行衰减，使贝司的低频效果更加突出一些，500 Hz 以上可做些许衰减处理。

5. 长笛（Flute）

基音频率：247 Hz～2 kHz。

泛音频率：可扩展至 6 kHz 以上。

动态范围：48～88 dB。

辐射角度：3 kHz 以上 $\alpha = 60°$。

拾音：选用优质 CD 型话筒和驻极体话筒，录音时可选用 CR 型话筒。

话筒距离：10～30 cm。

使用两只话筒拾音，一个低于笛 10～20 cm，一个高于笛 5～10 cm。

使用一只话筒拾音，避开喷口的气流方向，与口形成 15°角度。

6. 单簧管（Clarinet）

基音频率：139～1570 Hz。

泛音频率：可扩展至 5 kHz 以上，用力吹奏可达 12 kHz。

弱共振峰：880 Hz、3～4 kHz。

动态范围：60～95 dB。

话筒方向：对准最下面的指孔。

话筒距离：20～30 cm。

7. 双簧管(Ob)

基音频率：247～1396 Hz。

泛音频率：可以扩展至 12 kHz 以上。

动态范围：60～90 dB。

话筒：选用 CR 型话筒或驻极体话筒。

话筒方向：与喇叭口成 15°～30°角度。

话筒距离：20～30 cm。

8. 巴松管(Basson)

基音频率：82～440 Hz。

泛音频率：10 kHz。

动态范围：62～95 dB。

话筒：① 在巴松前方、上方；② 对准最下边的一个指孔。

话筒可选用优质 CD 型话筒，如：SM—57、MD—441、AKG - G—300(D—300)、AKG - C—300(D—330)、AKG - G—90(D—90)、AKG - G—95(D—95)。

不能使用 CR 型话筒，因其灵敏度高，易产生乐器串音现象。

9. 萨克斯管(Sax)

$^{\flat}$B 基音频率：117～725 Hz。

泛音频率：可扩展至 8 kHz 以上，用力吹奏可达 13 kHz。泛音丰富、音色富于表现力。

动态范围：60～90 dB。

话筒方向：既要照顾喇叭方向，又要照顾按键方向。

可选用优质动圈话筒，如：MD—441、AKG - D—90、AKG - D—95、AKG - D—300、AKG - D—330、SM—57 等型号的话筒。

突出哑音音色，保持始振特性的真实度。

话筒的距离：0.5～1 m。

Sax 音域：

高音 Sop Saxophone：220～1318 Hz——$^{\flat}$E

次高音 Alto Saxophone：164～784 Hz——E

中音 Tenor Sax：123～659 Hz——$^{\flat}$B

次中音 Baritone Sax：65～329 Hz——$^{\flat}$E

低音 Bass Sax：55～293 Hz——$^{\flat}$B

10. 小号(Trumpet)

基音频率：165～1175 Hz。

泛音频率：15 kHz 以上。

动态范围：55～140 dB。在 0.1 m 处演奏声压级可达 122～145 dB，1 m 处声压级可达 130 dB。

话筒拾音距离：1 m 以上。

话筒角度：与喇叭口平行线成 15°～30°夹角。

可选用优质 CD 型话筒，如 MD—441、AKG‐D—90、AKG‐D—95、AKG‐D—300、AKG‐D—330 等型号的话筒。

对话筒的要求：动态范围要大、频率响应要宽、灵敏度要低。

11. 长号 (Tromb) ^{b}B 调

基音频率：82～520 Hz。

泛音频率：5 kHz 以上，用力吹可达 10 kHz 以上。

共振峰：480～600 Hz 之间。

第二共振峰：1200 Hz。

400 Hz 以下全方向辐射。

2 kHz 以上辐射角度为 45°。

7 kHz 以上辐射角度为 20°～18°。

因此，话筒对准喇叭口频率响应好。如果高频过强，可调整话筒的角度和距离。

话筒距离：5～35 cm。

话筒方向：偏离长号吹口轴线 15°左右。

演出时使用 CD 型话筒和驻极体话筒 MS—57、AT—818。

录音时使用 CR 型话筒。

12. 大号 (Tenor slide trombone)

大号属 B 调乐器。

基音频率：29 Hz～2 kHz。

泛音频率：6～7 kHz 以上。

75 Hz 以下全方向辐射。

100 Hz 以上频率在一定角度内辐射。

2 kHz 频率辐射角度为 15°。

话筒与声源距离：80 cm～2 m。

CD 型话筒与声源距离：50 cm～1 m。

动态范围：55～95 dB。

13. 圆号 (French horn)

基音频率：62～700 Hz。

泛音频率：5 kHz 以上，加力吹奏达 8 kHz。

共振峰频率：340 Hz、750 Hz、2 kHz、3.5 kHz。

100 Hz 以下全方向传播，100 Hz 以上开始有方向地传播，4 kHz 时辐射角度为 15°。

动态范围：60～92 dB。

话筒方向：对准号口方向。

话筒距离：0.5～1 m。

14. 西班牙吉他(古典吉他)(Spanish Guitar)

基音频率：82～660 Hz。

泛音频率：5 kHz 以上。

动态范围：35～90 dB。

话筒：可选用 CR 型话筒 U87 或 AKG‑G—1000 型话筒。

话筒距离：30～100 cm。

无线话筒：加装在圆口边上，其特点是低音特性好。

15. 电吉他(Electronic Guitar)

基音频率：82～1174 Hz。

泛音频率：可扩展至 10 kHz 以上。

输出(OUT)：高阻抗、高电平，信号线不要太长，超过 6 m 以上容易受干扰。如果距离太远，可以使用 DI‑BOX 阻抗转换盒将高阻抗电平转换成低阻抗电平信号。否则距离太长，容易产生"嗡嗡"的感应声。

另外，亦可采用将话筒对准吉他音箱 5～15 cm 进行拾音。

16. 钢琴(Piano)

基音频率：27.5～4186 Hz。

泛音频率：可以扩展到 10～15 kHz。

拾音话筒：CR 型话筒，其距离 1～2 m；CD 型话筒，其距离为 20～25 cm。

亦可选用 PZM 话筒或 U87、CRI—3、CR—74、CRI—5、CR—76。

频率响应在 30～16 kHz 带宽以上。

打开盖板：话筒位置

    低频强(指向低音区)

    中频佳(指向小字 1 组)

    高频好些(指向高音区)

对于立式钢琴，在背面隔板后面加装一只话筒，话筒加装在右下角 40～50 cm，可改善音色的泛音结构。

17. 竖琴(Harp)

基音频率：32.7～3136 Hz。

泛音频率：可达 12 kHz。

拾音：使用 CR 型话筒。

话筒距离：30～50 cm(CR 型话筒)，10～20 cm(CD 型话筒)，500 Hz 以下全方向进行辐射。

18. 大鼓

基音频率：40 Hz～5 kHz 或 6 kHz。

动态范围：30～115 dB。

拾音：CD 型话筒可伸进鼓桶内。

19. 通通鼓

基音频率：360 Hz～15 kHz 直至泛音。

话筒方向：拾音时可伸入鼓的一半。另一种方法是可放在鼓的斜上方。

动态范围：30～105 dB(低通鼓)。

20. 吊镲

动态范围：40～105 dB。

话筒：可用动圈式话筒或驻极体话筒。

话筒方向：对准镲边缘。

频率：50 Hz～15 kHz。

8.4　乐队的编制和布局

一部优秀的音乐作品在音乐厅、剧院等厅堂中进行拾音和扩声，除与声场的条件及频率传输特性有着密切的关系之外，还与乐队的编制及乐队的布局有着非常重要的关系。

8.4.1　乐队的编制

音乐领域中有很多不同的音乐流派，如交响音乐、轻音乐、现代流行音乐、爵士音乐和摇滚音乐等。音乐风格不同，所采用的乐器也各不相同。例如交响乐队，它经过一两个世纪的发展，成为今天这种规模的编制，如表 8 - 8 所示。它是比较科学、合理的。这种编制是由各种乐器声音的频率特征及声功能决定的。

表 8 - 8　管弦乐队的编制

乐　器	单　管	双　管	三　管	四　管
双簧管	1	2	3(D—1)	4(D—2)
单簧管	1	2	3(D—1)	4(D—2)
大管	1	2	3(D—1)	4(D—1)
长笛	1	2	3(G—1)	4(G—1)
小号	1	2	3	4
长号	1	2	3	4
圆号	2	4	6	8
大号	1	2	2	2
第一提琴	6	8	16	20
第二提琴	6	6	14	18
中提琴	2	4	12	14
大提琴	2	4	10	12
贝司提琴	1	4	8	10
定音鼓	2	2	3	4
竖琴	1	2	3	4

由表 8-8 我们知道，单管乐队第一小提琴 6 把、第二小提琴 6 把，即小提琴共 12 把，而小号只有一把就可以了。为什么呢？这是因为小号比小提琴的声压大几十倍，甚至于上百倍，这就是声功能的差异，所以要选取数量较多的小提琴来增强小提琴的音量。设想如果一支乐队中只有一把小提琴而有 6 把小号的话，那么小提琴的声音肯定会被淹没在小号的声音之中。所以说交响乐队的编制是科学而合理的，目前已被全世界公认。我国民族乐中各种乐器的编制也在向交响乐队的编制靠拢。

8.4.2 乐队的布局

由于各种乐器的频率特征和声功能不同，要想把乐队演奏的音乐完美地送入人们的耳中，就要求为各种不同的乐器选择合适的位置，这样才能使这种乐器的声音得以充分体现，也使乐音中的和声得以均衡，各个声部都能不被遗漏。这就是指挥和音响师要设计和选择的。具体位置如图 8-4 至图 8-15 所示。这些不同乐队的典型的布局位置都是由指挥和音响师共同设计和选择的，这也是音响师拾音和扩声的工作范围之内的具体内容。

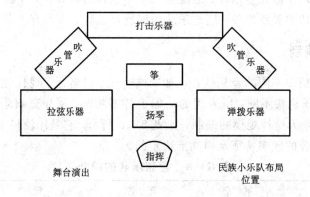

图 8-4 民族音乐的演出布局一

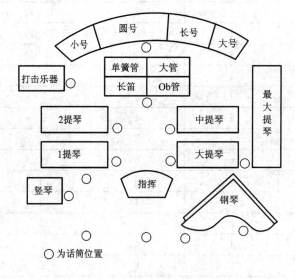

图 8-5 交响音乐的演出布局

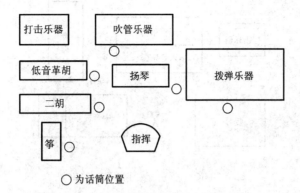

图 8 - 6　民族乐队演出布局二

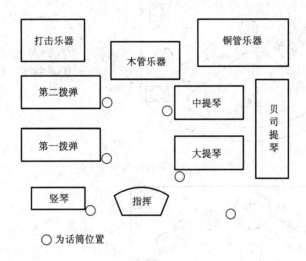

图 8 - 7　混合乐队演出布局

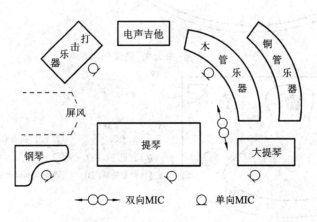

图 8 - 8　音乐录音的乐队位置

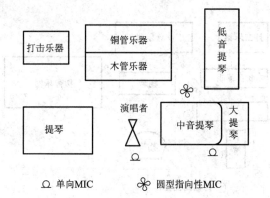

图 8-9　演唱者与伴奏演出布局

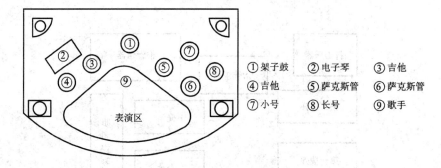

图 8-10　表演者与伴奏演出布局一

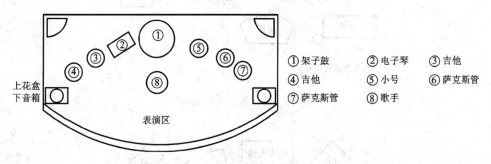

图 8-11　香港"黑天鹅"轻音乐乐队位置

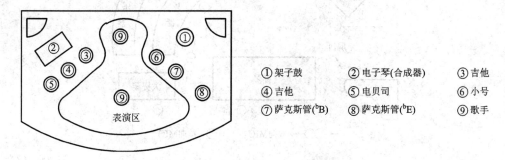

图 8-12　日本"Fuimot"轻音乐乐队位置

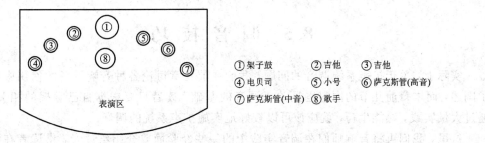

① 架子鼓　　② 吉他　　③ 吉他
④ 电贝司　　⑤ 小号　　⑥ 萨克斯管(高音)
⑦ 萨克斯管(中音)　⑧ 歌手

图 8-13　表演者与伴奏演出布局二

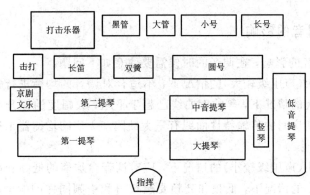

图 8-14　大型乐队演出布局

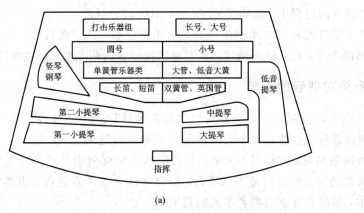

(a)

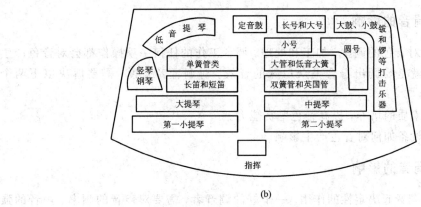

(b)

图 8-15　大型乐队的两种演出布局

8.5　调 音 技 巧

实际上，关于扩声系统调音的问题，我们在前几章讨论各种音响设备的使用中已经作了阐述，而本章前几节的内容也是关于调音的基础，读者只要根据自己掌握的相关知识，通过大量实践，熟能生巧，就应该可以较好地实施扩声系统的调音。

这里，我们再将音响师们在调音实践中的一些经验简要介绍给读者，供读者在实践中参考。

8.5.1　响度对调音的影响

考虑响度对调音的影响，在调音的时候需要注意如下问题：

（1）在音量较大（声压级较大）的情况下，不适合对调音的均衡进行大幅度的提升或衰减。因为在音量较大的情况下，等响度曲线已趋于平坦，大幅度的提升或衰减会破坏声音的整体效果，除非在房间的传输特性曲线有重大缺陷却无房间均衡器来进行补偿时才能这样处理。

（2）在音量较小（声压级较小）的情况下，应对调音台均衡的低频和高频进行适量的提升。因为在音量较小的情况下，低频和高频要想获得和中频同样的响度，就需要相对较大的声压级。

（3）在调音的过程中，尤其要关注 3～4 kHz 这一频段，特别是在对人声话筒进行调音时。因为对于话筒而言，3～4 kHz 的音是人声的泛音，其声强较弱，但这一频段的音是人耳最为敏感的声音，提升这一频段，不但可增强声音的明亮度，也能增强声音的临场感。

8.5.2　音调对调音的影响

调音过程中对音调的处理主要集中在对音源（CD、VCD 机）的"变调"功能上。在调音工作中，调音者应根据演唱者个人的情况为其确定合适的音调。比如，一位男中音在演唱一首男高音的歌曲时，常常唱不上去，当其低八度继续演唱又唱不出气势时，调音者就应根据这个人的情况及时进行适当的降调，以符合此人的声音条件。当然，在进行降调或升调的过程中，最好先征求演唱者本人的意见。

8.5.3　音色对调音的影响

调音其实就是对音色的调整、加工和处理。调音工作的任何一项操作都会对音色产生影响。调音的本质就是要调出符合大众口味的音效。对调音者来说，需要解决以下两个问题：

（1）加强音乐素质的培养，提高音色鉴赏能力。
（2）熟知各种设备如何对音色产生影响。

8.5.4　听力对调音的影响

听力的好坏对调音起决定性的作用。一个好的调音者，需要对声音的频率、声音的强弱以及声音的节奏有很好的感受能力，有了这些能力，就能够对各种声音进行必要的修饰和美化，使各种声音有机地融合在一起，产生美妙的音效；如果没有这些能力，调音工作就做不好。因此，要做好调音工作，必须努力提高自己的听力。

8.5.5　室内环境对调音的影响

1. 室内声场对调音的影响

室内声场中的声音主要由直达声、近次反射声和混响声组成。直达声是指声源直接传播到听者的声音，是主要的声音信息。听音点处的声音强度与声源距离的平方及声音的频率成反比衰减，距离越远，频率越高，声音的衰减就越大。声音传播需要时间，距离越大，传输时间越长。声音具有反射现象，近次反射声指声音经过舞台前倾顶、音乐厅墙壁或任何其他障碍物反射到我们耳中的声音。一般把延迟不超过 50 ms 的反射声当做近次反射声。超过 50 ms 的反射声称为混响声。

直达声决定着声音的清晰度、临场感及亲切感；近次反射声对直达声有加重加厚的作用，能使声音变得更加饱满，更加浑厚，更加动听；混响声能使声音更加丰满，更加圆润，更具磁性，更有层次感，更具感染力，并能展宽环境声场。

2. 室内传输响应对调音的影响

室内传输响应指的是声音信号在扩声或放音过程中受到室内环境电声特性影响后的频率特性的改变。

要得到很好的环境电声特性，需对室内装修材料及房间均衡器进行调整，使室内反射声的声能密度、频率成分及其分布发生变化，以达到较好的扩音效果。房间均衡器是对房间的传输特性曲线进行平衡处理的电子设备。调整房间均衡器的目的是最终使房间的实际传输特性曲线接近平直，达到美化声音的效果。

8.5.6　人耳的听觉效应对调音的影响

人耳的听觉效应有掩蔽效应、哈斯效应、双耳效应、多普勒效应等。

1. 掩蔽效应对调音的影响

掩蔽效应包括以下几点，调音时应加以注意：

（1）能量大的声音掩盖能量小的声音，调音时应特别注意各声部之间的声功率平衡；

（2）声压级相同时，中频声掩盖高频声和低频声，应注意提升高频分量；

（3）声压级相当大时，低频声明显掩盖高频声，应注意提升高频分量；

（4）声压级不太大且各频段声音响度接近时，高频声对低频声产生较小的掩蔽作用，在室外时应注意提升低频分量；

（5）在延时小于 50 ms 时，先传入人耳的声音掩蔽后传入人耳的声音，应注意调整延时器的时间。

2. 哈斯效应对调音的影响

在调音的过程中，调音者可以通过对效果器的效果类型的选择及相应参数的调整得到满足调音现场需要的声音效果。还可以根据现场音箱的分布情况，适当地对某些音箱进行延时，即接上延时器，并调整好延时参数来对声效加以控制，达到理想的效果。

8.5.7　对人声的调音

要使音色有美感，就要使泛音丰富、有层次，但提升量不易过强。LF（低音）过量会使声音混浊不清；HF（高音）过量会使声音尖噪刺耳。提升某一频段后，还要考虑对其他频段的影响，要总体地考虑歌声的清晰度和丰满度。

1. 对主持人的调音

这实际上是语言扩声的调音，要求说话者的语音必须清晰流畅，富于表情，可以影响观众情绪，因此要把音色调好。可采取近距离拾音，话筒与口很近，这样可增加亲切感，可拾取纤细、微弱的声调。其缺点是存在近讲效应，低频过强。

具体处理手段：

（1）对于 LF：在 100 Hz 附近衰减 6 dB 左右，最大可衰减到 10 dB。

（2）对于 MID：在 250 Hz～2 kHz 提升 3～6 dB。

（3）对于 HF：6 kHz 以上衰减 3～6 dB，250 Hz～2 kHz 是语音的重要频段。

（4）主持人的话筒不要使用效果器，否则会失去真实感和亲切感。

2. 对普通人的调音

在歌厅里，有一些歌唱爱好者和业余歌手，也有一些人仅是娱乐消遣。他们多为自己演唱。其中有的人没有受到基本专业训练，缺乏演唱技巧，甚至有不会使用话筒的人。其中，男声易出现喉音和沙哑，女声易出现气息噪音和声带噪音。

为消除以上现象，可采用如下具体处理手段：

（1）在 500 Hz 以下要切除。

（2）在 500～800 Hz 以上要衰减。

（3）同时在 MID 频段提升 3～6 dB，使声音清晰、明亮。

（4）一般人声音都较低，而且缺乏响度，所以音量要开得大一些；亦可把 200～300 Hz 范围频率加以提升，以增强声音的响度。

业余歌手动态范围不大，勿用自动音量控制。

3. 对专业歌手的调音

专业歌手有响亮的歌喉，其发声、气息、吐字、共鸣等演唱基本功都具有一定的水平，而且，每人都具有一定的演唱风格。所以对专业歌手也有具体的调音要求：

（1）要了解歌手的音色特点、风格流派以及高、中、低泛音特性。

（2）要了解歌手的音域宽度和动态范围。

（3）要熟悉歌曲、歌词的感情，调音的基本手法要与歌曲的意境协调一致。

（4）要注意歌曲的风格和歌手的演唱情绪。

（5）话筒的档次要高（宽频、小失真、大动态）。

演员站在歌坛上，利用舞台声场，使其音色既有电声，也有自然声，所以要求舞台具有良好的声学特性。

女声：女声在高频部分容易产生 S 音（嘶声）。在 7～10 kHz 衰减 3 dB，可以消除 S 音。

男声：男声音域比女声低一个 8 度音程，频率低一个倍频，在 100 Hz 衰减 3 dB 左右，可以增加清晰度。

要注意，对专业歌手不要过多使用效果器。

4. 男歌手的 EQ 调音

基音频率在 64～523 Hz 左右，泛音可扩展到 7～9 kHz。

要求歌手的声音要坚实，音色要有力度，但又不至于模糊不清。这就要求在四个频率上进行处理，如图 8－16 所示。

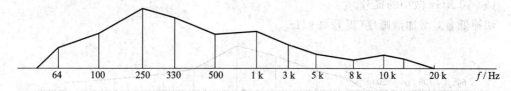

图 8－16　对男声频率修饰示意图

根据男声的泛音结构，以频谱曲线为据，对男声歌手在四个频率段进行处理加工的手法是：

（1）64～100 Hz 做小的提升，目的是为了增加一些浑厚感，这也是男低音的音域。

（2）在 250～330 Hz 做大的提升，因男声基音的主要频率在这个区域，提升此频段可增加基音的力度。

（3）1 kHz 左右频段做小的提升，可保证泛音的表现力，增加音色的明亮度。这个频段可延续至 3～8 kHz。

（4）对 10 kHz 以上频段可做平直处理。

5. 女歌手的 EQ 调音

基音频率：160 Hz～1.2 kHz。

泛音的频率扩展：9～10 kHz。

要使女声得到最佳音色表现，应在四个频率上进行处理，如图 8－17 所示。

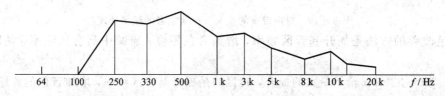

图 8－17　对女声频率修饰示意图

女声歌手的四个频率段 EQ 加工处理：

（1）160 Hz 以下的频率低于女声音域，不做提升处理。

（2）250～523 Hz 音区是女声主要音域，做提升处理，增加基音的力度和丰满度，这是女声的低中音区。

（3）对 1～3 kHz 频段进行提升，其目的是使音色结构的泛音表现良好，使音色更加完美，同时也增加了明亮度。

（4）10 kHz 以上频率给予小的提升，目的是使音色有足够的色彩表现力，把音色微小、细腻的部分加以表现。

6. 对鼻音严重的音色处理

鼻音产生的原因有二：一是生理机体有缺陷；二是发声方法和训练方法不正确，造成

鼻音共鸣过强。改善的方法是在四频段 EQ 上进行如下处理(见图 8 - 18):

(1) 64~100 Hz 进行大的衰减。

(2) 100~200 Hz 做衰减。

(3) 250~330 Hz 略有提升。

(4) 3.3 kHz 左侧做较大的提升。

(5) 10 kHz 做小的提升。

切掉低音,增加清晰度(提升 3 kHz)。

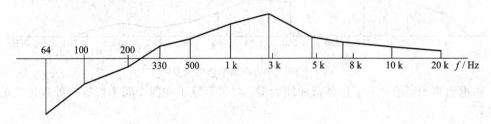

图 8 - 18　对鼻音严重的人的频率处理示意图

7. 对业余歌手音域较窄的音色的处理

有些没有经过训练的女声歌手,其音色在高音区域范围很窄,声音单薄、刺耳,音色缺乏深度感,可用四段 EQ 进行音色的处理,如图 8 - 19 所示。

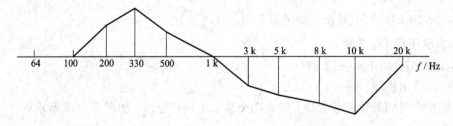

图 8 - 19　对声带窄的业余女声演唱者的频率处理

音色改善的方法是提升基音区频率,增加音色厚度;衰减中高音区频率,消除高频噪声。

(1) 250~330 Hz 给予最大的提升,其目的是提升基音区频率,增加音色的浑厚度。

(2) 1 kHz 不提升,以减小音色刺耳的中高频成分。

(3) 4 kHz 左右进行较大的衰减,目的是消除尖噪的高频噪声。

(4) 对 10 kHz 进行最大的衰减,消除由于声带音色不纯净而产生的高频噪声。

经音色改善,声音明亮而不刺耳,圆润而不单薄。

8. 童声的 EQ 调音处理

童声不分男声女声。童声的音域与女声歌手音域基本一致,所以其调音的方法也和女声歌手调音方法相仿。

8.5.8　清晰度与丰满度的关系

前已述及,通过调节均衡器可以改善声音的清晰度和丰满度。事实上,在自然厅堂里,根据声源与话筒距离及混响声与直达声比例的不同,其音色的清晰度和丰满度是不同的,如图 8 - 20 所示(其中 R 为混响半径)。这就要通过效果器进行适当的混响处理。

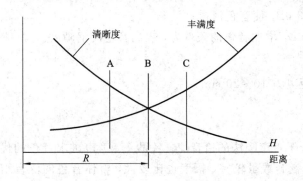

图 8 - 20 清晰度与丰满度的关系

混响声/直达声＝1 时，话筒和音源的距离为 R。

混响声/直达声＞1 时，音色丰满。

混响声/直达声＜1 时，音色清晰。

放语言时要求混响声/直达声＜1，以求较高的清晰度。

放音乐时要求混响声/直达声＞1，以求较高的丰满度。

所以对在 R 以内拾音的歌声要进行人为的混响处理，以增加丰满度。

8.5.9 演员与话筒的距离和角度

1. 演员与话筒的距离

演员与话筒的距离可分为三种，包括近距离、中距离和远距离。

1）近距离拾音

话筒和嘴的距离为 1～5 cm，适合于低语调的主持人和通俗歌曲的演唱者。

近距离拾音最适合低音语调主持人的语音拾音，其声音的特点是有较强的真实感和亲切感。因为音源和话筒很近，是绝对的直达声，所以音色纯净、清晰度高。

对语音进行均衡处理的要求：

100～200 Hz 衰减 3～6 dB，因为有近讲效应；

200～300 Hz 提升 3～6 dB，这是语言的基本音域；

1～2 kHz 提升 3～6 dB，增加明亮度，提高清晰度；

8 kHz 以上衰减 3 dB，减少高频噪声，因为语音的高频泛音比歌声要少。

不使用效果器，这样可使主持人音色具备真实感、亲切感。

2）中距离拾音

话筒和音源的距离为 5～10 cm，适合于民族唱法的演唱者。

中音语调的主持人话筒和嘴相距 5 cm；民族唱法相距 5～10 cm。中音语调主持人声音特点是轻松、活泼、开朗、爽快，使整个歌厅的气氛比较活跃。民族歌曲要求发声、吐字、共鸣要清晰、明亮、纯净，具备民族风格与特色。

均衡器（EQ）要进行如下处理：

100 Hz 不提升不衰减，没有近讲效应；

256～440 Hz 提升 3～6 dB；

1～3 kHz 提升 3 dB，使音色清透；

10 kHz 提升 3 dB，增加音色的表现力，提高音色的清晰度。

3）远距离拾音

话筒和音源的距离为 10～20 cm。

（CD）——10 cm；

（CR）——20 cm。

远距离拾音适合于美声唱法的拾音。顾名思义，美声讲求音色的优美，发声要经过专门训练，所以音色的泛音数量较多，幅度也比较大，整体音色的泛音结构比较丰满。要求电声系统有足够的宽频带，才能使低频泛音、中频泛音、高频泛音都不被阻拦地顺利通过。要使音响系统有良好的频率传输特性，需作如下处理：

（1）LF 提升 3～6 dB；

（2）256～315 Hz 提升 3～6 dB；

（3）1～2 kHz 提升 3～6 dB；

（4）10 kHz 提升 3～6 dB。

2. 话筒的角度

（1）近距离拾音——通俗唱法，话筒和音源的距离为 1～5 cm，角度应为 15°～30°，可避免低频气团的"噗噗"声。

（2）中距离拾音——民族和美声唱法，话筒和声源的距离为 5～20 cm，角度近似为 15°。

（3）远距离拾音——话筒和声源的距离为 10～20 cm 以上。一般拾取多个声源，例如一个声部、提琴群声。话筒的辐射角轴线对准音源，即角度为 0°。

8.5.10 酒廊与咖啡厅的音乐调音

在一些饭店中有小型的高级酒廊和咖啡厅，在营业时要播放一些背景音乐来增加浪漫的气氛。背景音乐一般都选择一些世界名曲或抒情曲和轻音乐，其特点是节奏舒缓、感情细腻、寓意深远。因此，在 EQ（均衡器）上也要进行相应处理，使音乐和环境构成一个统一协调的整体。

1. 交响乐

交响乐是一种传统的、正统的音乐形式，在选题作曲上很考究，在和声与配器方面都进行了仔细的推敲，因此乐曲的音乐结构一般都很合理。交响乐的编制是经过上百年的实践而制定的，是比较科学的。其组成如下：

弦乐声部：V_1、V_2、$V_中$、$V_大$、$V_贝$（V 为提琴）；

木管乐声部：单簧管、双簧管、长笛、大管；

铜管乐声部：小号、圆号、长号、大号；

击打乐声部：定音鼓、军鼓、镲、铃、钟、三角铁、钗、板。

因此，交响乐的声功能也是比较均衡的。在为交响乐作 EQ 处理时应尽量保持其原有风格与特色，不宜作过量的调整。在 EQ 上进行处理时，可在 0～3 dB 的幅度中进行选择，这样可保持乐队和指挥的不同风格。

2. 轻音乐

轻音乐一般都是具有旋律优美、感情丰富、浪漫愉快等特点的抒情曲(例如萨克斯轻音乐曲),其音乐音响具有田园风味和悠扬的旷野感。因此,在 EQ 调整上应保持和发挥其最佳音色频段。EQ 幅度可在 0～5 dB 范围内进行选择,亦可采用 ECHO、REV 和环绕声处理。

3. 通俗音乐

通俗音乐范围广,像爵士、摇滚等流派都具有其自身特有的风格。总体来说,这类音乐的音响声功能较大,处理手段的幅度也较大,允许在音乐音响中进行夸张的艺术处理。因此在 EQ 调整幅度上可在 0～7 dB 范围内进行选择。

交响乐、轻音乐和通俗音乐在酒廊或咖啡厅作为背景音乐使用时,与在家里对这些音乐进行的欣赏不同,它只是烘托环境气氛、营造浪漫情调的一种手段,因此,音量推子要低,使在酒廊和咖啡厅里的人能够自由交谈,又能够对它们进行欣赏。

此外,在家庭音乐欣赏与发烧音响中遵循以上原则,亦可取得理想的聆听效果,但音量应稍大一些。

8.5.11　摇滚乐的调音

1. 摇滚乐的组成

摇滚乐的组成如下:

歌手——主旋律;

键盘乐器——副旋律;

吉他——主旋律与和声声部;

贝司——节奏音型;

鼓——制造节奏。

2. 摇滚乐的特点

音乐特点:音量大,节奏强。

社会体现:人生、信仰、时代、观念、情感。

音响特点:感情激烈、声场声压级很高。

与人体健康的矛盾:长时间在摇滚音乐环境中停留,对人体的神经和内脏等方面都有严重的伤害,因此需要适"度"。

3. 摇滚乐分类及特征

摇滚乐可分为以下两类:

(1) 重金属音乐:强音响,震耳欲聋,声嘶力竭,属硬摇滚。

(2) 轻摇滚:抒情摇滚,属城市民谣派。摇滚乐特征多是注重音量、低音和频响,对噪声级要求不严,甚至需要一定的噪声。

4. 摇滚音乐对音响系统的要求

摇滚音乐最大的特点就是音量大、强节奏,其和弦有强大的震撼力,使人们在心理上可以摆脱来自社会各方面的压力。摇滚乐也能给人们在精神上以足够的刺激,还可以释放强烈的内心情感。因此要求播放摇滚音乐的音响系统有以下特点:

(1) 大动态范围、大功率。使用大功率功放和音箱可以使声压级达 110 dB 以上;

（2）使用超重低音音箱。只有选用150 Hz以下的强大超重低音，才能产生很大的声音能量，才能有效地提高声场的声压级，因此超重低音一般都单独使用一台大功率功放推动两只超重低音音箱；

（3）采用分散的声场。在迪斯科舞厅的舞台两侧除安置左、右主音箱外，还要在舞厅后区安装多只音箱，音箱方向要对准舞池中心。使用多台辅助的功率放大器推动这些辅助音箱，构成分散式声场。这样就增多了功率放大器和音箱的数量，从而使迪斯科舞厅的声压级大大提高；

（4）用空中吊装音箱。为了减少音箱在声场中的掠射吸声，也就是减少人们的衣服和头发的吸声，以免声音受到很大损失，迪斯科舞厅中的音箱多采用空中吊装的方法来安装。人们常常采用大功率声柱构成声阵，使声音的辐射构成一个横向的椭圆形空间，这样声音的辐射面积大，射程距离远。

在一些大型迪斯科舞厅中还使用声墙的方法，即采用多只音箱组成一面墙，射向舞池中央。还有在迪斯科舞厅中心吊装一部音箱组成的类似花篮式的音箱组合，从舞厅中心向四面八方辐射。

5. 摇滚音乐的调音

摇滚音乐的调音需要注意如下几个问题：

（1）只要设备（尤其是功率放大器）不过载，推子应尽可能高一些，以产生强有力的大功率的声压级。

（2）可将低频频段进行适当的提升，以增强音乐的力度和震撼感。

（3）适当加一些激励声，以增强音乐的穿透力。

（4）不要加入混响，因为摇滚音乐的声压级本来就很大，房间中的自然混响已经很强了，再加入混响，会使音乐的清晰度降低太多，同时，会使人产生烦躁感。

8.5.12　伴奏音乐与歌声的比例

对乐队或音带伴奏的演唱节目，除按要求进行均衡、效果等处理外，还应特别注意伴奏音乐与歌声的比例。这需要通过调音台衰减器推子进行适当的调整。

1）总原则

确定伴奏音乐与歌声的比例的总原则是以歌声为主，突出歌声，原因有以下几点：

（1）为了迎合人们的心理和欣赏习惯，人们总是爱听歌声，因此第一位是歌声。

（2）为了歌声的美感和歌词的清晰不被乐队声掩盖，特别是歌舞厅中大扬声器扩声时，往往歌词不清，因此突出歌词是非常必要的。

（3）人们在聆听歌曲时，心理感觉的顺序是：首先听到歌词，而后才感受到音乐的旋律变化和感情。所以要给歌词以足够的音量才能满足人们的心理要求。但这并不是说音乐不重要，有时音乐的分量比歌词还重。但是人们心中感受顺序是先词而后曲，所以要求歌声音量比例要大于伴奏音乐。

（4）当放前奏曲或过门音乐时，可以将音乐声放大，在歌声进入之前渐渐拉下来，以突出歌声，为了加深歌声的印象，往往第一句开得响一点，可以在200~500 Hz提升3~6 dB。

2）乐队伴奏音乐与歌声（人声）的比例

3：7——美声、民族唱法、戏曲；

4∶6——通俗唱法；

5∶5——摇滚乐。

以上是一些较有名气的音响师的表现手法，无统一定规。某一个时期通常以某种聆听习惯为一种表现手法。

3）演员的素质与音量

一个好的声乐歌手，尤其是通俗歌手要会使用话筒，才会表现出和谐自然、优美的艺术魅力。

例如，通俗歌手当演唱至弱音区便会低下头将话筒放在离嘴很近的位置，使微弱歌声、语气等都拾入话筒的极头。当歌曲进入高潮亦即感情很强劲的曲段时，演员便将话筒远离嘴，使音量自然减量进入话筒。这个小小的距离调整对音量却起着很大的作用。因为距离的平方与声功能成反比（或者说声功能的衰减量与距离的平方成反比）。由此可看出，歌手也是自己的调音师。

4）音量的调整

一支歌曲有时动态范围很大。当歌曲进行到高潮时，演员很激动，情绪很饱满，声级很强，容易产生过荷失真，所以，这时音量需要压下来一点；当歌曲进行到深情细腻的弱声时，不需要把音量提升起来。这种处理方法也同样适用于音乐演奏等其他类节目。

掌握这种调音手法，要求音响师对歌曲要熟悉，对歌手的演唱特点也要了解，而且要有调音经验，否则，音响师的调音跟不上演员的演唱，不易获得理想的聆听效果。

当然，音响系统中有自动音量控制电路 AGC，但是 AGC 控制是有一定的范围的，因此，要想调出理想、满意的聆听效果，还要将手动控制和自动控制两种方法相结合。

本 章 小 结

本章主要讨论了有关扩声系统调音需要掌握的一些基本知识，特别要求音响操作人员要了解各种乐器和人声等的频率及音色等特征。本章还概括介绍了音响师在调音中的一些经验，特别是对均衡器的频率调整，可供读者在今后的实践中作为参考。

思 考 与 练 习

8.1　简述乐器的频率特性。

8.2　不同频率对音色有哪些影响？

8.3　管弦乐队中，单管乐队是如何编制的？

8.4　如何通过均衡器来调整声音的丰满度和明亮度？

8.5　简述在调音中对男、女歌手的声音是如何进行均衡处理的。

8.6　就丰满度和清晰度而言，如何处理混响声与直达声的比例？

8.7　简述调音中对不同音乐的处理手法。

8.8　论述你对调音的理解。

参 考 文 献

［1］ 管善群. 电声技术基础. 北京：人民邮电出版社，1982.

［2］ 周锡韬，彭妙颜. 家庭及歌舞厅卡拉OK(AV)系统：原理、使用、制作及维修. 广州：广东科技出版社，1993.

［3］ 李鸿宾. 歌舞厅音响. 北京：电子工业出版社，1996.

［4］ 张维国. 音响技术与音乐欣赏(上). 北京：人民邮电出版社，1997.

［5］ 周锡韬. 高保真音响. 北京：电子工业出版社，1998.

［6］ 王喜成. 音响技术. 西安：西安电子科技大学出版社，1997.

［7］ 内蒙古师范学院广播电台. 无线电广播技术手册. 呼和浩特：内蒙古人民出版社，1972.

［8］ 徐中州，陈田明. 视听信号录放技术. 西安：西安电子科技大学出版社，2001.

［9］ 肖昶. 调音技术. 西安：西安电子科技大学出版社，2004.